全国高职高专规划教材——工学结合教材

发酵食品生产技术

李　锋　董彩军　主编

中国环境出版集团·北京

图书在版编目（CIP）数据

发酵食品生产技术/李锋，董彩军主编. —北京：中国环境出版集团，2018.7

全国高职高专规划教材. 工学结合教材

ISBN 978-7-5111-2785-3

Ⅰ. ①发… Ⅱ. ①李…②董… Ⅲ. ①发酵食品—生产工艺—高等职业教育—教材 Ⅳ. ①TS26

中国版本图书馆 CIP 数据核字（2016）第 090448 号

出 版 人 武德凯
责任编辑 孟亚莉
责任校对 任 丽
封面设计 宋 瑞

出版发行 中国环境出版集团
（100062 北京市东城区广渠门内大街 16 号）
网 址：http://www.cesp.com.cn
电子邮箱：bjgl@cesp.com.cn
联系电话：010-67112765（编辑管理部）
010-67112735（第一分社）
发行热线：010-67125803，010-67113405（传真）
印 刷 北京中科印刷有限公司
经 销 各地新华书店
版 次 2018 年 7 月第 1 版
印 次 2018 年 7 月第 1 次印刷
开 本 787×960 1/16
印 张 13.75
字 数 252 千字
定 价 24.00 元

编审人员

主　编　李　锋（南通农业职业技术学院）

　　　　董彩军（南通农业职业技术学院）

参　编　李建华（南通江中酒业有限公司）

　　　　陈正荣（南通大富豪啤酒有限公司）

　　　　邵元建（南通农业职业技术学院）

　　　　吴建峰（今世缘酒业有限公司）

　　　　陈　云（南通农业职业技术学院）

　　　　华海霞（南通农业职业技术学院）

序 言

工学结合人才培养模式经由国内外高职高专院校的具体教学实践与探索，越来越受到教育界和用人单位的肯定和欢迎。国内外职业教育实践证明，工学结合、校企合作是遵循职业教育发展规律，体现职业教育特色的技能型人才培养模式。工学结合、校企合作的生命力就在于工与学的紧密结合和相互促进。在国家对高等应用型人才需求不断提升的大环境下，坚持以就业为导向，在高职高专院校内有效开展结合本校实际的“工学结合”人才培养模式，彻底改变了传统的以学校和课程为中心的教育模式。

《全国高职高专规划教材——工学结合教材》丛书是一套高职高专工学结合的课程改革规划教材，是在各高等职业院校积极践行和创新先进职业教育思想和理念，深入推进工学结合、校企合作人才培养模式的大背景下，根据新的教学培养目标和课程标准组织编写而成的。

本套丛书是近年来各院校及专业开展工学结合人才培养和教学改革过程中，在课程建设方面取得的实践成果。教材在编写上，以项目化教学为主要方式，课程教学目标与专业人才培养目标紧密贴合，课程内容与岗位职责相融合，旨在培养技术技能型高素质劳动者。

前 言

本教材紧密结合我国农业产业结构调整的实际情况，反映国内外发酵技术发展的前沿动态，适应素质教育和创新能力培养的要求，本着科学性、针对性、实用性、实践性的原则，突出理论与实践相结合，体现了新知识、新技能的应用。主要氨基酸、抗生素、维生素、核酸类药物及白酒、啤酒、葡萄酒、酱油、醋等发酵技术，随着发酵工业的快速发展，新技术、新产品的不断涌现，新标准、新规范的更新制定，特别是在食品行业迅猛发展的同时，食品安全问题也越来越被人们所关注，因此，在在教材中增加了相关内容。相信这本教材的出版对相关学科的教学改革会起到积极的推动作用，同时也对改善学生的知识结构、提高教学质量有重要作用。

在编写中特别注重教材的系统性，避免课程教学内容的重复；针对发酵技术实践性强的特点，本教材加大了实训内容，突出可操作性，理论教学和实训教学比例为 1∶1，以适应高等职业教育教学的特点。在内容的排序上，按照知识技能的循序渐进，便于学生对知识和技能掌握的系统性、完整性。在写作方式上，力求教材能启发学生的主动思考能力，培养学生的创新思维能力。充分考虑学生的认知顺序，使其符合教学的客观规律。在内容表达上力求文字简练规范，语言通俗易懂，图文并茂，便于学生理解和掌握。

编者：李　锋

目　录

项目一　氨基酸类药物生产技术

氨基酸概述

自 20 世纪 50 年代开始，氨基酸类药物的应用不断扩大，形成了一个新兴的工业体系，称为氨基酸工业。随着生产技术的不断完善，氨基酸品种和产量不断增加,其品种已由构成蛋白质的20多种氨基酸发展到100多种氨基酸及其衍生物，在医药工业生产中占有重要地位。日前，谷氨酸、甲硫氨酸、甘氨酸、精氨酸、赖氨酸等已形成了一定的工业生产规模。在生产技术方面，也由天然蛋白质水解提取法及化学合成法逐渐向微生物发酵法及酶合成法发展，生产工艺日趋成熟。2005 年版《中国药典》收载的常见的氨基酸原料药，见表 1-1。

表 1-1　2005 年版《中国药典》收载的氨基酸原料药

品　名	生产方法	用　　途
L-胱氨酸	提取、发酵、合成	促进毛发生长，防治肝炎，增加白细胞
L-谷氨酸	合成、发酵	改善高血氨症状，治疗肝昏迷
L-天冬氨酸	酶工程	离子载体，促进尿素生成，降血氨
L-甘氨酸	合成	治疗肌肉疾病、胃酸过多症，促进脂肪代谢
L-色氨酸	提取、合成	改善脑神经功能，促进红细胞再生，乳汁合成
L-酪氨酸	提取、发酵	治疗震颤性麻痹症，改善肌肉运动
L-苏氨酸	发酵、合成、酶工程	促进生长发育，抗脂肪肝，治疗贫血
L-亮氨酸	提取、发酵、合成	改善营养状态，维持脂肪正常代谢
L-异亮氨酸	发酵、酶工程	促进蛋白质、激素合成促进生长发育
乙酰半胱氨酸	合成	溶解黏液，祛痰
牛磺酸	合成	抗心肌缺血性损伤，抗癫痫
L-丙氨酸	提取、酶工程	组成复合氨基酸注射液及口服液等的原料
L-冬氨酸	发酵	促进氨代谢，促进红细胞生成，抗癫痫
L-甲硫氨酸	合成	参与体内少物合成与代谢，调节中枢神经系统

品　名	生产方法	用　　途
L-精氨酸	提取	促进尿素循环，治疗肝昏迷
L-天冬氨酸	酶工程	辅助治疗乳腺小叶增生
L-缬氨酸	提取	作为营养补剂，促进蛋白质的合成
L-组氨酸	提取、发酵	镇静副交感神经，治疗消化性溃疡
L-丝氨酸	提取、合成	作为营养补剂，解除疲劳、恢复体力
L-脯氨酸	发酵、合成	参与能量代谢及解毒作用

一、氨基酸类药物的发展趋势

（一）新技术和工艺的开发应用

近年来，氨基酸产生菌的育种工程开始运用 DNA 重组技术，提高了氨基酸基因育种的效率和新菌株的产酸水平。如二井化学公司利用重组 DNA 技术改造 L-色氨酸发酵菌种可使产量提高 1 倍以上。通过对工业微生物的 DNA 改造可使 L-苏氨酸和 L-精氨酸的产量大幅度提高，从而使其生产成本大幅下降，并为市场用量的扩大奠定基础。据统计，利用生物工程（DNA 重组）的菌种已用于包括谷氨酸在内的 6 种以上氨基酸的生产。

（二）生物化工技术在氨基酸工业中的应用

生物化工技术是生物工程相结合的技术产物。日前各国竞相开展了生物化工的研究、开发工作，已成功开发的许多聚合氨基酸就是生化技术在氨基酸工业中的应用。国内氨基酸行业也应该高度重视利用生物化工技术解决日前氨基酸行业存在的发酵周期长、分离提纯技术落后、产品收率低和产品质量不高等问题，以促进我国氨基酸产业的腾飞。

（三）新产品的开发及新应用领域的拓展

目前氨基酸在临床上主要作为营养剂及氨基酸类药物使用，如氨基酸注射液、氨基酸口服液等，这些应用还远没有充分发挥各种氨基酸应有的作用，应扩大氨基酸在医药领域的应用范围。此外，还可开发氨基酸类表面活性剂、生物活性较好的肽类等。

二、氨基酸的粗制

（一）蛋白质水解法

蛋白质水解法生产氨基酸主要以毛发、血粉及废蚕丝等蛋白质为原料，通过酸、碱或酶水解成多种氨基酸混合物，经分离纯化获得各种氨基酸。本法的优点是原料来源丰富；缺点是单一氨基酸在水解液中含量低，生产成本较高。目前仍有一些氨基酸用蛋白质水解法生产，如亮氨酸、缬氨酸等。

1．酸水解法

酸水解法是水解蛋白质制备氨基酸的常用方法。一般是在蛋白质原料中加入约 4 倍质量的 6～10 mol/L 的盐酸或 4～8 mol/L 的硫酸，于 110℃加热回流 10～24 h，或加压下于 120℃水解 8～12 h，使蛋白质充分水解后除酸，即得氨基酸混合物。

本法的优点是水解完全，不引起氨基酸发生旋光异构作用，所得氨基酸均为 L 型氨基酸；缺点是色氨酸几乎全部被破坏，含羟基的氨基酸部分被破坏，水解液呈黑色，需进行脱色处理，环境污染较严重。

2．碱水解法

碱水解法通常是在蛋白质原料中加入 6 mol/L 氢氧化钠溶液，于 100℃水解 6 h 得氨基酸混合物。

本法的优点是水解时间较短，色氨酸不会被破坏，水解液不呈黑色；缺点是含羟基和巯基的氨基强大部分被破坏，并引起氨基酸的消旋作用，产物有 D 型和 L 型氨基酸，环境污染也较严重，故本法较少采用。

3．酶水解法

酶水解法通常是利用胰蛋白酶、木瓜蛋白酶或微生物蛋白酶等，在常温、常压下水解蛋白质，制备氨基酸。

本法的优点是反应条件温和，氨基酸不被破坏且不发生消旋作用，对设备条件要求较低，环境污染较轻；缺点是由于蛋白酶常常对肽键具有选择性而使蛋白质水解不彻底，中间产物（短肽）较多，水解时间长，故主要用于生产水解蛋白和蛋白胨，在氨基酸生产上较少使用。用两种以上的蛋白酶进行水解，可解决部分蛋白质水解不彻底的问题。

（二）发酵法

氨基酸发酵法生产是指通过特定微生物在培养基中生长产生氨基酸的方法。

本法的优点是能够直接生产L型氨基酸，原料丰富且价廉，环境污染较轻；缺点是产物浓度低，生产周期长，设备投资大，有副产物反应，氨基酸的分离纯化技术要求比较复杂。

氨基酸发酵法所用菌种主要为细菌、酵母菌，早期多为野生型菌株。20世纪60年代后则多用经人工诱变选育的营养缺陷型和抗代谢类似物突变株。自20世纪80年代开始，采用细胞融合技术及基因重组技术改造微生物细胞，已获得多种高产氨基酸重组菌株及基因工程菌。目前大部分氨基酸可通过发酵法生产，如谷氨酸、谷氨酰胺、丝氨酸、酪氨酸、组氨酸等，产量和品种逐年增加。

任务一　上游工程

一、氨基酸产生菌的选育

氨基酸产生菌最初是从自然环境中筛选得到的，但是基酸作为微生物细胞中的基本组分，其生物合成受到严格的代谢调节控制，一般不能满足工业上大量生产氨基酸的需要。为了大量生产氨基酸，必须采取种种措施，以打破微生物对氨基酸生物合成的代谢调节控制。在氨基酸产生菌的菌种选育工作中常采用营养缺陷型突变和氨基酸结构类似物抗性突变来消除或减弱氨基酸终产物的反馈调节，使产生菌的代谢朝着有利于大量合成某种人们所需要的氨基酸的方向发展。

二、发酵培养基

工业微生物绝大部分都是异养型微生物，即在其生长和繁殖过程中需要诸如碳水化合物、蛋白质等一系列外源有机物质提供能量和构成特定产物需要的成分。

在氨基酸发酵培养基中，选择何种营养物质，采用何种浓度，取决于菌种性质、所产生的氨基酸种类和采用的发酵的操作方法。而发酵培养基的各种成分与成分之间的配比是决定氨基酸产生菌代谢的主要因素，与氨基酸的产率、转化率及收率关系很密切。

1. 碳源

碳源是组成培养基的主要成分之一，其主要功能：一是为微生物菌种的生长繁殖提供能源和合成菌体所必需的碳；二是为菌体合成目的产物提供所需的碳。在氨基酸发酵中，常用的碳源有淀粉水解糖、糖蜜、淀粉、醋酸、乙醇、烷烃、石油醚等。

2．氮源

氮源主要用于构成菌体细胞物质（氨基酸、蛋白质、核酸等）和含氮的目的产物，还用来调节 pH。在氨基酸发酵中，不仅菌体生长需要氮，氨基酸合成也需要氮，因此氮源的需求量要比一般的发酵多。常用的氮源可分为有机氮源和无机氮源两大类。

（1）有机氮源　在氨基酸发酵中，常用的有机氮源有玉米浆、豆饼水解液、尿素等。

（2）无机氮源　在氨基酸发酵中，常用的无机氮源有铵盐、氨水等。

3．无机盐及微量元素

微生物在生长繁殖和合成目的产物的过程中，需要某些无机盐和微量元素作为其生理活性物质的组成或生理活性物质合成时的调节物。这些物质一般在低浓度时对微生物生长和目的产物的合成有促进作用，在高浓度时常表现出明显的抑制作用。而各种不同的微生物及同一微生物在不同的生长阶段对这些物质的最适需求浓度也不相同。

在氨基酸发酵中，常用磷、镁、钾、硫、钙和氯等元素的盐形式加到培养基中。而一些微量元素如钴、铁、铜、锰、锌等，除氨基酸发酵特殊需要外，在一般复合培养基中无须另行加入。

4．水

水是所有培养基的主要成分，也是微生物机体的重要组成成分。水除了直接参与一些代谢反应外，又是进行代谢反应的内部介质，还能调节细胞温度。水的质量还将直接影响氨基酸发酵的质量，因为在不同的水源中存在的各种物质，对微生物发酵代谢会产生很大的影响，特别是水中的各种矿物质。

5．生长因子

微生物维持正常生活所不可缺少而需求量又不大的一些特殊营养物，称之为生长因子。微生物的生长因子主要是一些维生素、氨基酸和嘌呤、嘧啶。

在氨基酸发酵中，需要生物素作为其生长因子。如在谷氨酸发酵过程中，微生物菌体内生物素含量由“丰富”向“贫乏”过渡，而达到“亚适量”才能保证谷氨酸的积累。许多氨基酸生产菌的菌种都是从以糖为原料的谷氨酸产生菌诱变得来的。这些菌的性质和它们的亲株一样需要以生物素作为生长因子，因此生物素的供应对氨基酸发酵培养基来说是很重要的。

任务二 发酵工程

一、pH 控制

氨基酸发酵所用菌种主要为细菌，其次为酵母。细菌生长的适宜 pH 一般在 6.0～7.5，酵母的适宜 pH 一般在 4.0～6.0 的酸性范围内。

一般来说，处于菌体生长期的发酵的 pH 变化较大，因为菌体在利用营养物质时会释放一些酸性物质使 pH 下降，或释放一些碱性物质使 pH 上升。而处于产物合成期的发酵液 pH 相对稳定一些。

在氨基酸生产上，控制 pH 的方法一般有两种：一是添加尿素，二是添加氨水。添加的数量和时间则主要根据 pH 变化、菌体生长、糖耗情况和发酵阶段等因素来决定。

二、温度控制

微生物生长、维持从产物的生物合成都是在一系列酶催化下进行的，温度是保证酶活性的重要条件。不同的微生物菌种的最适生长温度和产物形成的最适温度都是不同的，控制发酵过程中的温度变化是保证得到最佳目的产物的必要条件。

选择某一微生物菌种发酵过程的最适温度，还要考虑其他发酵条件，灵活掌握。如当通气条件较差时，最适发酵温度 pH 能比在正常良好通气条件下低一些。

氨基酸发酵所用的微生物菌种一般为中温菌，生长最适温度为 20～40℃，过高或过低都会影响其生长。

由于氨基酸发酵是在菌体生长达到一定程度后再开始产生氨基酸，因此菌体生长最适温度和氨基酸合成的最适温度是不同的。

三、氧气的控制

氨基酸发酵所用的菌种大都是好氧性菌种。好氧性微生物发酵时，主要是利用溶解在水中的氧，只有当氧到达细胞的呼吸部位时才能发生作用。所以增加培养基中的溶解氧，才能使更多的氧进入细胞，以满足代谢的需要。微生物对氧的需求是不同的。在氨基酸发酵中，根据发酵时需氧程度的不同可分为 3 类。

1. 要求供氧充足

在谷氨酸、谷氨酰胺、脯氨酸和精氨酸等氨基酸发酵时，在氧充足时产酸率最高。

2．宜在缺氧条件下

在亮氨酸、苯丙氨酸和缬氨酸等氨基酸发酵时，当菌体呼吸有一定受阻时，产率最高。

3．对供氧要求不高

在赖氨酸、异亮氨酸、苏氨酸等氨基酸发酵时，对氧的要求介于前两者之间。即在氧充分的情况下，产酸率最高；在供氧不足的条件下，产酸率有所下降，但下降不如第一种显著。

由上述可知，在进行氨基酸发酵时，必须根据氨基酸对氧的需求来控制发酵液中的溶解氧。

四、氨基酸发酵的代谢控制

微生物在进行物质的吸收和排出、分解和合成以及放能与吸能等一系列复杂的新陈代谢过程中，会引起微生物机体内外物质的变化，而这种物质的变化过程就称为物质代谢。微生物通过氧化有机物质如葡萄糖和其他碳水化合物，获得能量的反应属于分解代谢。获得能量后合成自身新物质的反应属于合成代谢。不同种类的微生物因环境不同所引起的物质代谢过程以及代谢的产物也有差别。

任务三 下游工程

一、氨基酸的分离

1．基于溶解度或等电点不同分离

不同氨基酸在水或含一定浓度有机溶剂（如乙醇等）的介质中溶解度不同，利用这一性质可将氨基酸彼此分离。如胱氨酸和酪氨酸均难溶于水，但酪氨酸在热水中的溶解度较大，而胱氨酸在热水中的溶解度与在冷水中无多大差别，故可将混合物中的胱氨酸、酪氨酸首先与其他氨基酸彼此分开，再通过加热和过滤将两者分开。

由于氨基酸在等电点时溶解度最小，易沉淀析出，故利用溶解度的不同分离氨基酸时，常将溶液的 pH 调到被分离氨基酸的等电点附近。

氨基酸在不同溶剂中溶解度不同这一特性，不仅可用于氨基酸的一般分离纯化，还可用于氨基酸的结晶，即在氨基酸溶液中加入一定浓度的有机溶剂以降低氨基酸的溶解度从而促使其结晶析出。在水中溶解度大的氨基酸，如精氨酸、赖氨酸，其结晶不能用水洗涤，但可用乙醇洗涤去除杂质，而在水中溶解度较小的氨基酸，其结晶可用水洗去杂质。

2．加入特殊沉淀剂沉淀分离

某些氨基酸可以与一些有机化合物或无机化合物生成具有特殊性质的结晶性衍生物，利用这一性质可对其进行分离纯化。例如，精氨酸与苯甲醛生成不溶于水的苯亚甲基精氨酸沉淀，经盐酸水解除去苯甲醛即可得纯净的精氨酸盐酸盐，亮氨酸与邻二甲苯-4-磺酸反应，生成亮氨酸磺酸盐沉淀，后者与氨水反应可得游离的亮氨酸；组氨酸与氯化汞作用生成组氨酸汞盐沉淀，经处理得组氨酸。

本法操作简便，针对性强，至今仍是分离制备某些氨基酸的方法。其缺点是沉淀剂比较难以去除。

3．使用离子交换剂分离

氨基酸为两性电解质，在一定条件下，不同氨基酸的带电性质及解离状态不同，对同一种离子交换剂的吸附力也不同，故可据此对氨基酸混合物进行分组或单一成分的分离。例如，在 pH 为 5～6 的溶液中，碱性氨基酸带正电，酸性氨基酸带负电，中性氨基酸呈电中性，如选择阳离子交换树脂，则带负电荷和呈电中性的氨基酸不被吸附留在溶液中，吸附在阳离子交换剂上的带正电荷的氨基酸可通过逐渐提高洗脱液 pH 的方法依 pI 从小到大把各种氨基酸分别洗脱下来。

4．采用电渗析法分离

电渗析是利用分子的荷电性质和分子大小的差别进行分离的膜分离法。电渗析操作所用的膜材料为离子交换膜，即在膜表面和孔内共价偶联有离子交换基团，如磷酸基等酸性阳离子交换基和季铵基等碱性阴离子交换基。偶联阳离子交换基的膜称为阳离子交换膜，偶联阴离子交换基的膜称为阴离子交换膜。在电场的作用下，前者可选择性透过阳离子，后者则选择性透过阴离子。

二、氨基酸的浓缩

浓缩是指低浓度溶液通过去除溶剂变为高浓度溶液的过程。其常用的方法有减压蒸发浓缩、薄膜蒸发浓缩等。

1．减压蒸发浓缩

减压蒸发浓缩，即降低液面压力使液体沸点降低的加热蒸发过程。由于减压是通过抽真空来实现的，减压蒸发浓缩也被称为真空浓缩、真空减压浓缩。

用于减压蒸发浓缩的设备有各种型号与构造，但其基本构成均包括可以加热的浓缩罐、冷凝器和集液器。

氨基酸一般对热比较稳定，可以在较高的温度下进行浓缩，以加快浓缩速度。

2．薄膜蒸发浓缩

薄膜蒸发浓缩是指使液体形成薄膜后进行蒸发浓缩的过程。成膜的液体有大的汽化表面，热传导快而且均匀，可避免药物受热时间过长。

根据处理料液的性质不同，可选用不同的薄膜蒸发器。升膜式蒸发器适用于蒸发热较大、有热敏性、黏度适中、易产生泡沫的料液，不适用于易结晶析出或易结垢的料液。降膜式蒸发器适用于蒸发浓度较高、黏度较大、有热敏性的料液。刮板式薄膜蒸发器适用于高黏度、易结垢、热敏性的料液，但其动力消耗大。离心式薄膜蒸发器则适用于高热敏性物料的浓缩。

在氨基酸的制备过程中，浓缩的目的是提高氨基酸的浓度以利于其结晶，但浓缩过程中难免会有氨基酸的结晶析出，因此采用刮板式薄膜蒸发器更为合适。

3．膜过滤浓缩

膜分离技术是利用半透膜的选择透过性进行物质分离纯化的技术。膜分离技术包括微滤、超滤、纳滤和反渗透，其中纳滤和反渗透能够截流相对分子质量很小的粒子，甚至盐离子，因此可用于之除氨基酸溶液中的溶剂，使氨基酸溶液得到浓缩。

三、氨基酸的纯化

氨基酸的纯化主要包含两部分内容：一是去除有色杂质；二是进一步去除可能残存的其他氨基酸和非氨基酸杂质。去除有色杂质需进行脱色处理，去除残存的其他氨基酸和非氨基酸杂质则一般采用重结晶方法。

1．氨基酸的脱色

氨基酸溶液的脱色一般采用活性炭吸附脱色。根据活性炭的粗细程度可分为粉末活性炭和颗粒活性炭，前者比表面积大，吸附能力强；后者比表面积小，吸附能力较差。用于氨基酸溶液脱色时一般选用粉末活性炭。

活性炭属于非极性吸附剂，其吸附作用在水溶液中最强，在有机溶剂中较弱。因此，用于氨基酸溶液脱色时最好在没有有机溶剂的情况下使用。

活性炭的脱色效果与溶液的 pH 和温度密切相关。活性炭在酸性条件下的脱色效果较好，在 pH＞5 的溶液中脱色能力急剧下降，而在碱性溶液中几乎没有脱色效果。活性炭的脱色能力也受温度的影响，在一定温度范围内随着温度升高而增强，一般在 50～60℃时效果最好，温度过高有时反而脱色效果降低。因此，活性炭用于氨基酸溶液脱色时应确定最佳 pH 和温度。

2．氨基酸的重结晶

结晶是溶质以晶体状态从溶液中析出的过程。通过上述方法分离纯化后的氨基酸仍混有少量其他氨基酸和杂质，需通过结晶或重结晶提高其纯度，即利用氨基酸在不同溶剂、不同 pH 介质中的溶解度不同达到进一步纯化的目的。氨基酸结晶通常要求样品达到一定的纯度和较高的浓度，pH 选择在 pI 附近，在低温条件下使其结晶析出。

四、氨基酸的干燥

氨基酸结晶通过干燥进一步除去水分或溶剂，获得干燥制品，便于使用和保存。其常用的干燥方法有常压干燥、减压干燥、喷雾干燥、冷冻干燥等。

项目二　抗生素类药物生产技术

青霉素概述

1928 年，英国微生物学家弗莱明发现金黄色葡萄球菌培养皿中长出了一团青绿色霉菌，此后的鉴定表明此霉菌为青霉菌，因此弗莱明将其分泌的抑菌物质称为青霉素。然而遗憾的是弗莱明一直未能找到提取高纯度青霉素的方法。他在 1939 年将菌种提供给英国病理学家弗洛里和生物化学家钱恩，弗洛里和钱恩终于用冷冻干燥法提取了青霉素晶体。

1941 年开始的临床试验证实了青霉素对链球菌、白喉杆菌等多种细菌感染的疗效。青霉素之所以能既杀死病菌又不损害人体细胞，原因在于青霉素能使病菌细胞壁的合成发生障碍，导致病菌溶解死亡，而人和动物的细胞没有细胞壁。但青霉素会使个别人发生过敏反应，所以在应用前必须做皮试。在这些研究成果的报动下，美国制药企业于 1942 年开始对青霉素进行大批量生产。这些青霉素在第二次世界大战中挽救了大量伤病员的生命。1945 年，弗莱明、弗洛里和钱恩因“发现青霉素及其临床效用”而共同荣获了诺贝尔生理学或医学奖。

1953 年 5 月，中国第一批国产青霉素诞生，揭开了中国生产抗生素的历史。截至 2001 年年底，我国的青霉素年产量已占世界青霉素年总产量的 60%，居世界首位。

任务一　上游工程

一、生产孢子的制备

将沙土保藏的孢子用甘油、葡萄糖、蛋白胨组成的培养基进行斜面培养，经传代活化。最适生长温度为 25～26℃，培养 6～8 d，得单菌落，再传斜面，培养 7 d，得斜面孢子。移植到优质小米或大米固体培养基上，生长 7 d，25℃，制得小米孢子。

每批孢子必须进行严格摇瓶试验，测定效价及杂菌情况。

二、种子罐和发酵罐培养工艺

种子培养要求产生大量健壮的菌丝体，因此，培养基应加入比较丰富的易利用的碳源和有机氮源。青霉素采用三级发酵。

一级种子发酵：采用小罐发酵，接入小米孢子后，孢子萌发，形成菌丝。培养基成分：葡萄糖、蔗糖、乳糖、玉米浆、碳酸钙、玉米油、消沫剂等。通无菌空气，空气流量为1∶3（体积比）；搅拌机转速为300～350 r/min；40～50 h；pH自然条件，温度（27±1）℃。

二级发酵：采用繁殖罐大量繁殖发酵，培养基成分：玉米浆、葡萄糖等。通气比控制为（1～1.5）∶1；搅拌机转速为250～280 r/min；pH自然条件，温度为（25±1）℃；14 h。

三级发酵：采用生产罐发酵。培养基成分：花生饼粉、玉米浆、葡萄糖、尿素、硫酸铵、硫酸钠、硫代硫酸钠、磷酸二氢钠、苯乙酰胺及消泡剂、$CaCO_3$等。接种量为12%～15%。青霉素的发酵对溶解氧要求极高，通气量偏大，通气比控制为（0.7～1.8）∶1；搅拌机转速为150～200 r/min；要求高功率搅拌，100 m^3的发酵罐搅拌功率在200～300 kW，罐压控制在0.04～0.05 MPa，于25～26℃下培养，发酵周期在200 h左右。前60 h，pH为5.7～6.3，后期pH为6.3～6.6；温度前60 h为26℃，以后为24℃。

任务二　发酵工程

发酵过程需连续流加补入葡萄糖、硫酸铵以及前体物质苯乙酸盐，补糖率是最关键的控制指标，不同时期分段控制。

在青霉素的生产中，让培养基中的主要营养物只够维持青霉菌在前40 h生长，而在40 h后，靠低速连续补加葡萄糖和氮源等，使菌半饥饿，延长青霉素的合成期，可大大提高产量。所需营养物限量的补加常用来控制营养缺陷型突变菌种，使代谢产物积累到最大。

一、培养基

青霉素发酵中采用补料分批操作法，对葡萄糖、铵、苯乙酸进行缓慢流加，维持适宜的浓度。葡萄糖的流加波动范围较窄，浓度过低使抗生素合成速度减慢或停止，过高则导致呼吸活性下降，甚至引起自溶，葡萄糖浓度调节是根据pH、

溶解氧或 CO_2 释放率予以调节。

碳源的选择：生产菌能利用多种碳源、乳糖、蔗糖、葡萄糖、阿拉伯糖、甘露糖、淀粉和天然油脂。生产成本中碳源占 12%以上，对工艺影响很大；糖与 6-氨基青霉烷酸（6-APA）结合形成糖基-6-APA，影响青霉素的产量。葡萄糖、乳糖结合能力强，而且随时间延长而增强，因此通常采用葡萄糖和乳糖。发酵初期，利用高效的葡萄糖使菌丝生长。当葡萄糖耗竭后，利用缓效的乳糖，使 pH 稳定，分泌青霉素。可根据形态变化流加葡萄糖，取代乳糖。目前普遍采用淀粉的酶水解产物，葡萄糖化液流加，降低成本。

氮源：玉米浆是最好的氮源，是玉米淀粉生产时的副产品，含有多种氨基酸及其前体苯乙酸和衍生物。玉米浆质量不稳定，可用花生饼粉或棉籽饼粉取代。需补加无机氮源。

无机盐：硫、磷、镁、钾等。铁有毒，控制在 30 μg/mL 以下。

流加控制：补糖，根据残糖、pH、尾气中 CO_2 和 O_2 含量添加。残糖在 0.6%左右，pH 开始升高时加糖。补氮，流加硫酸铵、氨水、尿素，控制氨基酸态氮为 0.05%。

添加前体：合成阶段，苯乙酸及其衍生物、苯乙酰胺、苯乙胺、苯乙酰甘氨酸等均可为青霉素侧链的前体，直接掺入青霉素分子中，也具有刺激青霉素合成的作用。但浓度大于 0.19%时对细胞和合成有毒性，还能被细胞氧化。可流加低浓度前体，一次加入量低于 0.1%，保持供应速率略大于生物合成的需要。

二、温度

生长适宜温度为 30℃，分泌青霉素温度为 20℃。但 20℃青霉素破坏少，周期很长。生产中采用变温控制，不同阶段不同温度。前期控制在 25～26℃，后期降温控制在 23℃。过高会降低发酵产率，增加葡萄糖的消耗，降低葡萄糖至青霉素的转化率。有的发酵过程在菌丝生长阶段采用较高的温度，以缩短生长时间，生产阶段适当降低温度，以利于青霉素的合成。

三、pH

合成的适宜 pH 为 6.4～6.6，应避免超过 7.0。青霉素在碱性条件下不稳定，易水解。缓冲能力弱的培养基，pH 降低，意味着加糖率过高而造成酸性中间产物积累。pH 上升，加糖率过低，不足以中和蛋白产生的氨或其他生理碱性物质。前期 pH 控制在 5.7～6.3，中后期 pH 控制在 6.3～6.6，通过补加氨水进行调节。pH 较低时，加入 $CaCO_3$、通氨调节或提高通气量。pH 上升时，加糖或天然油脂。一般直接加酸或碱自动控制，流加葡萄糖控制。

四、溶解氧

溶解氧小于30%饱和度，产率急剧下降，低于10%，会造成不可逆的损害，因此不能低于30%饱和溶解氧浓度。通气比一般为1∶0.8。溶解氧过高，菌丝生长不良或加糖率过低，呼吸强度下降，影响生产能力的发挥。适宜的搅拌速度，保证气液混合，提高溶解氧量，根据各阶段的生长和耗氧量不同，应对搅拌转速进行调整。

五、菌丝生长速度与形态、浓度

对于每个有固定通气和搅拌条件的发酵罐内进行的特定好氧过程，都有一个氧传递速率（OTR）和氧消耗率（OUR）在某一溶解氧水平上达到平衡的临界菌丝浓度。超过此浓度，OUR＞OTR，溶解氧水平下降，发酵产率下降。在发酵稳定期，湿菌浓度可达15%～20%，丝状菌干重约为3%，球状菌干重在5%左右。另外，因补入物料较多，在发酵中后期一般每天放罐一次，每次放掉总发酵液的10%左右。

菌丝的生长形态有丝状生长和球状生长两种。丝状菌丝由于所有菌丝体都能充分和发酵液中的基质及氧接触，生产率高，发酵黏度低，气、液两相中氧的传递率提高，允许更多菌丝生长。球状菌丝形态的控制，与碳、氮源的流加状况，搅拌的剪切强度及稀释度相关。

六、消沫

发酵过程泡沫较多，需补入消沫剂。少量多次。不宜在前期多加入，以免影响呼吸代谢。

任务三　下游工程

青霉素不稳定，发酵液预处理、提取和精制过程要条件温和、快速，防止降解。

一、预处理

发酵液形成后，目标产物存在于发酵液中，而且浓度较低，如抗生素只有10～30 kg/m^3，含有大量杂质，影响后续工艺的有效提取。因此必须对其进行预处理，其目的在于浓缩目的产物，去除大部分杂质，改变发酵液的流变学特征，利于后续的分离纯化过程。

二、过滤

发酵液在萃取之前需预处理，发酵液加少量絮凝剂沉淀蛋白质，然后经真空转鼓过滤或板框过滤，除掉菌丝体及部分蛋白质。青霉素易降解，发酵液及滤液应冷却至10℃以下，过滤液收率一般为90%左右。

1．若菌丝体粗长，可采用鼓式真空过滤机过滤，滤渣形成紧密饼状，容易从滤布上刮下。滤液 pH 为 6.27～7.2，蛋白质含量为 0.05%～0.2%。需要进一步除去蛋白质。

2．改善过滤和除去蛋白质的措施：硫酸调节 pH 为 4.5～5.0。加入 0.07%溴代十五烷吡啶（PPB），0.7%砖藻土为助滤剂。再通过板框式过滤机。滤液澄清透明，进行萃取。

三、萃取

青霉素的提取采用溶媒萃取法。青霉素游离酸易溶于有机溶剂，而青霉素盐易溶于水。利用这一性质，在酸性条件下青霉素转入有机溶媒中，调节 pH，再转入中性水相，反复几次萃取，即可提纯浓缩。选择对青霉素分配系数高的有机溶剂。工业上通常用乙酸丁酯和戊酯，萃取 2～3 次。从发酵液萃取到乙酸丁酯时，pH 选择为 1.8～2.0。从乙酸丁酯反萃取到水相时，pH 选择为 6.8～7.4，发酵滤液与乙酸丁酯的体积比为（3.5～4.0）∶1。反萃取时，BA 萃取液与碳酸氢钠溶液的比例为（4～5）∶1。几次萃取后，浓缩 10 倍，浓度几乎达到结晶要求。萃取总收率在 85%左右。

所得滤液多采用二次萃取，用 10%硫酸调 pH 为 2.0～3.0，加入乙酸丁酯，用量为滤液体积的 1/4，反萃取时常用碳酸氢钠溶液调 pH 为 6.8～7.2。在一次丁酯萃取 0.05%～0.1%乳化剂 PPB。

萃取条件：为减少青霉素降解，整个萃取过程应在低温下（10℃以下）进行。萃取罐用冷冻盐水冷却。

四、脱色

萃取液中添加活性炭，除去色素、热源，过滤，除去活性炭。

五、结晶

萃取液一般通过结晶提纯。青霉素钾盐在乙酸丁酯中溶解度很小，在二次丁酯萃取液中加入醋酸钾—乙醇溶液，青霉素钾盐就结晶析出。然后采用重结晶方法，进一步提高纯度，将钾盐溶于 KOH 溶液，调 pH 至中性，加无水丁醇，在真空条件下，共沸蒸馏结晶得纯品。直接结晶；在 2 次乙酸丁酯萃取液中加入醋酸钠—乙醇溶液反应，得到结晶钠盐。加入醋酸钾—乙醇溶液，得到青霉素钾盐。

共沸蒸馏结晶；萃取液，再用 0.5 mo1/L NaOH 萃取，pH 为 4.8～6.4 时得到钠盐水浓缩液。加 2.5 倍体积丁醇，于 16～26℃，0.67～1.3 kPa 下蒸馏。水和丁醇形成共沸物而蒸出，钠盐结晶析出。结晶经过洗涤、干燥后，得到青霉素产品。

项目三　维生素类药物发酵技术

维生素类药物概述

维生素一般是指动物体内不能合成都为动物体内物质代谢所必需的物质，也是指天然食品中含有的能以微小数量对动物的生理功能起重大影响的一类有机化合物。在生物体内它既不是细胞的结构成分，也不是体内能量的来源，大多数以其活性形式对机体代谢起调节作用，少数维生素还具有一些特殊的个理功能。

一、维生素的生理功能

维生素对人体物质代谢过程有十分重要的调节作用。体内各种维生素应维持一定的水平。如果某种维生素的水平过低或过高就会引起相应的疾病。在人体正常代谢的情况下，从粮食和蔬菜等食物中摄取的维生素一般足以满足人体的需要，不必另外进行补充，过量补充某些维生素还可以引起各种疾病。

维生素是人体生命活动必需的营养物质，它主要以酶类的辅酶或辅基形式参与生物体内的各种生化代谢反应。维生素还是防治由于维生素不足或缺失而引起的各种疾病的首选药物。如维生素 B 族用于治疗神经炎、角膜炎等多种炎症，维生素 C 能刺激人体造血功能，增强机体的抗感染能力，维生素 D 是治疗佝偻病的重要药物。

各种维生素的化学结构及性质虽然不同，但它们却有着以下共同点：①维生素均以维生素原（维生素前体）的形式存在于食物中；②维生素不是构成机体组织和细胞的组成成分，也不会产生能量，它的作用主要是参与机体代谢的调节；③大多数的维生素，机体不能合成或合成量不足，不能满足机体的需要，必须经常通过食物获得；④人体对维生素的需要量很小，日需要量常以毫克（mg）或微克（μg）计算，但一旦缺乏就会引发相应的维生素缺乏症，对人体健康造成损害。

二、维生素的分类

维生素的种类很多，化学结构各异。一般按其溶解性质分为水溶性和脂溶性两大类。

1．水溶性维生素

水溶性维生素是能在水中溶解的一组维生素，包括维生素 C、维生素 B_1、维生素 B_2、维生素 PP（烟酸）、维生素 B_6、泛酸、生物素、叶酸、维生素 B_{12} 和硫辛酸等。

2．脂溶性维生素

脂溶性维生素是溶于脂肪及有机溶剂（如苯、乙醚及三氯甲烷等）的一组维生素，常见的有维生素 A、维生素 D、维生素 E、维生素 K 等。

三、维生素的来源

各类动、植物合成维生素的能力有很大的差异。植物一般有合成维生素的能力，微生物合成维生素的能力随其种属不同而不同。细菌中有些菌种能合成维生素，有些种属需要加入维生素的中间体才能合成维生素。酵母菌能合成维生素，但是如果外界提供维生素，也会促进酵母菌的生长。霉菌有合成大部分维生素的能力。

人体需要的维生素主要来源于食物，特别是蔬菜、水果以及动物组织等。人体本身也能合成少量的维生素，如人体经皮肤吸收紫外线后，可由光合作用合成维生素 D_3。人体肠道细菌还能合成并分泌一些维生素（如维生素 K、维生素 PP、生物素），但其量不能满足人体所需，或者虽被合成但不能为肠壁所吸收（如维生素 B_{12}）。

本项目以维生素 B_2 为例介绍维生素的发酵技术。

任务一　上游工程

一、维生素 B_2 的概述

1．维生素 B_2 的结构

维生素 B_2 又称核黄素，在自然界中多与蛋白质相结合而被称作核黄素蛋白。维生素 B_2 是由异咯嗪环与核糖构成的。

2．维生素 B_2 的理化性质

维生素 B_2 为黄色或橙黄色结晶性粉末，味微苦，熔点约为 280℃，是两性化合物，在酸性溶液中稳定，在碱性溶液中不稳定，易被热、光破坏，极微溶于水，几乎不溶于乙醇和氯仿，不溶于丙酮、乙醚。水溶液呈黄绿色荧光，在波长 565 nm、 pH 4～8 荧光最强。

3．维生素 B_2 的生理功能

维生素 B_2 在生物代谢过程中有递氢的作用，它与机体内的 ATP 作用生成黄素单核苷酸（FMN），FMN 再与 ATP 作用，就生成黄素腺膘呤二核苷酸（FAD），两者是多种脱氢酶的辅酶，是重要的递氢体，可促进生物氧化作用。因此，维生素 B_2 是动物发育和许多微生物生长的必需因子。人和动物体缺乏维生素 B_2 时，细胞呼吸减弱，代谢强度降低，主要症状为唇炎、舌炎、口角炎、眼角膜炎、皮炎等，所以维生素 B_2 是治疗眼角膜炎、白内障、结膜炎等的主要药物之一。

4．维生素 B_2 的生产方法

维生素 B_2 的分布很广，青菜、黄豆、动物肝脏、肾、心、乳中含量较多，酵母中的含量也很丰富。核黄素虽然广泛存在于动、植物中，但因含量很低，不适宜采用从天然产物中提取的方法制备维生素 B_2 的原料。而化学合成法步骤多，成本比微生物发酵法高，所以目前工业上维生素 B_2 的生产主要采用微生物发酵法。

二、生产菌种的选育

许多微生物可以产生维生素 B_2，如棉病囊霉、阿氏假囊酵母、酵母、假囊酵母、根霉、曲霉、青霉、梭状芽孢杆菌、产气杆菌、大肠杆菌和枯草芽孢杆菌等，仅真正能用于工业化生产的微生物种类不多。工业上使用的维生素 B_2 产生菌主要有阿氏假囊酵母和棉病囊霉。经过菌种改良后，维生素 B_2 生产的最高水平可达到 7 000～10 000 U/mL，且产品质量好，成本低。

1990 年德国的 BASF 公司首先使用棉病囊霉作为生产菌株进行维生素 B_2 的商业化生产。经过 6 年的发展，他们最终用微生物发酵法完全取代了化学合成法。

随着分子生物学的发展，基因工程等先进技术已应用于维生素 B_2 生产菌种的育种中。2000 年瑞士的 Roche 公司采用了基因工程菌种枯草芽孢杆菌用于维生素 B_2 的生产，该菌种具有产量高、能耗低等优点，经济效益十分显著。我国的广济药业公司是国内最大的维生素 B_2 生产厂家，从国外引进了维生素 B_2 的高产菌株——枯草芽孢杆菌基因工程菌株，发酵水平可达 17 000～20 000 U/mL。

三、培养基成分的选择

1．孢子平面培养基

葡萄糖 2 g，蛋白胨 0.1 g，麦芽浸膏 5 g，琼脂 2 g，水 100 mL，调 pH 为 6.5。

2．发酵培养基

发酵培养基中以植物油、葡萄糖、糖蜜或大米粉等作为主要碳源，植物油中

以豆油对维生素 B_2 产量提高的效果最为显著，有机氮源以蛋白胨、骨胶、鱼粉、玉米浆为主，无机盐有 NaCl、K_2HPO_4、$MgSO_4$。

常用发酵培养基配方：米糠油 4 g，玉米浆 1.5 g，骨胶 1.8 g，鱼粉 1.5 g，KH_2PO_4 0.1 g，NaCl 0.2 g，$CaCl_2$ 0.1 g，$(NH_4)_2SO_4$ 0.02 g，水 100 mL。

3．前体及刺激剂

嘌呤类化合物作为前体对维生素 B_2 的生物合成有促进作用。此外，肌醇、甲硫氨酸等对维生素 B_2 的生物合成有刺激作用。将肌醇与葡萄糖结合起来，并采取半连续流加的方式培养，可明显提高发酵单位。

任务二　发酵工程

生产上多采用二级种子、三级发酵。将阿氏假囊酵母接种于孢子斜面培养基上，于 25℃培养 9 d，然后用无菌水制成孢子悬浮液，接种到种子培养基中。于 30℃培养 30～40 h，种子扩大培养和发酵的通气量要求均比较高，通气量一般为 1∶1，罐压力 0.05 MPa 左右，搅拌功率要求比较高。将上述种子液接种到二级种子罐小，于 30℃培养 20 h，按 2%～3%的接种量将二级种子液接种到发酵罐中，发酵培养 40 h 后开始连续流加补糖，发酵液的 pH 抑制在 5.4～6.2，温度为 30℃，发酵周期为 150～160 h。

通气效率高低是影响维生素 B_2 产量的关键，通气效果好，可促进大量膨大菌体的形成，维生素 B_2 的产量迅速上升，同时可缩短发酵周期。因此，大量膨大菌体的出现是产量提高的生理指标。如在发酵后期补加一定量的油脂，能使菌体再生，形成第二膨大菌体，可进一步提高产量。

任务三　下游工程

一、发酵液的预处理及固—液分离

发酵结束后，向发酵液中加入 2 mol/L 的 HCl 调 pH 为 5～5.5，以释放部分与蛋白质结合的维生素 B_2，再加入适量黄血盐和硫酸锌，然后加入维生素 B_2 1.4 倍量的 3-羟基-2-奈甲酸钠，并于 70～80℃加热 10 min，滤除沉淀。

二、提取与精制

将上述滤液用 2 mol/L 的 HCl 调 pH 为 2～2.5，于 5℃下静置 8～12 h，将下

层悬浮物压滤得 3-羟基-2-奈甲酸钠维生素 B_2 沉淀，再用等量浓 HCl 酸化，经离心分离得上清液为维生素 B_2 溶液，沉淀为 3-羟基-2-奈甲酸钠（可循环使用）。再向上溶液中加入一定量的 NH_4NO_2，于 60～70℃加热氧化 20 min，得维生素 B_2 氧化物，再加 5 倍体积的蒸馏水及维生素 B_2 晶种，搅匀，5℃结晶过夜，得维生素 B_2 粗品。将粗品用适量蒸馏水溶解，加 1 mol/L 的 NaOH 溶液调 pH 为 5～6，滤去沉淀，向滤液中加适量晶种煮沸，结晶过夜，次日滤取结晶，用酸水洗两次，抽干，并于 60℃烘干，过 80 目筛得维生素 B_2 成品。

项目四　核酸类药物发酵技术

核酸类药物概述

核酸类药物是指具有药用价值的核酸、核苷酸、核苷或者碱基，是一类药物的统称。除了天然存在的核酸、核苷酸、核苷、碱基以外，它们的类似物、衍生物或这些类似物、衍生物的聚合物制成的药物也属于核酸类药物。

一、发展概况

核酸的研究至今已有100多年的历史，但是核酸类物质发酵生产的研究则始于20世纪60年代初。呈味核苷酸如5′-肌苷酸和5′-鸟苷酸为特鲜味精、特鲜酱油的原料，在国际市场上有广泛的销路；在农业上，用核酸类物质进行浸种、蘸根、喷雾等，可以提向农作物产量；另外，肌苷、腺苷酸、ATP、辅酶I、辅酶A以及其他核酸衍生物，在治疗心血管疾病、肿瘤等方面有特殊疗效，已成为重要的临床治疗药物，2005年版《中国药典》收载的核酸与核苷类原料药17种，制剂40种，在疾病的治疗中发挥着重要作用。

随着分子生物学和遗传工程的发展，基因治疗应运而生，并得到广泛的肯定，其中包括反义核酸技术，简称反义技术，利用这一技术研制的药物称为反义药物。根据核酸杂交原理，反义药物能与特定基因的杂交，在基因水平上干扰致病蛋白的产生过程及干扰遗传信息从核酸向蛋白质的传递。蛋白质在人体代谢中扮演着非常重要的角色，几乎所有的人类疾病都是由蛋白质的异常引起的，无论是宿主致病（病毒等）还是感染疾病（肝炎等）传统药物，主要是直接作用于致病蛋白质本身，而反义药物则作用于产生蛋白质的基因，因此可广泛应用于多种疾病的治疗。

反义核酸作为药物与常规药物相比，有两个显著优点：一是有关疾病的靶基因序列是已知的，因此设计特异性的反义核酸比较容易；二是反义寡核苷酸与靶基因能通过碱基配对原理发生特异和有效的结合从而调节基因的表达。其缺点是天然的寡核苷酸难以进入细胞内，而一旦进入又易被细胞内的核酸酶水解，很难直接用于治疗。福米韦生是全球批准上市的第一个反义药物，1998 年已被美国 FDA 批准上市，用于二线治疗 AIDS 所致的巨细胞病毒（CMV）视网膜炎。

二、临床应用

核酸是生命的物质基础，它不仅携带各种生物所特有的遗传信息，而且影响生物的蛋白质合成和脂肪、糖类的代谢。核酸类药物正是通过恢复正常代谢或干扰某些异常代谢而发挥作用的。核酸类药物的临床作用主要表现为以下几个方面。

1．修复作用

具有天然结构的核酸类物质，如肌苷、肌苷酸、腺苷酸、三磷酸腺苷酸、辅酶 I、辅酶 A 等，有助于改善机体的物质代谢和能量平衡，修复受损伤的组织，使之恢复正常功能。这类药物已广泛用于放射病、血小板减少症、白细胞减少症、急慢性肝炎、心血管疾病和肌肉萎缩等代谢障碍的治疗。

2．抗病毒作用

天然核酸的类似物或衍生物有干扰病毒代谢的功能，因而在治疗病毒引起的疾病如疱疹、艾滋病等方面有特殊的疗效。1987 年 3 月，美国食品和药物管理局（FDA）批准使用的抗艾滋病药物 AZT（叠氮胸苷）是全世界第一种被批准用于临床治疗艾滋病的药物，它是胸苷的衍生物；三氮唑核苷可抗 10 多种 RNA 和 DNA 病毒，它是肌苷、鸟苷的结构改造物；阿糖腺苷抗 DNA 病毒，对脑膜炎、乙肝疗效显著，是由腺苷酸合成的。

3．抗肿瘤作用

天然核苷和核酸的类似物可以通过作用于 DNA 合成所必需的嘌呤、嘧啶核苷途径，抑制肿瘤细胞生存和复制所必需的代谢途径，从而导致肿瘤细胞死亡。如阿糖胞苷临床用于急性白血病，缓解率从原来的 20%提高到 80%，特别对急性粒细胞白血病的疗效较显著；氟尿苷用于肝癌及头颈部癌的治疗；去氧氟尿苷对胃癌、结肠癌、直肠癌、乳腺癌效果显著，毒性较低。

另外，S-腺苷甲硫氨酸及其盐类用于治疗帕金森病、失眠并具有消炎镇病的作用，别嘌醇用于抗痛风等。

本项目以肌苷生产为例介绍维生素的发酵技术。

任务一　上游工程

一、肌苷的概述

1. 肌苷的结构

肌苷是由黄嘌呤的 9 位氮与 D-核糖的 1 位碳通过β-糖苷键连接而形成的化合物，是核酸中嘌呤组分的代谢中间物，又称次黄嘌呤核苷。

2. 肌苷的理化性质

肌苷为白色结晶性粉末，味微苦，溶于水，不溶于乙醇、氯仿。在中性、碱性溶液中比较稳定，在酸性溶液中不稳定，易被水解成次黄嘌呤和核糖。常温下（<20℃），肌苷主要以两个结晶水的晶体形式存在，在较高温度下存在两种无水晶体形式。肌苷分子中的碱基存在酮式和烯醇式互变异构现象，所以在碱性条件下烯醇式结构的分子能显示出弱酸性，能与碱反应生成盐。

3. 肌苷的生理功能

肌苷为人体的正常成分，参与体内核酸代谢、能量代谢和蛋白质的合成，活化丙酮酸氧化酶系，提高辅酶 A 的活性，使低能缺氧状态下的组织细胞继续顺利进行代谢，有助于肝细胞功能的恢复，可刺激体内产生抗体并促进肠道对铁的吸收。在临床上，适用于各种原因引起的白细胞减少症、血小板减少症，心脏疾患、急性及慢性肝炎、肝硬化等，此外还可治疗中心视网膜炎、视神经萎缩等。

4. 肌苷的生产方法

目前，肌苷的生产方法主要有肌苷酸脱磷酸法和直接发酵法。由于发酵法生产肌苷的产率很高，因此现代工业多采用直接发酵法。

（1）肌苷发酵机制与肌苷产生菌的选育　肌苷发酵的生产菌种主要有枯草芽孢杆菌、短小芽孢杆菌和产氨短杆菌。其中枯草芽孢杆菌的磷酸酯酶活性较强，有利于将 IMP 脱磷酸化形成肌苷，分泌至细胞外，因此肌苷的发酵多采用枯草芽孢杆菌的腺嘌呤缺陷型。产氨短杆菌的磷酸酯酶活性较弱，这一点有利于积累 IMP 而不利于积累肌苷，但是产氨短杆菌列能缺损 GMF 还原酶和 AMP 脱氨酶，它的嘌呤核苷酸合成途径可能是完全分支的，而不是像枯草芽孢杆菌那样的环形互变，因此产氨短杆菌的 GMP 和 AMP 是不能互变的。产氨短杆菌的补救途径的酶活性较强，对产氨短杆菌进行菌种改良，可获得肌苷积累量较高的菌株。

（2）发酵生产肌苷的工艺路线　现多利用变异芽孢杆菌 7171-9-1 进行发酵生产肌苷。生产菌种经活化，转入三角瓶培养，获得一级种子，放入到种子罐，获得二级种子，进行发酵培养。在适当的培养基、温度、pH、通气及搅拌条件下培养 93 h。发酵液调节 pH 后直接上 732 型阳离子交换树脂柱，收集的肌苷洗脱液进行活性炭柱吸附脱色后，在 pH 为 11 或 6 的条件下析晶过滤，得肌苷粗品，重结晶后获得肌苷精品。

也可将去菌体后上柱改为直接上柱，然后用水反冲洗树脂柱。其优点是缩短周期，节约设备，又可把糖、色素、菌体从柱顶冲走，而适当地松动树脂也利于洗脱。此改进可使洗脱得率提高 25%左右。在温度较高且 pH 较低时，部分肌苷会分解成次黄嘌呤。32℃放置 15 h 后洗脱，得率降低 10%左右；48 h 后洗脱，得率降低 30%左右；室温 20℃放置 48 h 后洗脱，得率降低约 5%。

（3）肌苷发酵条件

①碳源大多使用葡萄糖：在发酵生产中也可以考虑利用淀粉水解液。

②常用的氮源有氯化铵、硫酸铵或尿素等：因为肌苷的含氮量很高（20.9%），所以必须保证供应足够的氮源，工业发酵常用水来调节 pH，这样既可以提供氮源，又可调节发酵液的 pH。

③磷酸盐对肌苷生成有很大影响：采用短小芽孢杆菌的腺嘌呤缺陷型菌株发酵肌苷，可溶性磷酸盐如磷酸钾可以显著地抑制肌苷的累积，而不溶性磷酸盐如磷酸钙可以促进肌苷的生成。相反的，采用产氨短杆菌的变异株时，肌苷发酵并不需要维持无机磷的低水平，即使添加 2%的磷酸盐，也能累积大量的肌苷。

④肌苷生产菌株一般为腺嘌呤缺陷型菌株：在培养基中必须加入适量的腺嘌呤或含有腺嘌呤的物质，如酵母膏等。由于腺嘌呤是腺苷酸的前体，而腺苷酸又是控制 IMP 生物合成的主要因子，所以，加入腺嘌呤的多少不仅影响菌体的生长，更影响肌苷积累。腺嘌呤对肌苷积累有一个最适浓度，这个浓度通常比菌体生长所需要的最适浓度小一些，称为亚适量。

⑤氨基酸有促进肌苷积累，同时节约腺嘌呤用量的作用：其中组氨酸是必需的，异亮氨酸、亮氨酸、甲硫氨酸、甘氨酸、缬氨酸、苏氨酸、苯丙氨酸及赖氨酸 8 种氨基酸也有促进作用。这 8 种氨基酸可以用高浓度的苯丙氛酸来代替。氨基酸可通过促进菌体生长使肌苷产量增加。

⑥培养基以外的发酵条件，如 pH、温度、通气搅拌等也都是影响肌苷积累的重要因素。

肌苷积累的最适 pH 为 6.0～6.2；最适温度对枯草芽孢子杆菌为 30℃，对短小芽孢杆菌为 32℃；供氧不足可使肌苷生成受到显著的抑制，从而积累一些副产物，通气搅拌则可以减少 CO_2 对肌苷发酵的抑制作用。

二、菌株的活化

变异芽孢子杆菌 7171-9-1 移种到斜面培养基上，30～32℃培养 48 h。在 4℃冰箱中菌种可保存 1 个月。

斜面培养基配方：葡萄糖 1%。蛋白胨 0.4%，酵母浸膏 0.7%，牛肉浸膏 1.4%，琼脂 2%，pH 为 7，在 120℃灭菌 20 min。

三、种子培养

一级种子：培养基配方为葡萄糖 2%，蛋白胨 1%，酵母浸膏 1%，玉米浆 0.5%，尿素 0.5%，氯化钠 0.25%，灭菌前 pH 为 7。在 115℃灭菌 15 min。接种后在（32±1）℃，培养 18 h。

任务二　发酵工程

培养基配方为淀粉水解液 10%，干酵母水解液 1.5%，豆饼水解液 0.5%，硫酸镁 0.1%，氯化钾 0.2%，磷酸氢二钠 0.5%，尿素 0.4%，硫酸铵 1.5%，有机硅油（消泡剂）0.05%，pH 为 7。接种量为 0.9%，（32±1）℃，通气量为 1∶0.5，搅拌速度为 320 r/min，培养 93 h。

扩大发酵：培养基配方为淀粉水解液 10%，干酵母水解液 1.5%，豆饼水解液 0.5%，硫酸镁 0.1%，氯化钾 0.2%，磷酸氢二钠 6.5%，碳酸钙 1%，硫酸铵 1.5%，有机硅油（消泡剂）0.3%，pH 为 7。接种量为 7%，（32±1）℃，通气量为 1∶0.25，搅拌速度为 230 r/min，培养 75 h。

任务三　下游工程

一、提取、吸附、洗脱

取发酵液，调 pH 为 2.5～3，连同菌体通过两个串联的 732 氢型树脂柱吸附。用相当于树脂总体积 3 倍、pH 为 3 的水洗 1 次，然后把两个柱子分开，用 pH 为 3 的水把肌苷从柱上洗脱下来。再经 769 型活性炭校吸附肌苷，先用 2～3 倍体积的水洗涤，后用 70～80℃的水洗，再用 70～80℃、1 mo1/L 氢氧化钠浸泡 30 min，最后用 0.01 mo1/L 氢氧化钠洗脱肌苷，收集洗脱液真空浓缩至 1.170 g/mL，pH 为 11 或 pH 为 6 放置，结晶析出，过滤，得肌苷粗制品。

二、精制

取粗制品配成5%～10%溶液，加热溶解，加入少量活性炭作助滤剂，抽滤，放置冷却，得白色针状结晶，过滤，少量水洗涤1次，80℃烘于得肌苷精制品，收率为44%，含量为99%。

项目五　白酒生产技术

白酒概述

白酒是用谷物、薯类或糖分等为原料，经糖化发酵、蒸馏、陈酿和勾兑制成的酒精浓度大于20%（*V*/*V*）的一种蒸馏酒，它澄清透明，具有独特的芳香和风味。我国白酒生产历史悠久，工艺独特，它与国外的白兰地（Brandy）、威士忌（Whisky）、伏特加（Vodka）、朗姆酒（Rum）和金酒（Gin）并列为世界六大蒸馏酒，许多名白酒在国际上享有盛誉。

我国的白酒品种繁多，其名称多种多样。有的按产地命名，如茅台酒（产于贵州仁怀市茅台镇）、汾酒（产于山西汾阳县）、西凤酒（产于陕西凤翔县）、泸州老窖（产于四川泸州市）和洋河大曲（产于江苏泗阳县洋河镇）等；也有的按生产原料命名，如高粱酒、薯干酒和五粮液（用高粱、玉米、小麦、大米和糯米五种粮食酿制而成）等。

我国白酒种类繁多，没有统一的分类方法。目前通常的分类方法有以下几种。

一、按使用的主要原料分类

1．粮食酒

以粮食为主要原料生产的酒称为粮食酒。如各种大曲酒、高粱酒、糯米酒、苞谷酒。

2．薯类酒

用鲜薯、薯干或木薯为原料生产的酒称为薯类酒。

3．代粮酒

用粮食和薯类以外的原料，如野生淀粉原料或含糖原料生产的酒，都习惯称为代粮酒，或叫代用品酒。例如用高粱糠、米糠、粉渣野生植物如橡子等生产的酒。

二、按生产工艺分类

1．固态法白酒

固态法白酒即采用固态糖化、固态发酵及固态蒸馏的传统工艺酿制成的白酒。包括大曲酒、小曲酒、麸曲酒、混曲酒（以大曲、小曲或麸曲等为糖化发酵剂酿制而成的白酒，如贵州董酒等）和其他糖化剂酒（以糖化酶为糖化剂，加酿酒活性干酵母或生香酵母酿制而成的白酒，如内蒙古河套白酒）等。

2．半固态法白酒

半固态法白酒即采用固态培菌、糖化，加水后，在半固态下发酵或始终在半固态下发酵后蒸馏的传统工艺制成的白酒。如桂林三花酒和广东玉冰烧等。

3．液态法白酒

液态法白酒即采用液态发酵、液态蒸馏工艺制成的白酒。包括一步法液态发酵白酒、串香白酒、固液勾兑白酒和调香白酒。现在的液态法白酒已是广泛意义的白酒，包括用食用酒精勾调而成的白酒。

4．纯净白酒

纯净白酒采用酒精生产工艺生产，类似伏特加，特点是杂质低，卫生健康，符合国际消费习惯，属于新型酒范畴。

5．生料白酒

生料白酒即原料不经蒸煮，直接加入糖化发酵剂，经发酵蒸馏而成的白酒，亦有固态发酵法和液态发酵法之分，特点是劳动强度低、能耗低，是近年发展起来的大路白酒，消费群体主要在乡镇，以农村市场为主。

三、按照酒的香型分类

1．酱香型白酒

酱香型白酒以茅台酒为典型代表。它的主要特点是：酱香突出，幽雅细腻，酒体丰满醇厚，回味悠长。另外，还有一个显著的特点是隔夜尚留香，饮后空杯香气犹存。它以“低而不淡”“香而不艳”著称。

2．浓香型白酒

浓香型白酒以泸州老窖特曲和五粮液为代表。它们的主要特点是：窖香浓郁，绵甜甘冽，香味协调，尾净余长。浓香型白酒以己酸乙酯为主体香。

3．清香型白酒

清香型白酒以山西汾酒为典型代表。它的主要特点是：清香醇正，诸味协调，醇甜柔和，余味爽净。乙酸乙酯和乳酸乙酯两者的结合为主体香。

4．米香型白酒

米香型白酒以桂林三花酒、全州湘山酒、广东长乐烧为代表。以清、甜、爽、净见长，它们的主要特点是：蜜香清雅，入口柔绵，落口爽洌，回味怡畅。闻香像黄酒酿与乳酸乙酯混合组成的蜜香。β-苯乙醇与乙酸乙酯、乳酸乙酯结合成为主体香。

5．药香型白酒

药香型白酒以贵州董酒为代表。它是混曲酒的典型，而且曲中加入多味中药材，故风格独特。其特点是：泸带药香，酸味适中，香味谐调，尾净味长。其既有大曲酒的浓郁芳香，又有小曲酒的柔绵、醇和、回甜的特点。

6．兼香型白酒

兼香型白酒以湖北白云边酒为代表。其浓、酱兼而有之。其风格特点是：芳香幽雅，酒体丰满，回味绵甜，爽净味长。

7．凤香型白酒

凤香型白酒以陕西西凤酒为代表。因其发酵周期短，工艺和贮酒容器特殊而自成一格。其特点是：醇香秀雅，具有以乙酸乙酯为主，一定量己酸乙酯为辅的复合香气，醇厚丰满，甘润爽口，诸味协调，尾净悠长。

8．豉香型白酒

豉香型白酒以广东玉冰烧为代表。它以大米为原料，经蒸煮后用大酒饼作糖化发酵剂，采用边糖化边发酵的工艺，釜式蒸馏，陈肉酝浸，勾兑而成。该酒豉香纯正清雅，醇和甘滑，酒体谐调，余味爽净。二元酸（庚二酸、辛二酸、壬二酸）二乙酯是本香型白酒的特征组分。β-苯乙醇含量也高于其他香型白酒。

9．特香型白酒

特香型白酒以江西四特酒为代表。因以大米为原料，工艺和设备特殊而独树一帜。其风格特点是：幽雅舒适，诸香协调，富含奇数碳脂肪酸乙酯的复合香气，柔绵醇和，香味谐调，余味悠长。

10．芝麻香型白酒

芝麻香型白酒以山东景芝白干酒为代表。其特点是：气清冽，醇厚回甜，尾净余香，具有芝麻香风格。

四、按酒度高低分类

1．高度白酒

高度白酒是酒精度为 50%～65%（体积分数）的白酒。

2．中度白酒（降度白酒）

中度白酒是酒精度为 40%～49%（体积分数）的白酒，现已成为白酒产品的主流。

3. 低度白酒

低度白酒是酒精度一般在40%（体积分数）以下的白酒，一般不低于20%（体积分数）。通过10余年的倡导和市场培育，低度白酒已越来越受到消费者的欢迎。

任务一 上游工程

一、白酒生产原料

制白酒的原料有粮谷、以甘薯干为主的薯类以及代用原料三大类，目前后一类用者很少。

1. 白酒主要原料及其特性

（1）谷物原料 白酒生产的谷物原料有高粱、玉米、大米和小麦等。

①高粱：我国名优白酒多以高粱为主要原料，普通白酒也以高粱为原料配制的较好，号称“高粱白酒”。粳型高粱含直链淀粉较多，糯型高粱含支链淀粉较多，但糯型高粱比粳型高粱更容易蒸煮糊化。通常高粱籽粒中含3%左右的单宁和色素，其衍生物酚元化合物可赋予白酒特有的香气。过量的单宁对白酒糖化发酵有阻碍作用，成品酒有苦涩感。用温水浸泡，可除去其中水溶性单宁。因高粱含单宁较多，会沉淀蛋白质，一般不作制曲原料。

②玉米：酿造白酒的常用原料。玉米的粗淀粉含量与高粱接近，玉米的胚体含油率可达15%～40%，因此，用玉米酿酒时，可先分离出胚体榨油，因为过量的油脂会给白酒带来邪杂味。

影响玉米原料出酒率的一个重要原因，是由于玉米的淀粉结构堆积紧密，质地坚硬，较难蒸煮糊化，所以在酿酒时，要特别注意保证蒸煮时间。

③大米：我国南方各省生产的小曲酒，多用大米为原料，可得米香型白酒。大米质地纯净，含淀粉高达70%以上，容易蒸煮糊化，是生产小曲酒最好的原料。大米适合根霉生长。

④小麦：淀粉含量高，富含面筋等营养成分，黏着力强，小麦蛋白质中以麦胶蛋白质和麦谷蛋白质为主，小麦是大曲酒的制曲原料。

⑤豆类：当不以小麦为原料，而以大麦或荞麦为原料时，添加豆类补充蛋白质，增加曲块的黏结性，以利于曲块保持水分。

豌豆淀粉含量低，含蛋白质20%～25%，富含糖分及维生素A、维生素B_1维生素B_2和维生素C，制曲时一般与大麦混用，可弥补大麦蛋白质的不足，但用量不宜过多。

（2）薯类原料　白酒生产使用的薯类原料有甘薯、木薯和马铃薯等。

①甘薯：淀粉含量高，脂肪和蛋白质含量低，但含果胶多，蒸煮糊化过程中产生大量甲醇，常用于造酒精。甘薯酿酒，一般出酒率较高，但白酒中常带薯干味，固态法比液态法配制的白酒，薯干味更浓。所以用甘薯生产固态法白酒，要注意清蒸，生产液态法白酒要注意排杂。

②木薯：南方各省盛产的野生或栽培木薯。木薯淀粉含量丰富，可作为酿酒原料。木薯中含果胶质和氰化物较高，因此，在用木薯酿酒时，原料要先经过热水浸泡处理，同时应注意蒸煮排杂，防止酒中甲醇、氰化物等有害成分的含量超过国家食品卫生标准。

③马铃薯：富含淀粉的酿酒原料，鲜薯含粗淀粉 25%～28%，薯干片含粗淀粉 70%。马铃薯的淀粉颗粒大，结构疏松，容易蒸煮糊化。用马铃薯酿酒，没有用甘薯酿酒所特有的薯干酒味，可积极推广。

（3）糖蜜原料　糖蜜是制糖工业的副产物，分为甘蔗糖蜜和甜菜糖蜜，总糖50%左右。它价格低廉，又不需要进行蒸煮糖化，只需稀释处理。糖蜜不需要预先水解，可直接使用，但含胶体物质较多，黏度大，而且含色素多。用含糖原料酿酒时，要选用发酵蔗糖能力强的酵母。

（4）代用原料　酿酒常用的代用原料，包括农副产品的下脚料，野生植物或野生植物的果实等，如高粱糠、玉米皮、淀粉渣、柿子、金刚头、蕨根、葛根等。用代用原料酿酒应注意原料的处理，除去过量的单宁、果胶、氰化物等有害物质。温水可除去水溶性单宁；高温可消除大部分的氢氰酸。一切代用原料都应注意蒸煮排杂，保证成品酒的卫生指标合格。凡产甲醇、氰化物等超过规定指标的代用原料，应严禁作饮料酒原料。

2. 酿酒辅料

白酒生产常用的辅料有麸皮、稻壳、谷糠、高粱糠、玉米芯等。

（1）麸皮　麸皮是小麦加工面粉过程中的副产物。具有吸水性强、表面积和疏松度大的优点，它在成分及性能方面具有营养种类全面的特点，本身有一定的糖化能力且是酶的良好载体，因此，麸皮既是制酒的辅料，又可作为制曲的原料。麸皮的作用有：①提供碳、氮、磷等营养物质；②提供α-淀粉酶；③使酒醅疏松。

（2）稻壳　稻壳质地坚硬，吸水性差，但粉碎后吸水能力增强，可避免淋浆现象，又因价廉易得，所以被广泛用于发酵和蒸馏过程的填充料，但应预先清蒸30 min。稻壳的作用有：①调节入窖淀粉的浓度和酸度；②使酒醅疏松，利于糖化剂曲霉和根霉的生长；③保持一定量的浆水；④吸收发酵过程中产生的酒精。

（3）谷糠（小米糠） 谷糠是小米的外壳，不是碾米后的细糠。酿制白酒所使用的是粗谷糠。其疏松度高，而发酵界面较大，也可与稻壳混用，使用经清蒸的粗谷糠制大曲酒，可赋予白酒特有的醇香与糟香；若用作麸曲白酒的辅料，则也是辅料之上乘，成品酒较纯净。细谷糠为小米的糠皮，因其脂肪含量较高，疏松度也较低，故不宜作辅料。

（4）高粱壳 高粱壳含单宁较高，但对酒质无明显影响，使用高粱壳及稻壳为辅料时，因其吸水性较差，醅的入窖水分稍低于其他原料。

（5）玉米芯 玉米芯是玉米穗轴的粉碎物，粉碎度越大，吸水量越大。但多缩戊糖含量较多，故对酒质不利。

（6）其他辅料 其他辅料如高粱糠及玉米皮，既可制曲，又可作酿酒的辅料；花生壳、禾谷类秸秆的粉碎物、干酒糟等在用作酿酒辅料时，需进行清蒸排杂处理；使用甘薯蔓作辅料的成品酒质量较差；麦秆能导致酒醅发酵升温猛、升酸高；荞麦皮含紫芸苷，会影响发酵；以花生作辅料、成品酒甲醇含量较高。

不论使用哪一种辅料，采用哪一种工艺，减少辅料用量，注意清蒸排杂，都是提高白酒质量的重要措施，这些措施对清香型白酒尤为重要。如果辅料用量大，又不清蒸，很容易给成品酒带入糠醒味或邪杂味。

3．水

俗话说“佳酿，必有佳泉”，水是酒的血液，水质的优劣对白酒的质量有至关重要的意义。根据白酒生产过程中的功用不同，可以把水分成工艺用水、锅炉用水、冷却用水等，由于用途不同，对水质的要求也不同。

白酒生产过程中，原料浸泡、糊化、制曲的拌料、微生物的培养、糖蜜的稀释、白酒的加浆及有关设备工具的清洗用水，都与成品或半成品直接接触、参与白酒的酿制过程，一般称为工艺用水。工艺用水水质要求无色透明、无邪杂味、腥味、臭味、不苦、不涩无异味，清爽可口，主要指标应符合国家规定的饮用水标准。

降度用水水质要求更高，除了要求水质透明外，嗅感和味感均应良好，清爽可口，对无机成分的含量要求也很高，应使用软水。降度用水最好使用天然软水，若水质达不到要求，将影响成品酒的风味或产生浑浊、沉淀。因为水中钙、镁盐较多时，不但会引起沉淀，而且产生苦味。铁离子浓度为 0.5～20 mg/L 以及铜离子和锌离子的含量分别为 5～10 mg/L 和 20 mg/L 时，具有苦味。产生苦味的还有硫酸铝等。过多的铁盐会呈涩味甚至铁腥味。氯离子浓度在 400～1 400 mg/L 呈碱味，含氯较多的自来水有漂白粉味，不宜直接用于降度。有的厂不具备水处理条件，在用硬度较高的水稀释白酒后，应保证有充分澄清的时间，一般在 30 d 以上。待贮酒容器底部析出白色沉淀后，在进行过滤、装瓶。或在高度原酒入库后立即加水，以避免瓶装低度白酒出现白色沉淀现象。硬度过高的水一定要经软化后才能作降度用水。

4．大曲白酒生产原料

大曲白酒主要以高粱为原料，大曲为糖化发酵剂，经固态发酵、蒸馏、储存（陈酿）和勾兑而制成。它是中国蒸馏酒的代表，产量约占白酒的20%。我国的名优白酒绝大多数都是大曲白酒。全国名优白酒的生产，绝大多数是用大曲作糖化发酵剂。大曲一般采用小麦、大麦和豌豆等为原料，压制成砖块状的曲胚后，让自然界各种微生物在上面生长而制成。白酒酿造上，大曲用量甚大，它既是糖化发酵剂，也是酿酒原料之一。目前，国内普遍采用两种工艺：一是清蒸清烧二遍清，清香型白酒如汾酒即采用此法；二是续渣发酵，典型的是老五甑工艺。浓香型白酒如泸州大曲酒等，都采用续渣发酵生产。酿酒用原料以高粱、玉米为多。大曲酒发酵期长，产品质量较好，但成本较高，出酒率偏低，资金周转慢，其产量占全国白酒总产量的1%左右。

5．小曲白酒生产原料

小曲白酒是以大米、高粱、玉米等为原料，小曲为糖化发酵剂，采用固态或半固态发酵，再经蒸馏并勾兑而成，是我国主要的蒸馏酒品种之一，尤其在我国南部、西部地区较为普遍。桂林三花酒、广西湘山酒、广东长乐烧、广东豉味玉冰烧酒等都是著名的小曲酒。四川、云南、贵州等省大部分采用固态发酵，在箱内糖化后配醅发酵，蒸馏方式如大曲酒，也采用甑桶。用粮谷原料，它的出酒率较高，但对含有单宁的野生植物适应性较差。广东、广西、福建等省（区）采用半固态发酵，即固态培菌糖化后再进行液态发酵和蒸馏。所用原料以大米为主，制成的酒具独特的米香，桂林三花酒是这一类型的代表。

二、曲及其制作

（一）大曲及其制作

1．大曲

大曲是以小麦或大麦和豌豆等为原料，经破碎、加水拌料、压成砖块状的曲坯后，再在人工控制的温度和湿度下培养、风干而制成。

根据制曲过程中控制曲坯最高温度的不同，可将大曲分为高温大曲、偏高温大曲和中温大曲三大类。高温大曲制曲最高品温达60℃以上；偏高温大曲制曲最高品温50～60℃；中温大曲制曲最高品温50℃以下。高温大曲主要用于生产酱香型大曲酒，如茅台酒（60～65℃），长沙的白沙液大曲酒（62～64℃）。中温大曲主要用于生产清香型大曲酒，如汾酒（45～48℃）。浓香型大曲酒以往大多采用中温或偏低的制曲温度，但从20世纪60年代中期开始，逐步采用偏高温制曲，将制曲最高品温提高到55～60℃，以便增强大曲和曲酒的香味，如五粮液（58～60℃）、洋河大曲（50～60℃）、泸州老窖（55～60℃）和全兴大曲（60℃）；少数浓香型曲酒厂仍采用中温制曲，如古井贡酒（47～50℃）。

2．高温大曲制作

（1）工艺流程 高温大曲一般是以纯小麦为原料培育而成的。其工艺流程如下。

母曲 水 稻草 谷壳

↓ ↓ ↓ ↓

小麦→润料→磨碎→粗麦粉→拌和→踩曲→曲坯→堆积培养→出房→贮存→成品曲。

（2）制作工艺 先在原料小麦中加入5%～10%的水进行润料，经3～4 h后进行粉碎，要求成片状、未通过0.95 mm（20目）筛的粗粒及麦皮占50%～60%，通过0.95 mm筛的细粉占40%～50%。然后按麦粉的重量加入37%～40%的水和4%～5%（夏季）或5%～8%（冬季）的曲母进行拌料，称为和料。接着将曲料用踩曲机压成砖块状的曲坯，要求松而不散；再将曲坯移入有15cm高度垫草的曲房内，三横三竖相间排列，坯之间隔留2cm，用草隔开。排满一层后，在曲上铺7cm稻草后再排第二层曲坯，堆曲高度以4～5层为宜。最后在曲坯上盖上乱稻草，以利保温保湿，并常对盖草洒水。堆曲后一般经过5～6 d（夏季）或7～9 d（冬季）培养，曲坯内部温度可达60℃以上，表面长出霉衣，此时进行第一次翻曲，此次翻曲至关重要，应严格掌握翻曲时间。第一次翻曲后再经7 d培养，进行第二次翻曲。第一次翻曲后15 d左右可略开门窗，促进换气。40～50 d后，曲温降至室温，曲块接近干燥，即可拆曲出房。成品曲有黄、白、黑3种颜色，以黄色为佳，它酱香浓郁，再经3～4个月的储存成陈曲，然后供使用。

3．中温大曲制作

（1）工艺流程 清香型的中温大曲有3种：即清茬曲、后火曲、红心曲，在酿酒时可按比例混合使用，它们的生产工艺流程如下。

大麦60%＋豌豆40%→混合→粉碎→加水搅拌→踩曲→曲坯→入曲房排列→长霉阶段→晾霉阶段→潮火阶段→大火阶段→后火阶段→养曲阶段→出曲房→贮存→成品曲。

（2）制作工艺 将大麦60%与豌豆40%（按重量）混合后粉碎，要求通过0.95 mm筛孔的细粉占20%（冬季）或30%（夏季）。加水拌料，使含水量达36%～38%，用踩曲机将其压成每块重3.2～3.5 kg的曲坯，移入铺有垫草的曲房，排列成行。每层曲坯上放置竹竿，其上再放一层曲坯，共放 3 层，使成“品”字形，便于空气流通。曲房室温以 15～20℃为宜。经 1 d 左右，曲坯表面长满白色菌丝斑点，即开始“生衣”。约经 36 h（夏季）或 72 h（冬季），品温可升至 38～39℃，此时须打开门窗，并揭盖翻曲，每天一次，以降低曲坯的水分和温度，称为“晾霉”。经 2～3 d 后，封闭门窗，进入“潮火阶段”。当品温又上升到 36～38℃时，再次翻曲，并每日开窗放潮两次，需时 4～5 d。当品温继续上升至 45～46℃时，即进入“大火阶段”，在 45～46℃条件下维持 7～8 d，此期最高品温不得超过 48℃，需每天翻曲一次。大火阶段结束，已有 50%～70%的曲块成熟，之后进入“后火阶段”，曲坯日渐干燥，品温降至 32～33℃，经 3～5 d 后进行“养曲阶段”，品温在 28～30℃，使曲心水分蒸发，待基本干燥后即可出房使用。

（二）大曲中的主要微生物及其作用

大曲中的微生物非常复杂，种类繁多，并随制曲工艺不同而异。总的来说有霉菌、酵母菌和细菌三大类。

1．中温大曲中的主要微生物

汾酒大曲是典型的中温曲。1965 年原轻工部发酵研究所和山西省轻化工业厅在汾酒大曲中获得的主要微生物有以下几类。

（1）酵母菌　主要为酵母属、汉逊酵母属，还有假丝酵母属和拟内孢霉属等。酵母属菌主要起酒精发酵作用；汉逊酵母属菌的多数种能产生香味。

（2）霉菌　主要有根霉属、毛霉属、曲霉属（黄曲霉、米曲霉、黑曲霉等），红曲霉属（*Monascus*）、犁头霉属和白地霉等。霉菌主要起分解蛋白质和糖化作用。

（3）细菌　主要有乳酸杆菌、乳链球菌、醋酸杆菌属（*Acetobacter*）、芽孢杆菌属以及产气杆菌属（*Aerobacter*）等。大曲中的细菌多具有分解蛋白质和产酸能力，有利于酯的形成。

中温大曲由于制曲最高品温在 50℃以下，故其中微生物的种类和数量要比高温曲的多，成曲糖化力和发酵力也较高，但液化力和蛋白质分解力较弱。

2．高温大曲中的主要微生物

（1）细菌　主要是一些耐热性的细菌，多数为芽孢杆菌属细菌，如枯草芽孢杆菌、地衣芽孢杆菌、凝结芽孢杆菌等。此外，还有葡萄球菌（*Staphylococcus*）、微球菌等。

（2）霉菌　常见的有曲霉属、毛霉属、红曲霉属、地霉属（*Geotrichum*）、青霉属、拟青霉属（*Paecilomyces*）和犁头霉属等。

（3）酵母菌　酵母因不耐热，故在高温大曲中相对来说数量和种类都比较少。

主要有酵母属、汉逊酵母属、假丝酵母属等。

不同酒厂高温曲中的微生物种类和数量均有差异，并随制曲过程中的温度、水分和通气等条件的变化而变化。贵州省轻科所曾对茅台大曲样品进行了多次微生物分离，共得细菌47株，霉菌29株，酵母菌19株。

高温大曲因制曲品温较高，其中微生物主要为上述细菌和霉菌，因而成曲糖化力和发酵力较低，但液化力较高，蛋白质分解力较强，产酒较香。

大曲中由于含有多种有益微生物及其所产生的多种酶类，是一种含有多菌种的混合粗酶制剂，所以在酿酒发酵过程中就能形成种类繁多的代谢产物，组成了各种风味成分，使白酒呈现特有风味。

（三）小曲及其制作

1．小曲分类

小曲也称酒药、白药、酒饼等，是用米粉或米糠为原料，添加或不添加中草药，自然培养或接种曲母，或接种纯粹根霉和酵母，然后培养而成。因为呈颗粒状或饼状，习惯称之为小曲。

小曲的种类和名称很多，按主要原料分为粮曲（全部为米粉）和糠曲（全部或多量为米糠）；按是否添加中草药可分为药小曲和无药白曲；按用途可分为甜酒曲与白酒曲；按形状分为酒曲丸、酒曲饼及散曲等；按产地分为四川邛崃曲、汕头糠曲、桂林酒曲丸、厦门白曲、绍兴酒药等。另外还有用纯种根霉和酵母制造的纯种无药小曲、纯种根霉麸皮散曲、浓缩甜酒药等。

2．小曲中的主要微生物

纯种培养制成的小曲中主要微生物是根霉和酵母。自然培养制成的小曲微生物种类比较复杂，主要有霉菌、酵母菌和细菌三大类群。

自然培养小曲中的霉菌一般包括根霉、毛霉、黄曲霉、黑曲霉等，主要是根霉，其中常见的有河内根霉、白曲根霉、米根霉、中国根霉、黑根霉、爪哇根霉等。根霉中含有丰富的淀粉酶（包括液化型和糖化型淀粉酶）及酒化酶等酶系，能边糖化边发酵。自然培养的酵母菌有酵母属（啤酒酵母等）、假丝酵母属、汉逊酵母属等。自然培养的小曲中的细菌包括醋酸菌、丁酸菌及乳酸菌等。在工艺操作良好情况下，细菌不会对成品酒造成危害，反而能增加酒中的香味物质，但如果操作不当就会造成危害，如细菌的过量繁殖会出现酸度过高，大大影响出酒率。

（四）小曲制作

下面简单介绍药小曲、酒曲饼和浓缩甜酒药的制作方法。

1．药小曲

药小曲是以生米粉为培养基，添加中草药及种曲或曲母经培养而成，桂林酒曲丸就是一种有名的药小曲。

（1）工艺流程

中草药→干燥→磨粉→药粉　种曲　　　种曲、细米粉

↓　↓　↓

大米→浸泡→磨粉→配料→接种→制坯→裹粉→入曲房→培曲→出曲→干燥→成品。

（2）制作过程　先将大米加水浸泡，夏天 2～3 h，冬天约 6 h，沥干后磨成米粉，用 0.216 mm（80 目）细筛筛出约占总量 1/4 的细米粉作裹粉用。每批取米粉 15 kg，添加曲母 2%、水 60%、适量药粉，制成 2～3 cm 大小的圆形曲坯；在 5 kg 细粉中加入 0.2 kg 曲母，先撒小部分于簸箕中，同时在曲坯上洒适量的水，然后将曲坯倒入簸箕中，振摇簸箕使裹粉一层，如此反复，直至裹粉用完；然后将曲坯分装于小竹筛内，扒平后入曲房培养。入房前曲坯含水量在 46%左右。曲房室温控制在 28～31℃，品温可由此温逐渐升高到 33～35℃，以后逐渐有所下降，约经 4 d 培曲，小曲成熟，出房干燥至含水量 12%～14%。

工艺过程中，若只加一种药粉，产品为单一药小曲；若接种物为纯粹培养的菌种，则为纯种药小曲，接种物应包括根霉和酵母两种纯粹培养物。

2．酒曲饼

酒曲饼又称大酒饼，它是用大米和大豆为原料，添加中草药与填充料（白癣土泥）、接种曲种培养而成。酒曲呈方块状，规格为 20 cm×20 cm×3 cm，其中主要含有根霉和酵母菌等微生物。如广东米酒和“豉味玉冰烧”的酒曲饼。

用大米 100 kg（蒸成米饭）、大豆 20 kg（用前蒸熟）、曲种 1 kg、药粉 10 kg、白癣土泥 40 kg，加大米量 80%～85%的水，在 36℃左右拌料，压成 20 cm×20 cm×3 cm 的酒曲饼，在品温为 29～30℃时入房培养，历时 7 d 左右，然后出曲，于 60℃以下的烘房干燥 3 d，至含水量在 10%以下，即为成品，每块重约 0.5 kg。

3．浓缩甜酒药

浓缩甜酒药是先将纯根霉在发酵罐内进行液体深层培养，然后在米粉中进行二次培养的根霉培养物。

液体培养基配方为：粗玉米粉 7%、30%浓度黄豆饼盐酸水解物 3%，pH 自然，接种量 16%，培养温度（33±1）℃，通气量 1∶（0.35～0.4），搅拌（210 r/min），经 18～20 h 培养后，用孔径 0.21 mm（70 目）孔筛收集菌体。洗涤后按重量加入 2 倍米粉，加模压成小方块，散放在竹筛上，在 35～37℃中培养 10～15 h，品温

可达 40℃。转入 48～50℃干燥房，至含水量在 10%以下，经包装即为成品。

任务二 发酵工程

一、大曲白酒的生产

大曲白酒生产采用固态配醅发酵工艺，是一种典型的边糖化边发酵（俗称双边发酵）工艺，大曲既是糖化剂又是发酵剂，并采用固态蒸馏的工艺。它不同于国外的白兰地、威士忌等蒸馏酒的生产，它们一般采用液态发酵和液态蒸馏的生产工艺。

大曲白酒生产方法有续渣法和清渣法两类。续渣法是大曲酒和麸曲酒生产中应用最为广泛的酿造方法，它是将粉碎后的生原料（称为渣子）与酒醅（或称母糟）混合后在甑桶内同时进行盖料和蒸酒（称为混烧），凉冷后加入大曲继续发酵，如此不断反复。浓香型白酒和酱香型白酒生产均采用此法。清渣法是将原辅料单独清蒸后不配酒醅进行清渣发酵，成熟的酒醅单独蒸酒。清香型白酒的生产主要采用此工艺。下面主要介绍浓香型白酒和清香型白酒的生产工艺。

1. 浓香型白酒的生产

（1）工艺流程 浓香型白酒的生产工艺流程见图 5-1。

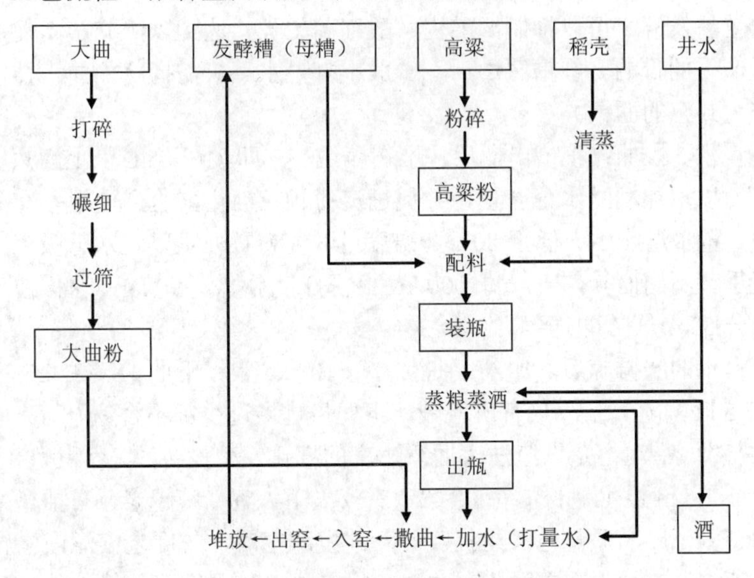

图 5-1 浓香型大曲酒生产工艺流程

（2）工艺过程

①原料及其处理：所使用的主要原料是优质糯种高粱，拌料前进行粉碎（不需粉碎过细）。新鲜稻壳用作填充剂和疏松剂，要求将稻壳清蒸 20～30 min。大曲使用前磨成细粉，水必须优质。

②配料、拌和：配料以甑容、窖容为依据，同时根据季节变化适当进行调整。如泸州老窖大曲酒厂，其甑容 1.25 m^3，每甑下高粱粉 110～130 kg，粮醅比为 1∶（4～5），稻壳用量为粮粉量的 17%～22%。增加母糟发酵轮次，可以充分利用醅中的残余淀粉，多产生香味物质。

③蒸酒蒸粮：拌料后约经 1 h 的润湿作用，然后边进汽边装甑。装甑要求周边高中低，一般装甑时间为 40～50 min。蒸酒蒸粮时掌握好蒸汽压力、流酒温度和速度，这对保证酒质很重要。一般要求蒸酒温度在 25℃左右（不超过 30℃），流酒时间（从流酒到摘酒）为 15～20 min。流酒温度过低，会让乙醛等低沸点杂质过多的物质进入酒内；流酒温度过高，会增加酒精和香气成分的挥发损失。开始流酒时，应截去酒头约 0.5 kg，酒尾一般接 40～50 kg。先后流出的各种质量的酒应分开接取、分质储存。断尾（蒸酒纬束）后，应加大火力蒸粮，以达到促进淀粉糊化和降低酸度的目的。蒸酒蒸粮时间，从流酒到出甑为 60～70 min。

除了上述蒸粮糟操作外，还另需蒸面糟和红糟。面糟（指酒窖上层的那部分糟，又称回糟）与黄浆水一块蒸，蒸得的丢糟黄浆水酒，稀释到 20%（*V*/*V*）左右，泼回窖内重新发酵，可以抑制酒醅内产酸细菌生长，达到以酒养窖、促进醇酸酯化、加强产香的目的。红糟蒸酒后，一般不打量水，只需扬冷加曲，拌匀入窖再发酵（作为封窖的面糟）。

④打量水、撒曲：粮糟出甑后，堆在甑边，立即泼加 85℃以上的热水，称为“打量水”，以增加粮醅水分含量，并促进淀粉颗粒糊化，达到使粮醅充分吸水保浆的目的。量水温度不应低于 80℃，温度过低淀粉颗粒难以将水分吸入内部。量水水量视季节不同而异，一般每 100 kg 粮粉打量水 80～90 kg，这样便可达到粮糟入窖水分 53%～57%的要求。

经打量水的醅摊晾后，加入大曲粉。每 100 kg 粮糟下曲 18～22 g，每甑红糟下曲 6～7.5 kg，随气温冷热有所增减。下曲量过多过少都不合适。

⑤入窖发酵：泥窖是续渣法大曲酒生产的糖化发酵设备，其容积为 8～12 m^3，深度应保证 1.5 m 以上，长∶宽以（2～2.2）∶1 为宜。窖越老，有益微生物及其代谢产物越多，产品质量也随之提高。新建发酵窖时，常用老窖泥或老窖酒醅中流出的“黄水”接种。在白酒生产中，一向有“千年老窖万年糟”的说法，意思是窖龄越老越好。每装完两甑应进行一次踩窖，使松紧适中。浓香型的名酒厂常

采用回酒发酵，即从每甑取 4～5 kg 酒尾，冲淡至 20 度左右，均匀地洒回到醅子上；有的厂还采用“双轮底”发酵技术，即在醅子起窖时，取约一甑半醅子放回窖底，进行再次发酵。装完面糟后，应用踩揉的窖皮泥（优质黄泥与老窖皮泥混合踩揉熟而成）封于窖顶（即“封窖”），冬季应加盖稻草保温。封窖后应定时检查窖温。大曲酒生产历来强调“低温入窖”和“定温发酵”，发酵阶段要求其温度变化呈有规律性进行，即前缓、中挺、后缓落。发酵周期各厂控制不一，传统发酵周期一般 40～50 d，但现在普遍延长为 60 d，也有 70～90 d 的。泸州曲酒厂规定为 60 d。

⑥储酒与勾兑：刚蒸馏出来的酒只能算半成品，具有辛辣味和冲味，必须经过一定时间的储存，在生产工艺上称此为白酒的“老熟”或“陈酿”。名酒规定储存期一般为 3 年，一般大曲酒也应储存半年以上。成品酒在出厂前还须经过精心勾兑，即选定一种基础酒（称为酒基），加入一定的“特制调味酒”，主要是调节酒中的醇、香、甜、回味等各突出点，使之全面统一，以达到产品的质量标准。

2．清香型白酒的生产

清香型白酒的生产工艺以汾酒为代表。工艺特点是清蒸二次清，陶瓷缸入地发酵，石板封口，谷壳保温。

（1）工艺流程 汾酒生产工艺流程见图 5-2。

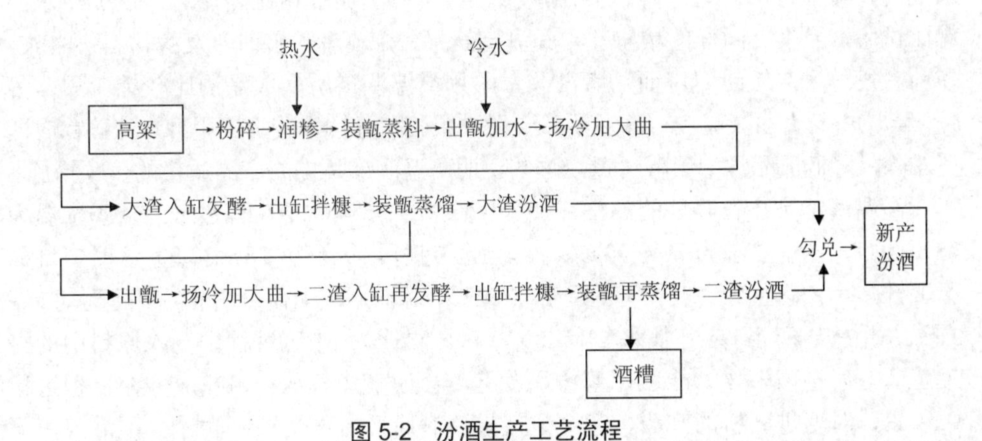

图 5-2 汾酒生产工艺流程

（2）工艺过程

①原料：原料主要有高粱、大曲和水。所用大曲有清茬、红心和后火 3 种中温大曲，按比例混合使用。一般为清茬∶红心∶后火＝30%∶30%∶40%。所用大曲除注意曲质生化指标如糖化力、液化力、蛋白质分解力和发酵力等外，比较注

重大曲的外观质量，如清茬曲要求断面茬口为青白色成灰黄色，无其他颜色掺杂在内，气味清香。后火曲断面呈灰黄色，有单耳、双耳，红心呈五花茬口，具有曲香或炒豌豆香。红心曲断面中间呈一道红、点心的高粱糁红色，无异圈、杂色，具有曲香味。

高粱和大曲必须经过粉碎后才投入生产，粉碎度要求随生产工艺而变化。原料粉碎越细，越有利于蒸煮糊化，也有利于和微生物、酶的接触，但由于大曲酿造一般发酵周期比较长，醅中所含淀粉浓度较高，若粉碎过细会造成升温快，醅子发黏，容易污染杂菌等缺点，故高粱要求粉碎成4～8瓣/粒，细粉不得超过20%。对所使用大曲粉碎度，第一次发酵用大曲，要求粉碎成大者如豌豆，小者如绿豆，能通过1.2 mm筛孔的细粉不超过55%；第二次发酵用大曲，要求大者如绿豆，小者如小米粒，能通过1.2 mm筛孔的细粉为70%～75%。粉碎细度和天气有关，夏季应粗一些，防止发酵时升温太快，冬季气温低可以细一些。

②润糁：粉碎后的高粱原料称红糁，在蒸料前要进行用热水润糁，称高温润糁。润糁的目的，是使高粱吸收一定量的水分以利于糊化。而原料吸收水分的速度和能力，是与原料的粉碎度和水温有关。红糁浸泡半小时，水温40℃，吸水率78%，水温70℃，吸水率100%，水温90℃，吸水率170%，采用高温润糁吸水量大，易于糊化。高温润糁时，水分不仅是附着于原料淀粉颗粒的表面，而且易渗入到淀粉颗粒内部。曾进行过高温润糁、蒸糁分次加水和在蒸糁后一次加冷水的对比试验，当采用同样的粮水比，其测定结果，是前者入缸时，发酵材料不淋浆，使前者发酵升温较缓慢，而后者淋浆，采用高温润糁所产成品酒比较绵、甜。另外，高粱中含有少量果胶，高温润糁会促进果胶酶分解果胶形成甲醇，在蒸糁时即可排除，降低成品酒中甲醇含量，这些说明高温润糁是提高产品质量的一项措施。

高温润糁是将粉碎后的高粱，加入为原料重量55%～62%热水。夏季水温为75～80℃，冬季水温为80～90℃。拌匀后，进行堆积润料18～20 h，这时料堆品温上升，冬季能达42～45℃，夏季47～52℃，料堆上应加盖复盖物，中间翻动2～3次。如糁皮干燥，应补加水2%～3%（对原料比）。在这过程中侵入原料中的野生菌（好气性微生物）能进行繁殖和发酵，会使某些芳香和口味成分在堆积过程中积累，对增进酒质的回甜，起一定效果。润糁后质量要求：润透、不淋浆、无干糁、无异味、无疙瘩，手搓成面。

③蒸料：蒸料使用活甑桶。红糁的蒸料糊化是采用清蒸，认为这样可使酒味更加纯正清香。在装入红糁前先将底锅水煮沸，然后将500 kg润料后的红糁均匀撒入，待蒸汽上匀后，再用60℃的热水15 kg（所加热水量为原料的26%～30%）泼在表面上以促进糊化（称加闷头量）。在蒸煮初期，品温在 98～99℃，加盖芦

席，加大蒸汽，温度逐渐上升到出甑时品温可达 105℃，整个蒸料时间从装完甑算起需蒸足 80 min。红糁上部复盖辅料，一道清蒸。经过清蒸的辅料应当天用完。红糁蒸煮后质量要求达到“熟而不黏，内无生心，有高粱糁香味，无异杂味”的标准。

④加水和扬晾（晾渣）：糊化后的红糁趁热由甑中取出堆成长方形，即泼入为原料重量 28%～30%的冷水（18～20℃的井水），立即翻拌使高粱充分吸水。即可进行通风晾渣，冬季要求降温至 20～30℃，夏秋季气温较高，则要求品温降至室温。

⑤加大曲（下曲）：红糁扬晾后就可加入磨粉后的大曲粉，加曲量为投料高粱重的 9%～11%，加曲的温度主要取决于入缸温度，因在加曲后应立即拌匀下缸发酵。加曲温度根据经验采用：春季 20～22℃；夏季 20～25℃；秋季 23～25℃；冬季 25～30℃。

⑥大渣（头渣）入缸：所用发酵设备和一般白酒生产不同，不是用窖而是用陶瓷缸。采用陶瓷缸装酒醅发酵是我国的古老传统。缸埋在地下，口与地面平。缸的容量有 255 kg 或 127 kg 两种规格。

每酿造 1 100 kg 原料需 8 只或 16 只陶瓷缸。缸间距离为 10～24 cm。陶瓷缸在使用前，必须用清水洗净，再用花椒水洗刷一次。

水分和温度是控制微生物生命活动的最重要因素，是保证正常发酵的核心，是提高酒的质量的关键，故入缸温度和水分应准确。大渣入缸的温度一般为 10～16℃，夏季越低越好，应做到比自然气温低 1～2℃。大渣入缸水分控制在 52%～53%。控制入缸水分是发酵好的首要条件，入缸水分过低，糖化发酵不完全，相反水分过高了，发酵不正常，酒味寡淡不醇厚。

入缸后，缸顶用石板盖子盖严，使用清蒸后的小米壳封缸口，盖上还可用稻壳保温。

⑦发酵：要形成清香型酒所具独特风格，就要做到中温缓慢发酵。只要掌握发酵温度前期缓升，中期能保持住一定高温，后期缓落的所谓“前缓、中挺、后缓落”的发酵规律，就能实现生产的优质、高产、低消耗。原传统发酵周期为 21 d，为增加酒质芳香醇和，现已延长到 28 d。整个发酵过程，大致分为三个阶段：

a. 前期发酵　低温入缸是保证发酵“前缓、中挺、后缓落”的重要一环。入缸温度高，前期发酵升温迅猛；入缸温度过低，前期发酵会过长。发酵前缓期为 6～7 d，在这阶段应控制发酵温度，使品温缓慢上升至 20～30℃，这时微生物生长繁殖，霉菌糖化较迅速，淀粉含量急剧下降，还原糖含量迅速增加，酒精分开始形成。酸度也增加较快。

b. 中期发酵　一般是指入缸后第 7～8 d 起至 17～18 d 是中期发酵，为主发酵阶段，共 10 d 左右，微生物生长繁殖以及发酵作用均极旺盛，淀粉含量急剧下降，酒精分显著增加，酒精分最高可达 12 度左右。由于酵母菌旺盛发酵抑制了产酸菌的活动，所以酸度增加缓慢。这时期温度一定要挺足，即保持一定的高温阶段。若发酵品温过早过快下降则会使发酵不完全，出酒率低而酒质较次。

c. 后期发酵　这是指出缸前发酵的最后阶段，为 11～12 d，称后发酵期。此时糖化发酵作用均很微弱，霉菌逐渐减少，酵母逐渐死亡，酒精发酵几乎停止，酸度增加较快，温度停止上升。这阶段一般认为主要是生成酒的香味物质过程（酯化过程）。

如这阶段品温下降过快，酵母发酵过早停止，将会不利于酯化反应。如品温不下降，则酒精分挥发损失过多，且有害杂菌继续繁殖生酸，便会造成产生各种有害物质，故后发酵期应做到控制温度缓落。

要达到上述发酵规律，除按要求做到入缸水分和温度准确外，还必须做好发酵容器的保温工作冬季在缸盖上加盖保温材料（稻皮），夏季对发酵前期保温材料少用些尽量延长前发酵期。中、后发酵期要适当调整保温材料用量。另外在习惯上，夏季还可以在缸周围土地上扎眼灌凉水，促使缸中酒醅降温。

在 28 d 的发酵过程中，须隔天检查一次发酵情况，一般在入缸后 1～12 d 内检查，以后则不进行。在发酵室中能闻到一种类似苹果的芳香味，这是发酵良好的象征。醅子在缸中会随着发酵作用的进行逐渐下沉，下沉越多，则产酒越多，一般在正常情况下酒醅可以沉下全缸深度的 1/4。

⑧出缸、蒸馏：把发酵 28 d 的成熟酒醅从缸中挖出，加入为原料重量 22%～25%的辅料——糠（其中稻壳∶小米壳＝3∶1），翻拌均匀装甑蒸馏。辅料用量要准确。

根据生产实践总结出“轻、松、薄、匀、缓”的装甑操作法，以保证酒醅材料在甑桶内疏松，上汽均匀。并要遵循“蒸汽二小一大”“材料二干一湿”，缓汽蒸酒，大汽追尾的原则。即装甑打底时材料要干，蒸汽要小，在打底基础上，材料可湿些（即少用辅料），蒸汽应大些，装到最上层材料也要干，蒸汽宜小，盖上甑后缓汽蒸酒，最后大汽追尾，直至蒸尽。酒精分蒸馏操作时，控制流酒速度为 3～4 kg/min，流酒温度一般控制在 25～30℃，认为采用这流酒温度既少损失酒又少跑香，并能最大限度地排除有害杂质，可提高酒的质量和产量。

一般每甑约截酒头 1 kg，酒度在 75 度以上。此酒头可进行回缸发酵。截除酒头的数量应视成品酒质量而确定。截头过多，会使成品酒中芳香物质去掉太多，使酒平淡；截头过少，又使醛类物质过多地混入酒中，使酒味暴辣。

随“酒头”后流出的叫“六渣酒”，这种酒含酯量很高。蒸馏液的酒精度随着酒醅中酒精分的减少而不断降低，当流酒的酒度下降至30度以下时，以后流出的酒称尾酒。也必须摘取分开存放，待下次蒸馏时，回入甑桶的底锅进行重新蒸馏，尾酒中含有大量香味物质，如乳酸乙酯。有机酸是白酒中呈口味物质，在酒尾中含量亦高于前面的馏分。因此在蒸馏时，如摘尾过早，将使大量香味物质存在于酒尾中及残存于酒糟中，从而损失了大量的香味物质。但摘尾长，酒度会低。在蒸尾酒时可以加大蒸汽量“追尽”酒醅的尾酒。在流酒结束后，抬起排盖，敞口排酸10 min。

⑨入缸再发酵：为了充分利用原料中的淀粉，提高淀粉利用率，大渣酒醅蒸完酒后的醅子，还需继续发酵利用一次，这叫作二渣。

二渣的整个酿酒操作原则上和大渣相同，简述如下：

首先将蒸完酒的坯子视干湿情况泼加25～30 kg（35℃）温水，即所谓“蒙头浆”。然后出甑，迅速扬冷到30～38℃时，加入大渣投料量10%的大曲，翻拌均匀，待品温降到规定温度。即可入缸发酵。二渣入缸温度，春、秋、冬三季为22～28℃，夏季为18～23℃，二渣入缸水分控制在59%～61%。

由于三渣含淀粉量比大渣低，糠含量大（蒸酒时拌入），所以比较疏松，入缸时会带入大量空气，对发酵不利，因此二渣入缸发酵必须适当地将醅子压紧，喷洒少量酒尾，使其回缸发酵，二渣发酵期现在也为28 d。

二渣酒醅出缸后，加少量的小米壳，即可按大渣酒醅一样操作进行蒸馏，蒸出来的酒叫二渣汾酒，二渣酒糟则作饲料用。

⑩贮存勾兑：汾酒在入库后，分别班组，由质量检验部门逐组品尝，按照大渣、二渣，合格酒和优质酒分别存放在耐酸搪瓷罐中，一般定存放三年，在出厂时按大、二渣比例，混合优质酒和合格酒，勾兑小样，送质量部门核准后，再勾兑大样，品评出厂。

二、小曲白酒生产

小曲白酒的生产分为固态发酵法和半固态发酵法两种，后者又可分为先培菌糖化后发酵和边糖化边发酵两种典型的传统工艺。下面仅介绍这两种传统工艺。

1．先培菌糖化后发酵工艺

此工艺特点是采用药小曲为糖化发酵剂，前期固态培菌糖化，后期半固态发酵，再经蒸馏、陈酿和勾兑而成。广西桂林三花酒是这种生产工艺的典型代表。

（1）工艺流程

药小曲粉
↓
大米→浇淋或浸泡→蒸饭→摊冷→拌料→下缸→发酵→蒸馏→陈酿→装瓶→成品。

（2）工艺过程

①原料要求：大米淀粉含量为71%～73%；碎米淀粉含量为71%～72%，水分＜14%，生产用水总硬度＞2.5 mmol/L；pH为7.4。

②浇淋或浸泡：原料大米用热水浇淋或用50～60℃温水浸泡1 h，使大米吸水。

③蒸饭：将浇洗过的大米原料倒入蒸饭甑内，扒平盖盖，进行加热蒸煮，待甑内蒸汽大上，蒸15～20 min，搅松扒平，再盖盖蒸煮。上大汽后蒸约20 min，饭粒变色，则开盖搅松，泼第一次水。继续盖好蒸至饭粒熟后，再泼第二次水，搅松均匀，再蒸至饭粒熟透为止。蒸熟后饭粒饱满，含水量为62%～63%。

④摊冷拌料：摊冷至36～37℃，加入原料量0.8%～1%的药小曲粉，拌匀后入缸。

⑤下缸糖化：每缸15～20 kg原料，饭厚10～13 cm，中央挖一空洞。待品温降至30～34℃时加盖，使其进行培菌糖化，经20～22 h，品温达37～39℃。约经24 h，糖化率达80%～90%即可加水使之进入发酵。

⑥入缸发酵：加水量为原料量的120%～125%，此时醅料含糖量应为9%～10%，总酸0.7以下，酒精2%～3%（*V*/*V*）。在36℃左右发酵6～7 d，残糖接近零，酒精含量为11%～12%（*V*/*V*），总酸在1.5以下。

⑦蒸馏：传统方法采用土灶蒸馏锅，目前采用立式蒸馏釜间接蒸汽蒸馏。间歇蒸馏，掐头去尾，酒尾转入下一锅蒸馏，蒸馏釜用不锈钢制成，体积为6 m^3 间接蒸汽加热，蒸馏初期压力为0.4 MPa，流酒时压力为0.05～0.15 MPa，流酒温度在30℃以下，酒头取量5～10 kg发现流出黄色或或焦味的酒液时即停止接酒。

⑧陈酿：蒸馏所得的酒，应进行品尝和检验，色、香、味及理化指标合格者，入库陈酿，陈酿1年以上，再进行检查化验，最后勾兑装瓶得成品酒。

2．边糖化边发酵工艺

边糖化边发酵的半固态发酵法，是我国南方各省配制米酒和豉味玉冰烧酒的传统工艺。

（1）工艺流程

酒曲饼粉
↓
大米→清洗→蒸饭→摊凉→拌料→入埕发酵→蒸馏→肉埕陈酿→沉淀→

压滤→包装→成品。

（2）工艺过程

①蒸饭：在水泥锅中加入110～115℃清水，通蒸汽加热煮沸后，倒入淀粉含量75%以上的大米100 kg，加盖煮沸后翻拌并关蒸汽，待米饭吸水饱满后，开小量蒸汽焖20 min，即可出饭。蒸饭要求熟透疏松，无白心。

②摊晾：出饭进入松饭机打散，摊在饭床上或传送带鼓风冷却，降低品温。要求摊晾至35℃（夏天）以下，冬季为40℃左右。

③拌料：按原料大米量加18%～22%酒曲饼粉，拌匀后入埕（酒瓮）发酵。

④入埕发酵：装埕时先给每只埕加清水6.5～7.0 kg，再加5 kg大米饭，封口后入发酵房。室温控制在26～30℃，发酵前三天品温控制30℃以下。发酵期夏季为15 d，冬季为20 d。

⑤蒸馏：用蒸馏甑蒸馏。每甑装料250 kg大米的米饭，蒸馏时截去酒头酒尾，保证初馏酒醇和。

⑥肉埕陈酿：蒸馏所得之酒装入坛内，每坛 20 kg，并加肥猪肉 2 kg，经 3个月陈酿后，使脂肪缓慢溶解，吸附杂质，发生酯化反应，提高酒的老熟程度，使酒香醇可口，具有独特的豉味。

⑦压滤沉淀：将酒倒入大池沉淀20 d以上，坛内肥肉供下次陈酿。经沉淀后进行勾兑，除去油质和沉淀物，将酒液压滤、包装，即为成品。

三、低度白酒生产工艺

（一）白酒降度的意义

20世纪80年代以前，我国的传统白酒，除广东的玉冰烧酒外，酒度都在50%～65%。1987年，由原国家经委、原轻工部、原商业部、农业部联合在贵阳召开的全国酿酒工业增产、节约工作会议上，确定了我国酿酒工业的发展方针“优质、低度、多品种、低消耗”的方向，并且提出了四个转变：“高度酒向低度酒的转变、蒸馏酒向酿造酒的转变、粮食酒向果类酒的转变、普通酒向优质酒的转变。”1989年第5次全国评酒会上，362种参赛酒，除上一届名、优酒外，皆为55%以下。低度酒由上届8个增加到128个。90年代后低度白酒已成为消费的主体格局。

近年来，在国家政策及市场导向下，白酒正向着低度、优质、多样化的趋势发展，尤其是优质低度白酒的面世，不但满足了21世纪消费者对白酒“营养、卫生、保健、安全”的新要求，且十分有利于开拓国际市场，为中国白酒走向世界打下坚实的基础。

（二）白酒降度后浑浊的原因

酒精是一种良好的有机溶剂，它能够溶解醇类、脂肪等许多有机物质。而高度白酒通常在 50%以上，原则上可以看成中等酒精度的非纯酒精溶液，故也具有较大的溶解能力，能将酒精发酵的某些副产物如醇类、酸类、醛类、酯类、酮类等成分完全溶解而成为透明液体。但当白酒稀释降度后，由于酒精本身的溶解性能降低，因而会析出乳白色浑浊，失去原来的透明度。经研究发现，这种白色浑浊现象与酒中的成分及其浓度有关。

1．高级脂肪酸乙酯的影响

据检测，白色浑浊物主要是棕榈酸乙酯、油酸乙酯和亚油酸乙酯。这 3 种高级脂肪酸乙酯主要来自原料中的脂肪酸，经酵母发酵后合成为乙酯，随着蒸馏时间的延长，酒中的含量逐渐增多。这些酯均溶于乙醇而不溶于水，因而以白酒降度看溶解度减少易析出，实验数据表明，40%白酒中 3 种高级脂肪酸乙酯含量在 2 mg/kg 时可以溶解，超过此值就会产生浑浊。

3 种乙酯在白酒中的溶解度还与温度有关，温度越高越易溶。所以在冬季白酒易产生白色浑浊。

2．杂醇油的影响

根据研究得知杂醇油的成分较复杂，以粮谷酒精杂醇油为例，每 1 000 g 中分有正丙醇 36.9 g，异丁醇 157.6 g，戊醇 780.5 g，己醇 1.33 g，游离脂肪酸 1.6 g，脂肪酸结成的酯 3.05 g，萜烯 0.33 g，水化萜烯 0.48 g，糠醛、有机盐类及庚醇 0.21 g，可见杂醇油中以戊醇包括异戊醇含量为最多。

杂醇油的成分因生成途径和方式的差异，其品种和数量也是不同的，并且在不同的酒度下杂醇油的溶解度也不同，在低酒度的白酒中易呈乳白色浑浊。

3．水质的影响

无论是称为“量水”或“浆水”的生产高度白酒的配料用水，调整酒度用水，以及生产低度白酒的降度用水，都起码要求达到饮水标准，特别是降度用水的要求更高，因为它直接进入成品低度酒中。若水中含钙、镁盐过多，则会给低度白酒带来产生新的浑浊及沉淀的可能性。

4．油脂成分及金属离子的影响

有学者研究了蒸馏酒中的絮状物的组分及成因，认为：

（1）絮状物由 90%的油脂成分及约 5%的金属离子组成。油脂成分中 85%是脂肪酸乙酯，它能与金属通过静电作用凝集成胶状物。

（2）蒸馏酒中的金属离子及油性成分的种类和含量，以及白酒的 pH 对上述凝集作用有很大的影响。

（3）在含油性成分的蒸馏酒中，添加相应的金属离子，则两者可形成凝集物而被除去。

如来自未经处理的水中的 $CaSO_4$ 形成的白色沉淀，来自于贮酒罐中的涂层以及 Fe^{2+} 和 Fe^{3+} 及 Fe^{3+} 与单宁作用生成蓝黑色沉淀等。

（三）低度白酒的生产工艺

1．低度白酒的生产工艺

除极少数白酒（玉冰烧）直接蒸馏至低度外，其余低度白酒均采用高度白酒加水稀释处理浑浊、调香调味的路线。其主要原因是在蒸馏过程中随着酒度的降低，醇溶性香气成分减少，水溶性香气成分增加，特别是乳酸乙酯成分含量增加，破坏了原有白酒香气成分的平衡关系，酒的风格质量改变较大。要保证低度白酒“低而不淡、低而不杂、低而不浊”的质量要求，并具有明显的典型性，各厂采取的措施不尽相同，但其流程基本一致。

选择酒基→加水稀释→处理浑浊→调香调味→静置贮存→低度白酒。

酒基是白酒降度的基础，它的选择适当与否对白酒降度后的质量关系很大。主要的要求是其风味物质的含量要高，这样在加水降度后风味物质的含量可达一定的水平，以保持降度后其酒体基本具备。稀释用水应符合饮用水卫生标准。调香调味可参看任务五有关内容，但要在实践中不断地摸索、总结。

2．低度白酒的除浊

（1）冷冻除浊法　白酒中 3 种高级脂肪酸乙酯的溶解度随着温度的降低而减少，而且它们的凝固温度都很低，如棕榈酸乙酯为−24℃，油酸乙酯为−34℃，若基础酒稀释至 38～40℃，冷冻至−16～−12℃，保持一段时间后，进行过滤可得清澈的低度白酒。

过滤设备对于高度酒的生产并不十分重要，但生产低度白酒对过滤设备的选择是比较严格的，不同的处理方式则要求不同的过滤设备与之配合，才能达到理想的效果。冷冻过滤低度白酒宜采用硅藻土过滤机和纸板过滤机。

（2）淀粉吸附法　植物淀粉的葡萄糖分子通过氢键卷曲成螺旋状的结构，聚合成淀粉颗粒，膨胀后颗粒表面形成许多微孔，可吸附低度白酒中的浑浊物，然后通过机械过滤的方法除去。

采用淀粉吸附法生产低度白酒时，沉于容器底部的淀粉回收率可达到 95%以上，可重新利用作生产白酒的原料。但是淀粉吸附法解决低度白酒的浑浊现象不够彻底，冬季很可能出现返浑现象，因此必须在较低温度下过滤，才能获得良好的效果。

变性淀粉体积比普通淀粉增大 10 余倍，分子内部含有更多的亲水性的—OH 基，故易溶于水，在水中呈均匀的胶体状态，而浊源物质在水中也呈现出一种胶体状态。当酒液中这两种胶体相遇互相吸附时便会发生聚沉现象，从而可将沉聚物分离除去。变性淀粉作吸附剂比普通淀粉具有如下优点：

①吸附剂用量少。低度白酒除浊，使用普通淀粉吸附剂的用量为 1%～2%，而使用变性淀粉只需 0.075%～0.15%，只有普通淀粉的 1/10 左右。

②吸附除浊时间短。用普通淀粉吸附除浊少则需 24 h，多则需 144 h，而变性淀粉只需 2～4 h。

③过滤容易。变性淀粉由于单位重量的吸附表面积大，吸附能力较强，聚沉松散，故便于过滤和清洗容器。由于过滤速度快，还可以减少香味物质的挥发损失。

④成本低廉，操作简单，不需增设特殊生产设备。

（3）活性炭吸附法　一般选用粉末性活性炭，添加量为 0.1%～0.15%，搅拌后，经 8～24 h 放置沉降处理，过滤后得澄清酒液。

己酸乙酯的分子直径是 1.4 nm，则应选用孔径大于 2.0 mm 的活性炭，其微孔成为己酸乙酯的通道，炭不会吸附己酸乙酯，才能达到生产工艺的要求，除浊而又保质。

活性炭在除浊的同时，还有一定的催陈老熟的作用，减少新酒的辛辣感，使口味变柔和，主要是因为其比表面积大，内部含有较多含氧的功能团和微量金属离子，促进了酒的氧化作用。

（4）离子交换法　应选择吸附性树脂而非强酸、强碱型树脂，否则将改变酒的酸、碱度。

（5）分子筛法　常用于有机物的分离，它能将大、小不等的分子分开。白酒中高级脂肪乙酯相对分子质量为 300 左右，而四大酯的相对分子质量为小于 150，常用的有氧化铝筛、分子炭筛、凝胶等。

（6）超滤法　利用超滤膜的分离过程，其孔径为 5～100 nm。采用超微的高分膜将低度白酒以泵压滤，是一项较新的技术，所使用的膜若孔径合适且均一，则可除去酒中的细小微粒。目前已有专用于精制低度酒的超过滤膜及装置投放市场。其原理是按照物质分子的大小进行分离的，滤材不需要更换，该超过滤装置有如下优点：

①滤后的酒，其有效成分不变，风味不变，有着明显的醇香、绵软、爽口、

醇甜和无异杂味的感觉。

②45 度以下的酒超滤后置于−10℃以下存放，不失光，不絮凝，货架期内酒不会出现浑浊现象。

③成本较低，每吨酒处理费用不足 2 元，生产和清洗时损耗较少。

（7）重蒸法　虽可除去高级脂肪酸酯，但其他香气成分损失也较多。

（8）海藻酸钠吸附　海藻酸钠作为高分子化合物，是一种优良的食品添加剂，采用它处理低度白酒，不会影响酒的风味，口感较好；同时澄清速度快，用量较少；并且海藻酸钠具有保健作用，可以阻碍人体对胆固醇的吸收和降低血浆胆固醇，增加肠胃蠕动，防止便秘，对预防人体发胖或动脉硬化起到一定的积极作用；此外，海藻酸钠大分子中的多聚古罗糖醛酸对一些有毒金属离子有选择性的吸收作用，抑制了有害金属离子在人体内的积累，因此，海藻酸钠的应用，增加了低度白酒的营养保健作用。用海藻酸钠处理的低度白酒清澈透明、醇香绵甜，回味悠长。

（9）加热过滤　加热可以加速低度白酒的分子运动，其中的脂肪酸乙酯将浮于酒体表面形成一层无色液体，它极易吸附在植物纤维上，从而使酒体澄清；同时，低度白酒通过加热促进了水一酒精分子的缔合，达到了酒体老熟的效果。方法是将酒基装入不锈钢罐内降度后，在密闭状态下利用罐内的两层盘管通入热水或蒸汽进行加热，在 3 h 后，经普通棉布过滤即可分离。加热过滤后的低度白酒酯含量将上升。

任务三　下游工程

白酒的贮存老熟是提高其质量的重要措施。白酒的勾兑和调味是名优酒生产工艺中非常重要的一个环节，由尝评、勾兑和调味三部分组成。它对于稳定酒质、提高优质酒的比率起着极为显著的作用。白酒的勾兑和调味都需要有精细的尝酒水平，尝评技术是勾兑和调味的基础。尝评水平差，会影响勾兑、调味效果。为尽可能保证准确无误，对勾兑、调味后的酒，还可采取集体尝评的方法，以减少误差。

一、白酒的贮存

1．白酒贮存的目的

刚蒸馏出来的酒只能算半成品，具有辛辣味和冲味。新酒经过一定时期的贮存，酒的燥辣味减少，刺激性小，酒味柔和，香味增加，口味变的更加协调，这个变化过程在生产工艺上一般称作老熟，也叫陈酿。即先贮存后勾兑，目前，还有先勾兑后储存的方法，有利于提高酒的品质。

2．贮存容器

白酒贮存容器的种类较多，各有其优缺点。不同的贮存容器对白酒的老熟产生着不同的效果，直接影响着产品的质量。因此，应在稳定酒质、降低消耗并有利于促进老熟的前提下，因地制宜，选择合适的贮酒容器。

（1）陶质容器　陶质容器是我国传统贮酒容器之一。通常以小口为坛，大口为缸。此类容器的透气性较好，所含多种金属氧化物在贮酒过程中溶于酒中，对酒的老熟有一定的促进作用。此外，生产成本较低，但陶质容器容量较小，一般为 250 kg、350 kg，也有 500 kg、1 000 kg 的坛。因此用它来贮酒占地面积大，每吨平均占地 4 m^2，另外陶质容器易破损，机械强度和防震力较弱，容易产生一些内在裂纹。质量不好的坛子，易造成酒的挥发损失，年损耗率为 3%～5%，高者达 10%以上。江苏双沟酒厂的贮酒试验表明，每一陶坛损耗为 2.5%～18.3%，平均年损耗为 9.39%，但这一贮酒容器至今仍广泛用来贮存优质白酒。

（2）血料容器　在用荆条或竹篾编成的筐，木箱或水泥池的内壁糊以猪血料纸作为贮酒容器，统称血料容器。所谓血料就是用猪血和石灰（加少量植物油）调制成的一种可塑性的蛋白质胶质盐，遇酒精即形成半透膜的薄膜。其特性是水能渗透而酒精不能渗透。实践证明对酒精含量为 30%以上的酒有良好的防漏作用。这类贮酒容器造价较低，就地取材，不易破损，其容量大小不等。有的用荆条编成再在内壁糊以猪血料纸，容量为 5 t；有的以木料或水泥池的内壁糊以猪血料纸作为容器，容量可达 10～25 t。

（3）金属容器　金属容器是一种大容量的贮酒容器。铝罐随着贮存时间的延长，酒中的有机酸对铝有腐蚀作用；同时铝的氧化物溶于酒中后，会产生浑浊沉淀并使酒发涩。因此，铝制容器只能用来贮存酸度低、贮存期较短的普通白酒或作为勾兑容器。用不锈钢制作的大容器贮存罐可以避免铝罐贮存所出现的质量问题，但其造价较高，而且经不锈钢罐贮存后的优质白酒与传统陶坛贮存的酒对比，口味不及陶坛醇厚。也有的酒厂用碳钢罐内涂环氧树脂或过氧乙烯涂料作贮酒容器，但要防止内壁涂料起泡、脱落现象发生，以免铁质大量溶于酒中，造成变色和沉淀质量事故。

（4）水泥池容器　水泥贮酒池是又一种大容量的贮酒容器。建筑于地下、半地下或地上，采用钢筋混凝土结构。它与金属罐相当，一般能贮酒 50 t 以上。水泥池用来贮酒，必须是经过加工的，即在表面贴上一层不宜被腐蚀的东西使酒不与水泥接触。目前采用的方法有：①猪血桑皮纸贴面；②内衬陶瓷板，用环氧树脂勾缝；③瓷砖或玻璃贴面；④过氧乙烯或环氧树脂涂料。

目前水泥池贮酒设备已被大量广泛使用，水泥池贮酒的优点是：①贮存量大，容量大小可任意设计；②适合贮酒的要求，水泥池一般都建于地下、半地下，温度低，池体密封，便于保留酒的质量，年损耗可降至0.3%～0.5%；③在贮酒仓库中，地下建贮酒池，池顶可修建房屋，这样既增加仓容，又节约费用；④投资较少，坚固耐用；⑤容量大，有利于勾兑，使酒质稳定；⑥贮酒安全，有利于管理。

3．酒库管理

在名优酒的生产过程中，不能把酒库简单地看作存放和收发酒的地方，应该把它看作勾调前的重要工序。酒在酒库贮存的过程中，质量仍处于动态变化中，发生着排除杂质、氧化还原、分子排列等作用。目前普遍认为白酒在贮存老熟过程中，不断地发生一系列的物理变化和化学变化，从而提高了酒的质量。物理变化主要是水分子和酒精分子之间氢键的缔合作用，化学变化主要有氧化、还原、酯化与水解、缩合等作用，白酒在贮存老熟过程中的化学变化是缓慢的。经过适当时间的贮存与管理，酒变得醇和、绵软，为勾兑创造良好的前提条件，所以酒库管理是做好勾兑和调味工作的重要环节。

蒸馏酒的贮存期依据酒的种类而异。例如白兰地短则4～5年，长则20年以上；威士忌一般为4～6年，也有10年以上的；我国的每种白酒也都有合适的贮存期，绝不是所有的白酒贮存期越长越好，有的白酒如果贮存期过长，反而会降低质量。一般情况下，名白酒的贮存期为3年，优质白酒的贮存期为1年，普通的酒时间更短；酱香型贮存期为3年，浓香型贮存期为1年左右，清香型贮存期为1年以上。经验证明，以酯为主体香的白酒，其贮期不宜过长，否则香气减弱、口味平淡、酒度降低。另外，不同的容器、不同的容量、贮酒室温、贮存条件等不同其贮存期也不同。应在保证质量的前提下，确定合理的贮期。

二、白酒勾兑

白酒中有270多种微量成分，主要是醇、酸、醛、酯等物质，它们的不同组合，形成了白酒不同的风格。由于白酒生产原料、季节、周期不同，其香味及特点不可能做到一致。为了保证质量，成品酒在出厂前还必须经过精心勾兑，即选定一种基础酒（称为酒基），加入一定的“特制调味酒”，主要是调节酒中的醇、香、甜、回味等各突出点，使之全面统一，以达到产品的质量标准。

白酒在生产过程中，将蒸出的酒和各种酒互相掺和，称为勾兑，这是白酒生产中一道重要的工序。因为生产出的酒，质量不可能完全一致，勾兑能使酒的质量差别得到缩小，质量得到提高，使酒在出厂前稳定质量，取长补短，统一标准。

1．勾兑的目的和原理

(1)勾兑的目的　勾兑是将同一类型具有不同香味的酒按一定比例进行掺兑，使成品酒具有独特风味的操作过程。固态法白酒的生产基本上是手工操作，敞口发酵，多种微生物共酵，尽管采用的原料、糖化发酵剂和生产工艺大致相同，但由于影响质量的因素较多，因此，每个酒窖生产的酒质量差异较大。而通过勾兑，则可以统一酒质、统一标准，使每批出厂的酒质量基本一致。

勾兑可以提高酒的质量。相同质量等级的酒，其味道有所不同，有的醇和较好，有的后味较短，有的甜味不足，有的略带杂味等，通过勾兑可弥补缺陷，取长补短，使酒质更加完美，这对于生产名优白酒更加重要。

(2) 勾兑中的奇特现象

①好酒和差酒相互勾兑，可使差酒的酒质变好。差酒的香味成分中有一种或数种含量偏多或偏少，当它与比较多的酒组合时，偏多的香味成分得到稀释，偏少的香味成分得到补充，经勾兑后酒质变好。例如有一种酒乳酸乙酯含量偏多，为 200 mg/100 mL，而己酸乙酯含量不足，只有 80 mg/100 mL，己酸乙酯和乳酸乙酯的比例严重失调，因而香差味涩；当它与较好的酒，乳酸乙酯含量为 150 mg/100 mL，己酸乙酯含量为 250 mg/100 mL，相勾兑后，则调整了乳酸乙酯和己酸乙酯的含量及己酸乙酯和乳酸乙酯的比例，结果变成好酒。假设勾兑时差酒的用量为 150 kg，好酒的用量为 250 kg，混合均匀后，酒中乳酸乙酯的含量变化为 168.75 mg/100 mL，己酸乙酯的含量变化为 186.25 mg/100 mL。

②差酒与差酒勾兑，有时会变成好酒。一种差酒中的香味成分有一种或数种含量偏高，另一种差酒中的香味成分有一种或数种含量偏低，二者恰好相反。经组合后相互得到补充，差酒就变成好酒。例如一种酒丁酸乙酯含量偏高，而总酸含量不足，酒呈泥腥味和辣味。而另一种酒则总酸含量偏高，丁酸乙酯含量偏少，窖香不突出，呈酸味。把这两种酒进行勾兑后，正好取长补短，成为较全面的好酒。此外，带涩味的酒和带酸味的酒相勾兑，带酸味的酒和带辣味的酒相勾兑，均有可能变成好酒。

③好酒和好酒勾兑，有时质量变差。这种情况在勾兑不同香型白酒时容易发生。因为各种香型白酒的主要香味成分差异较大，尽管都是质量较好的酒，但由于不同香型酒的主要香味成分含量差异较大，经勾兑后，彼此的香味成分、量比关系被破坏，以致香味变淡或出现杂味，甚至改变了香型。如浓香型酒的主体香味成分是以己酸乙酯为主体，乳酸乙酯、乙酸乙酯、丁酸乙酯含量适当，同时四大酯要保持恰当的比例关系，其他的醇、酯、酸、醛、酚等只起烘托作用；酱香

型酒的主体香味成分是酚类物质，以多种氨基酸、高沸点醛酮为衬托，其他酸、酯、醇类为助香成分；清香型酒的主体香味成分是乙酸乙酯，以乳酸乙酯为搭配协调，其他为助香成分。这几种酒虽然都是好酒，甚至是名酒，由于香味性质不一致，如果勾兑在一起，原来各自协调平衡的微量成分量比关系均受到破坏，就可能使香味变淡或出现杂味，甚至改变香型，比不上原来单一酒的口味好，从而使两种好酒都变为差酒。

3. 勾兑的方法

（1）坛内勾兑法　勾兑初期是在麻坛内进行的。以麻坛为容器，以各种容量大小的竹提为工具，一坛一坛地进行勾兑，使之达到符合要求的质量，以此保证产品质量的稳定性。

两坛勾兑法是根据尝评结果，选用两坛互相弥补各自缺陷，发挥各自长处的酒进行勾兑。例如有一坛 A 酒 200 kg，香味好，醇和差，而另一坛 B 酒 250 kg，醇和好，香味差。这两坛酒就可以相互勾兑，小样勾兑比例可以从等量开始第一次勾兑 A 酒取 20 mL，B 酒取 25 mL，混合均匀后尝评，认为是醇好香差，说明 B 酒用量过多，应减少。第二次勾兑用 A 酒 20 mL，B 酒取 12.5 mL（25/2）混合均匀，再进行尝评，认为是香好醇差，应增加 B 酒量。第三次勾兑用 A 酒 20 mL，B 酒取 18.75 mL［（25+12.5）/2］混合均匀后进行尝评，认为符合等级质量标准。根据小样勾兑结果的配比，计算出扩大勾兑所需的用量：

A 酒 200 kg，B 酒 187.5 kg（250×18.75/25）。

多坛勾兑法是选用几坛能相互弥补各自缺陷，发挥各自长处的酒进行勾兑。方法同两坛勾兑法。

坛内勾兑法的缺点是勾兑工作量大，酒质难以稳定，较难达到统一标准。

（2）大容量贮罐勾兑法

①选酒：在勾兑前，必须先选酒，以每罐的卡片为依据，有的酒贮存时间长，质量有变化，应再品尝一遍，记录其感官特征。实践证明，适量的酸味可以掩盖涩味，酸味可以助味长，柔和可以减少冲辣，回甜醇厚可以掩盖糙杂和淡薄。一般来说，后味浓厚的酒可与味正而后味淡薄的酒组合，前香过大的酒可与前香不足而后味厚的酒组合，味较纯正，但前香不足、后香也淡的酒，可与前香大而后香淡的酒组合，加上一种后香长，但稍欠净的酒，三者组合在一起，就会变成较完善的好酒。

②勾兑小样：在大样勾兑前必须进行小样组合，再按小样比例进行放大。

小样勾兑一般有逐步添加法和等量对分法两种：等量对分法是遵循对分原则，增减酒量，达到组合完善的一种方法；逐步添加法是将需要组合的酒分为三类，即大宗酒、带酒（特点突出的增香、调味酒）、搭酒（质量较差的酒），逐步增加添加量，以达到合格基础酒的标准。逐步添加法分四个步骤进行。

a. 初样组合　将定为大宗酒的酒样，先按等量混合，每坛取 50 mL 置于三角瓶中摇匀，品尝其香味，确定是否符合基础酒的要求。如果不符合，分析其原因，调整组合比例，直到符合基础酒的要求。

b. 试加搭酒　取组合好的初样 100 mL，以 1%的比例递加搭酒。每次递加，都品尝一次，直到再加搭酒有损其风味为止。如果添加 1%～2%时，有损初样酒的风格，说明该搭酒不合适，应另选搭酒。若搭酒选得好，适量添加，不但无损于初样酒的风味，而且还可以使其风味得到改善。

c. 添加带酒　带酒是具有特殊香味的酒，其添加比例可按 2%递增，直到酒质协调、丰满、醇厚、完整，符合基础酒的要求为止。其添加量要恰到好处，既要提高基础酒的质量，又要避免用量过大。

d. 验收基础酒　将组合好的小样加浆至产品的标准酒精度，再仔细品尝验证，如酒质无变化，小样组合即算完。若小样与降度前有明显变化，应分析原因，重新进行小样组合，直到合格为止。然后，再根据合格小样比例，进行大批量组合。

③勾兑大样：将勾兑小样确定的大宗酒打入勾兑罐内，搅拌均匀后取样尝评，再取出部分样，按小样勾兑比例加入带酒和搭酒，混匀后品尝，若变化不大，即可按勾兑小样比例，将带酒和搭酒加入勾兑罐内，加浆至所需酒精度，搅拌均匀，基础酒组合完毕。

(3)数字勾兑法　数字勾兑法是根据化验分析数据来组合基础酒的一种方法。实践证明，采用这种方法勾兑的基础酒，无论在酒质上，还是用量、时间上，都优于感官尝评勾兑。

数字勾兑法的工作量非常大，需要一定的分析技术力量和较先进的气相色谱仪。用数字勾兑法需要逐坛进行气相色谱分析，工作量很大，花费人力和占用设备较大。

(4) 计算机勾兑法　计算机勾兑就是将基础酒中代表本产品特点的主要微量成分含量输入计算机，计算机在按指定坛号的基础酒中各类微量成分的含量的不同，进行优化组合，使各类微量成分含量控制在规定的范围内，达到协调配比。同理可进行调味。

计算机勾兑是以微量香味成分为依据，需一定数量的气相色谱仪，或采用高效液相色谱分析白酒中酸类等微量成分；计算机勾兑与传统勾兑法相比，具有重复性强、杂醇油等含量不至于超标等优点，但应与感官品尝相结合，要认真细致地调味，不宜完全孤立地进行。

3．勾兑时各种酒之间的比例关系

（1）各种糟酒之间的比例　各种糟酒有各自的特点，具有不同的特殊香和味，它们之间的香味成分的量比关系也有明显的区别。将它们按适当的比例混合，才能使酒质全面，风格典型，酒体完美，才能达到提高酒质的目的。

优质酒勾兑时，各种糟酒的比例一般是双轮底酒 10%，粮糟酒 65%，红糟酒 20%，丢糟酒 5%。可以根据曲酒的质量状况，确定各种糟酒配合的适宜比例。

（2）老酒和一般酒的比例　一般来说，贮存 1 年以上的酒称为老酒。它具有醇厚、绵软、清爽、陈香回味好的特点，但也存在香味较淡的缺陷。

通常，酒贮存期较短，香味较浓，有燥辣感。因此，在组合基础时，要添加一定量的老酒，可使之取长补短，协调口味，使酒质全面。老酒和一般酒的组合比例为：老酒 20%，一般酒（贮存 6 个月以上的合格酒）80%。

（3）老窖酒和新窖酒的比例　尽管人工窖泥的培养技术日臻完善，5 年以上的酒窖就能产出质量较好的酒，但与几十年甚至上百年的老窖产出的酒相比，仍有较大差距。

老窖酒香气浓郁、口味较正；新窖酒则寡淡、味短。如果用老窖酒带新窖酒，既可以提高产量，又可以稳定质量。

在勾兑优质酒时，新窖合格酒的比例一般为 20%，老窖合格酒 80%；相反在勾兑一般中档曲酒时，应注意配以同等级的老窖酒，这样才能保证酒质的全面和稳定。

（4）不同发酵期酒的比例　发酵期的长短与酒质有着密切关系。发酵期较长（60 d 以上）的酒香味浓、醇厚，但前香不突出；而发酵期短（45 d 左右）的酒闻香较好，但醇厚感较差，挥发性香味物质多，前香突出。按适宜的比例组合，既可提高酒的香气和喷头，又具有一定的醇厚感，对于突出酒的风格十分有利。一般发酵期长的酒占 90%，发酵期短的酒占 10%。

（5）不同季节所产酒的比例　由于不同季节的入窖温度和发酵温度不同，因此，产出酒的质量有很大的差异。尤其是夏季和冬季所产酒都有各自的特点和缺陷。夏季产的酒香大、味杂，冬季产的酒窖香差、绵甜度较好。

若把 7—10 月份称为淡季，其他月份产的酒则为旺季。在组合基础酒时，淡季产的酒占 35%，旺季产的酒占 65%。

4．勾兑中应注意的问题

（1）做好小样勾兑　勾兑是细致且复杂的工作，极其微量的香味成分都可能引起酒质的变化，因此，要先进行小样勾兑，经品尝合格后，再大批量勾兑。

（2）掌握合格酒的质量情况　每坛酒都必须有详细的卡片介绍。卡片上记录有入库日期、生产车间和班组、窖号、窖龄、糟别、酒精度、重量、质量等级和主要香味成分含量等。

（3）做好勾兑的原始记录　无论是小样勾兑，还是正式勾兑，都应做好原始记录，以提供研究分析数据，通过大量的实践，可从中找到规律性的东西，有助于提高勾兑水平。

（4）正确认识杂味酒　带杂味的酒，尤其是带苦、酸、涩、麻味的酒，不一定都是坏酒，有的可能是好酒，甚至还是调味酒，所以对杂味酒要进行具体分析，视情况做出正确处理。

（5）确定合格酒的质量标准　根据合格酒的主要香味成分的相互量比关系，其质量大体分为 7 种类型：

①己酸乙酯＞乳酸乙酯＞乙酸乙酯；浓香好，味醇甜，典型性强。

②己酸乙酯＞乙酸乙酯＞乳酸乙酯；喷香好，清爽醇净，舒畅。

③乳酸乙酯＞乙酸乙酯＞己酸乙酯；闷甜，味香短淡，用量恰当，可使酒味醇和净甜。

④乙缩醛＞乙醛；异香突出，带馊味。

⑤丁酸乙酯＞戊酸乙酯；有陈味，类似中药味。

⑥丁酸＞己酸＞乙酸＞乳酸；窖香好。

⑦己酸＞乙酸＞乳酸；浓香好。

三、白酒的调味

经过勾兑的基础酒，酒质有一定的提高，但尚未完全达到成品酒的质量标准，需要通过调味进一步提高酒的品质。调味是对勾兑后的基础酒的一项加工技术。有人把勾兑、调味比喻为画龙点睛，勾兑是“画龙”，是粗调，调味是“点睛”，是微调，是锦上添花。所以勾兑和调味是两项相辅相成的工作。

调味的效果与基础酒是否合格有密切的关系。如果基础酒好，调味就容易，调味酒的用量也少。调味酒又称精华酒，是采用特殊少量的（一般在 1/1 000 左右）调味酒来弥补基础酒的不足，加强基础酒的香味，突出其风格，使基础酒在某一点或某一方面有较明显的改进，质量有较明显的提高。

1. 调味的作用和原理

（1）添加作用　在基础酒中添加特殊酿造的微量香味成分，可改变基础酒质量，提高并完善酒的风格。添加有两种情况：

一种是基础酒没有这类香味成分，调味酒中这类香味成分含量较多。这种香味成分在基础酒中得到稀释后，符合它本身的放香阈值而呈现出愉快的香气，使基础酒变得协调、完美，突出了酒体的风格。由于白酒中香味成分的阈值较低，一般在0.001%～0.000 1%的范围内，如乙酸乙酯17 mg/kg，己酸乙酯0.076 mg/kg，因此，其含量稍微增加一点，就能达到它的界限值，表现出单一或综合的香气味，这就是添加微量调味酒，而改变酒性质的道理所在。

另一种是基础酒中某种香味成分含量较少，达不到放香阈值，香味不能显现出来。调味酒中这种香味成分含量较多，添加调味酒后，在基础酒中增加了该种物质的含量，并达到或超过其阈值，基础酒中就会呈现出该种香味成分特有的香气。例如乳酸乙酯的放香阈值是14 mg/kg，而基础酒中乳酸乙酯的含量只有12 mg/kg，达不到放香阈值，因此香味就显现不出来，假设选用含乳酸乙酯0.6 g/100 mL的调味酒，根据尝评结果，调味酒的添加量为0.08%（即1万t基础酒加该调味酒8 kg），这样添加之后，在基础酒中乳酸乙酯的含量达到16.8 mg/kg，超过乳酸乙酯的放香阈值，因而它的香味就会很快的显示出来，突出了这种酒的风格。

（2）化学反应　调味酒中的乙醛与基础酒中的乙醇进行缩合，可产生乙缩醛。它是白酒中的呈香呈味物质，随着贮存期的延长，其含量会有所增加。部分白酒生产企业，以白酒中乙缩醛的含量作为判断白酒贮存期的依据。

乙醇和有机酸起作用可以生成酯类物质，这是白酒中重要的呈香呈味物质。这些反应进行得极为缓慢，而且不一定同时发生。

（3）平衡作用　每一种优质白酒典型风格的形成，都是由许多香味成分之间相互缓冲、烘托、协调和平衡复合而成的。根据调味的目的，添加调味酒是以需要的香味强度打破基础酒中原有的平衡，重新调整基础酒中香味成分的量比关系，促使平衡向需要的方向移动，以排除异杂味，增加需要的香味，达到调味的效果。

2．调味的程序

（1）确定基础酒的优缺点　先要通过尝评和分析检验确定基础酒的质量状况，准确把握基础酒的不足之处，明确主攻方向，需要解决哪个问题或哪方面问题，要心中有数，以便对症下药。

（2）选择调味酒　先要全面了解各种调味酒的性能和特点及对基础酒所起的作用和反应。然后根据基础酒的实际质量情况，确定选择哪几种调味酒。所选调味酒的性质要与基础酒所需要的相符合，并能解决基础酒的不足，弥补基础酒的缺陷。调味酒选择是否恰当，关系甚大，选准了效果显著，且调味酒用量少；选取不当，调味酒用量大，效果不明显，甚至越调越差，达不到调味后提高酒质的目的。所以说选调味酒是调味工作很重要的一环。

（3）小样调味的工具和方法　调味常用的工具有 50 mL、100 mL、500 mL 和 1 000 mL 量筒，60 mL 无色无花纹酒杯，100 mL 或 200 mL 具塞三角瓶，玻璃棒，不同规格的刻度吸管，2 mL 玻璃注射器及 5.5 针头，500 mL、1 000 mL 烧杯等。

使用注射器时，将调味酒吸入注射器中，用 5.5 针头试滴。

滴加时不要用力过大，注射器拿的角度要一致，等速点加，不能成线。一般 1 mL 能滴加近 200 滴，这与注射器中酒的量、手拿的角度和挤压力的大小等密切相关。按 1 mL 滴加 200 滴计算，每滴即为 0.005 mL，50 mL 的基础酒中加 1 滴即为 1/10 000。

（4）调味的方法

①分别加入调味酒法：分别加入各种调味酒，对每一种调味酒进行优选，最后得出不同调味酒的用量，例如有一种基础酒鉴定为：香浓差，陈味不足，略带糙辣。根据基础酒的缺陷，采用一个问题一个问题解决的办法，并逐个解决基础酒中存在的问题。

首先，先解决浓香差的问题，选择一种浓香调味酒进行滴加，从 0.01%、0.02%、0.03%依次增加。每次滴加后都要认真品尝，记录滴加后的变化，直到浓香达到要求为止。但是，如果该调味酒的添加量达到 0.1%还不能解决浓香差的问题，则应重新选择调味酒，再按上述方法滴加。

其次，解决陈味不足问题，选择能增加陈味的调味酒，滴加陈酒解决基础酒的陈味不足，仍按上述方法调味，达到目的为止。

最后，解决辣味问题，方法同上。

②同时加入数种调味酒法：针对基础酒的缺陷和不足，先选定几种调味酒，分别记录其主要特点，各以 0.01%的量开始滴加，逐一优选，再根据尝评情况，增加或减少不同种类和数量的调味酒，直到符合质量标准为止。采用此法比较省时，但需要一定的调味技术和经验，才能顺利进行。例如有一种基础酒缺进口香，回味短，甜味较差。针对这些缺陷欠，先加入提高进口香的调味酒 0.02%，提高回味的调味酒和甜味的调味酒 0.01%兑加后摇匀，进行尝评和鉴定。根据情况，酌情增减调味酒的种类和数量，直到满意为止。

③加入综合调味酒法：根据基础酒的不足，结合调味经验，选取不同特点的调味酒，按一定的比例组合成综合调味酒，然后以 1/10 000 的比例逐滴加入基础酒中，通过尝评找出最合适的添加量。

若滴加 1/10 000 以上仍找不到合适的量，应更换调味酒或调整各种调味酒的比例，再次调试优选。很多名酒厂都采用这种方法调味。

（5）调味酒用量的计算　不管采用上述哪种调味方法，都要根据小样调味时调味酒用量的比例，以体积为依据，计算大样调味时的调味酒用量，其计算公式如下：

调味酒的用量=小样调味的比例（%）×基础酒的数量（kg）

若全部换算为体积计算，较为准确。例如小样调味用调味酒的量为 0.1%，正式调味的基础酒为 4 000 kg，即调味酒的需用量=0.1%×4 000=4（kg）。

（6）大样调味　根据小样调味试验和基础酒的实际总量，计算出调味酒的用量，将调味酒加入基础酒中，搅拌均匀后再进行品尝，如与调味后的小样质量相符，则调味完成。若质量不一致，则应在已经添加了调味酒的基础上，再次调味，直到满意为止。

调味实例：现勾兑好的基础及 5 000 kg，尝之较好，但不全面，故进行调味。根据其缺欠，选取 3 种调味酒：①甜香型酒；②醇、爽型酒；③浓香型酒。分别取 20 mL、40 mL、60 mL，混合均匀，分别取基础酒 50 mL 于 5 个 60 mL 酒杯中，各加入混合调味酒 1、3、5、7、9 滴（每 1 mL 按 200 滴计）搅匀尝之，以加 5、7 滴较好。取加 7 滴的进行计算：1 kg 酒精含量 60%的酒为 1 100 mL（酒精含量 38%的酒为 1 060 mL），5 000 kg 基础酒共 5 500 L，共需混合调味酒 3 850 mL。根据上述混合时的比例，需甜香型调味酒 64 107 mL，醇、爽型调味酒 1 283.3 mL，浓香型调味酒 1 925 mL。分别取上述 3 种调味酒，倒入勾兑罐中，充分搅拌后，尝之，酒质达到小样标准。

3．调味应注意的问题

（1）酒是很敏感的，各种因素都极易引起酒质的变化。所以在调味工作中，除十分细致外，使用器具还需干净，否则会使调味结果发生差错，浪费调味酒，破坏基础酒。

（2）准确地鉴别基础酒、认识调味酒。什么基础酒选用哪几种调味酒最合适，是调味工作的关键。这需要在实践中不断摸索，总结经验，练好基本功。

（3）调味酒的用量一般不超过 0.3%（酒度不同，用量也不同）。如果超过一定用量，基础酒仍未达到质量要求时，说明该调味酒不适合该基础酒，应另选调味酒。在调味中酒的变化很复杂，有时只添加 0.001%，就会使基础酒变坏或变好。因此，在调味时要认真细致，并做好原始记录。

（4）计量必须准确，否则大批样难以达到小样的标准。

（5）调味工作完成后，不要马上包装出厂，特别是低度白酒，最好能存放 1～2 周后，经检查，质量无大的变化后才能包装。

（6）选好和制备好调味酒，不断增加调味酒的种类，提高调味酒的质量，对保证低度白酒的质量尤为重要。

（7）低度酒的调味更加困难，关键是如何去除“水味”，保持后味，使其低而不淡。实践证明，低度酒必须进行多次调味，第一次在加浆澄清以前；第二次在澄清后；第三次是在通过一段时间贮存以后，最好能在装瓶以前在仔细地进行一次调味，这样才能保证酒的质量。

思考题

1．白酒生产的原料有哪些？各有什么特点？
2．白酒生产的辅助材料有哪些？各有什么特点？
3．浓香型大曲酒生产工艺流程与工艺要点是什么？
4．清香型大曲酒生产工艺流程与工艺要点是什么？
5．什么是大曲？什么是小曲？
6．半固态小曲酒生产有哪两种工艺？有何不同？
7．如何生产低度白酒？
8．低度白酒浑浊的主要原因是什么？除浊的方法有哪些？
9．简述勾兑的原理与作用。
10．勾兑有哪几种方法？勾兑中应注意哪些问题？
11．简述调味的原理与作用。
12．调味有哪几种方法？调味中应注意哪些问题？

项目六 啤酒发酵工艺

啤酒概述

一、啤酒概述

啤酒是以优质大麦为主要原料，啤酒花为香料，经过制麦芽糖化，啤酒酵母发酵等工序制成的富含营养物质和二氧化碳的低度酒精饮料。啤酒素有“液体面包”和“人造牛奶”之称。啤酒的生产历史悠久，大约起源于 9 000 年前的中东和古埃及地区，后跨越地中海，传入欧洲，19 世纪末，传入亚洲。中国目前已成为世界第一大啤酒生产国。啤酒作为一种好喝而又不贵的饮用酒，已被大众化所接受。

1．啤酒的特点

（1）啤酒是一种低酒精度的饮料，每 100 g 啤酒中仅含酒精 3～5 g，一般不超过 8 g。

（2）含有一定量的二氧化碳，可以形成洁白细腻的泡沫。

（3）有特殊的啤酒花清香和适口的苦味。

（4）有较高的营养价值，即有较高的发热量和含有丰富的营养成分。

2．啤酒与其他发酵酒的主要不同点

（1）使用的原料不同，啤酒以大麦芽和啤酒花为主要原料。

（2）使用的酿造方式和酵母菌种不同。啤酒有特殊的或专用的酿造方法，发酵用的酵母菌适经纯粹分离和专门培养的啤酒酵母菌种。

（3）啤酒的生产周期不固定，可根据品种、工艺和设备条件而变化，短的仅 14 d，长的可达 40 d 以上。

二、啤酒的种类

啤酒的种类见表 6-1。

表 6-1 啤酒的种类

分类方法及种类		特点
酵母性质	上面发酵啤酒	经上面酵母发酵而制成。淡色爱尔啤酒（Pale Ale）、浓色爱尔啤酒（Dark Ale）、司陶特（Stout）黑啤酒、波特（Porter）黑啤酒等
	下面发酵啤酒	经下面酵母发酵而制成。比尔森（Pilsener）、多特蒙德（Dortmunder）、慕尼黑（Munich）、博克（Bock）等。我国啤酒厂均生产下面发酵啤酒
色泽	淡色啤酒	色度一般在 5～14EBC 单位，色泽较浅，是啤酒中产量最大的一种
	浓色啤酒	色度在 15～40EBC 单位，呈红棕色或红褐色，麦芽香味突出，口味醇厚，苦味较轻
	黑色啤酒	色度一般在 50～130EBC 单位，多呈红褐色乃至黑褐色，其特点一般是原麦汁浓度较高，麦芽香味突出，口味醇厚，泡沫细腻，苦味差别较大
灭菌	生啤酒	啤酒包装后，不经过巴氏灭菌的，称为鲜啤酒，或称生啤酒。取而代之的是现代高新技术如微孔薄膜过滤技术，实现了啤酒的除菌过滤，然后按无菌要求进行瓶装，不需杀菌，称为纯生啤酒
	熟啤酒	啤酒包装后，经过巴氏灭菌者，称为熟啤酒，或称为杀菌啤酒
原麦汁浓度	低浓度啤酒	原麦汁浓度 2.5～8°P，乙醇含量也较低，为 0.8%～2.2%
	中浓度啤酒	原麦汁浓度为 9～12°P，乙醇含量为 2.5%～3.5%
	高浓度啤酒	原麦汁浓度 13～22°P，乙醇含量为 3.6%～5.5%，多为浓色啤酒
新啤酒品种	干啤酒（Drybeer）	指酒的发酵度极高，酒中残糖极低，口味清淡爽口，后味干净，无杂味的一类啤酒
	无醇（低醇）啤酒	酒精含量为 0.5%（*V*/*V*）以下者，称为无醇啤酒；酒精含量在 2.5%（*V*/*V*）以下者，称为低醇啤酒
	稀释啤酒	制备高浓度麦汁（15°P 以上）进行发酵，然后再稀释成传统的 8～12°P 的啤酒

任务一　上游工程

一、啤酒酿造的原料

（一）大麦

大麦是酿造啤酒的最好原料，大麦是一种坚硬的谷物，成熟比其他谷物快得多，正因为用大麦制成麦芽比小麦、黑麦、燕麦快，所以才被选作酿造的主要原料。大麦之所以适于酿造啤酒是由于：

1．大麦便于发芽，并产生大量的水解酶类。

2．大麦种植遍及全球。

3．大麦的化学成分适合酿造啤酒，其谷皮是很好的麦汁过滤介质。

4．大麦是非人类食用主粮。

5．大麦制成麦芽比小麦、黑麦、燕麦快。

6．大麦主要成分包括淀粉、蛋白质、纤维素、脂肪、无机盐、糖类、木质素、色素、苦味质、多酚、维生素等，其中淀粉含量高，蛋白质含量适中。

（二）酒花

酒花，学名蛇麻，又名忽布，是荨麻科葎草属蔓性宿根多年生草本植物。酒花生有结球果的组织，正是这些结球果给啤酒注入了苦味与甘甜，使啤酒更加清爽可口，并且有助消化。酿造上用的是酒花的雌花。当酒花成熟时，前叶和苞叶所分泌的树脂酒花油是酿造啤酒的主要成分。

用于啤酒酿造的酒花有多种形式，如压缩酒花、颗粒酒花、酒花浸膏、异构酒花膏等。酒花的化学成分非常复杂，对啤酒酿造有特殊意义的三大部分为苦味物质、酒花精油、多酚物质。酒花在啤酒中的作用是：

1．赋予啤酒香味和爽口苦味。

2．提高啤酒泡沫的持久性。

3．促进蛋白质沉淀，有利啤酒澄清。

4．酒花有抑菌作用，加入麦芽汁中能增强麦芽汁和啤酒的防腐能力。

（1）苦味物质　是提供啤酒愉快苦味的物质，在酒花中主要是指α-酸，β-酸及其一系列氧化、聚合产物，过去把它们统称为“软树脂”。

（2）酒花精油　是酒花腺体另一重要成分，经蒸馏后成黄绿色油状物，是啤酒重要的香气来源，特别是它容易挥发，是啤酒开瓶闻香的主要成分。

（3）多酚物质　占酒花总量的4%～8%。它们在啤酒酿造中的作用为：①在麦汁煮沸时和蛋白质形成热凝固物；②在麦汁冷却时形成冷凝固物；③在后酵和贮酒直至灌瓶以后，缓慢和蛋白质结合，形成气雾浊及永久浑浊物；④在麦汁和啤酒中形成色泽物质和涩味。

（4）酒花的一般化学成分　包括有水分、总树脂、挥发油、多酚物质、糖类、果胶、氨基酸等。

（三）辅助原料

在啤酒麦汁中制造的原料中，为了降低啤酒生产成本，调整麦汁组分，提高啤酒某些特性除了主要原料大麦麦芽以外，还添加各种辅助原料。国内较常用的是大米（用量为25%～45%）、玉米（除去胚芽）、大麦、糖或糖浆等。使用辅助原料可以降低吨酒粮耗而节约成本；降低啤酒色度；改善啤酒风味和啤酒的非生物稳定性；部分谷类辅助原料还可增加啤酒中糖、蛋白质含量，从而改进啤酒的泡沫性能。

大米：原则上凡大米不论品种均可用于酿造，但从啤酒风味而言，米的食感越好，酿造的啤酒风味也越好。

玉米：是世界栽培最广的品种，也是酿造啤酒的主要品种。

小麦：我国是世界小麦主要生产国。小麦发芽后制成的小麦芽也是酿造啤酒的主要原料。

淀粉：由于淀粉工业的发展，用淀粉作啤酒辅料是有前途的。

蔗糖和淀粉糖浆：在麦汁制造中，用糖补充浸出物。可直接加入麦汁煮沸锅中，工艺简单，使用方便。

（四）酿造用水

每瓶啤酒90%以上的成分是水，水在啤酒酿造的过程中起着非常重要的作用。啤酒酿造所需要的水质的洁净外，还必须去除水中所含的矿物盐（一些厂商声称采用矿泉水酿造啤酒，则是出于商业宣传的目的）成为软水。早先的啤酒厂建造选址得要求非常高，必须是有洁净水源的地方。随着科技的发展，水过滤和处理技术的成熟，使得现代的啤酒厂地点选择的要求大为降低，完全可以通过对自来水、地下水等经过过滤和处理，使其达到近乎纯水的程度，再用来酿造啤酒。

啤酒酿造过程中，许多物理变化、酶反应、生化反应都直接与水质有关。因此，酿造用水的好坏也是决定啤酒质量的重要因素之一。酿制浅色啤酒，要求水的总硬度不超过 4.28 mmol/L（12 d）。硬度过高会使糖化醪酸度降低，从而影响糖化和发酵，其后果是造成啤酒质量下降。我国青岛啤酒用水的总硬度为 1.319 mmol/L。水的处理方法有煮沸法、加石灰法、加石膏法、加酸法、离子交换法、电渗析法等。

（五）酵母

啤酒酵母在分类学上属于真菌，为子囊菌亚门、酵母属（*Saccharomyces*）。在啤酒酿造过程中，酵母是魔术师，它把麦芽和大米中的糖分发酵成啤酒，产生酒精、二氧化碳和其他微量发酵产物。这些微量但种类繁多的发酵产物与其他那些直接来自于麦芽、酒花的风味物质一起，组成了成品啤酒诱人而独特的感官特征。

啤酒酵母又分为上面发酵啤酒酵母和下面发酵啤酒酵母两种类型。啤酒酵母菌株很多，近年来通过杂交和诱变，新的优良菌种不断出现。传统使用的上面酵母有啤酒酵母(*S. cereuisiae Hansen*)、萨士型啤酒酵母(*S. cereuisiae Hansen Rasse saaz*）等；传统的下面酵母则比较多，有弗罗倍尔酵母（*S. frohberg*)、萨土酵母（*S. saaz*)、卡尔斯伯酵母（*S. carlsbergensis*)、U 酵母（*Rasse U*)、E 酵母（*Rasse E*)、776 号酵母（*Rasse* 776）等。国内啤酒厂基本上都使用下面酵母，较好的菌种有青岛啤酒酵母、首啤酵母、沈啤 1 号、沈啤 5 号等。国内许多厂都采用 U 酵母作菌种，许多大厂使用的酵母与 776 号酵母相似。

二、麦芽的制造

1. 制麦的目的和工艺

由原料大麦制成麦芽，习惯上称为制麦。制麦的目的：①通过大麦发芽，使其产生多种水解酶，以便通过后续糖化使淀粉和蛋白质得以分解。②使麦粒中的淀粉和蛋白质在酶的作用下达到适度的溶解。③通过干燥除去绿麦芽中多余的水分和生腥味，产生干麦芽特有的色、香、味。制麦工艺流程见图 6-1。

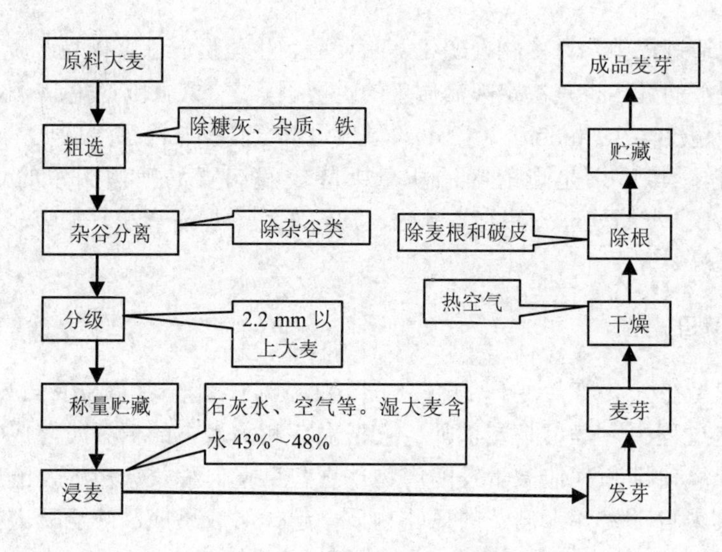

图 6-1 麦芽制作工艺流程

2．工艺说明

（1）大麦的贮藏　大麦种子，具有特殊的休眠机制，致使新收大麦发芽率低，因此要经一段贮藏期，使大麦充分后熟，才能达到正常的发芽力。促进大麦后熟方法如下。

①贮藏于 1～5℃，能促进大麦的生理变化，缩短后熟期，提早发芽；

②用 80～170℃热空气　将大麦处理 30～40s，能改善种皮的透气性和透水性而促进早发芽；

③用高锰酸钾、甲醛、草酸及赤霉素等处理可打破种子的休眠。大麦贮藏时含水量为 13%以下，贮藏期应定期翻倒或通风降温，以排除 CO_2，防止麦堆因缺氧产生酸、醛、醇等抑制性物质而降低发芽率，贮藏温度低于 15℃，否则，大麦呼吸消耗急剧上升，损失增加。

（2）大麦的浸渍　浸麦的目的是使麦粒吸水和吸氧，为发芽提供条件；洗涤除尘、除杂及微生物；浸出麦皮内部有害成分。浸麦之前先用粗选机，除去糠灰、铁、杂谷类等，而后用平板筛分级机按穿过筛孔直径将大麦分为三级。2.5 mm 以上者为Ⅰ级大麦，2.2～2.5 mm 者为Ⅱ级大麦，2.2 mm 以下者为Ⅲ级大麦。Ⅰ、Ⅱ级大麦分开发芽，Ⅲ级大麦通常做饲料和其他用。

浸麦方法有 3 种：

①浸水断水交替法：此法适合于浸麦槽。让大麦在水中浸渍一段时间，然后排水，暴露于空气，以后再浸水，断水、反复进行，直至大麦达到要求的浸麦度

为止。常用的为浸2断6（浸水2 h，断水6 h）、浸4断4或浸4断6等。并且利用压缩空气，洗涤、搅拌，除去污泥。此法能加速氧的吸收，缩短发芽周期。

②快速浸麦法：此法适合于箱式发芽。在发芽箱中连续通入湿空气，氧气供应充分，使浸麦和发芽时间大为缩短。但空气耗量大，且对空气调湿要求高，只适于大规模生产。

③浸喷法：大麦先经洗麦除杂，然后每浸2 h，喷雾12 h，反复进行至所要求的浸麦度。细密的水雾含氧充分，使吸水与吸氧同时进行，因而可促进麦粒呼吸作用，对增强发芽率更显著。可缩短发芽期25%以上，成品麦芽糖化时间较短，麦汁色泽较低，糖化发酵正常。

（3）大麦的发芽　发芽室内相对湿度应维持在95%以上；通常制造浅色麦芽，大麦浸渍后的含水量控制在43%～46%；制造深色麦芽，大麦浸渍后的含水量控制在45%～48%。通入适量的饱和新鲜湿空气供麦粒呼吸作用；发芽最适温度为13～18℃，如温度过低发芽周期长，过高则呼吸旺盛，物质消耗多，并容易霉烂；避免阳光直射，否则促进叶绿素的形成而损害啤酒风味。人为蓝色光线有利于酶的形成。发芽周期为6～7 d。浅色麦芽的叶芽伸长度为麦粒长度的3/4者占麦芽总数70%以上；浓色麦芽的叶芽伸长度为麦粒长度4/5者占麦芽总数的75%以上。

（4）绿麦芽的干燥　绿麦芽水分为40%～44%，通过干燥水分降至2.5%～4.0%，以终止酶的作用，便于贮存；经过焙焦，去除绿麦芽生腥味，产生特有的色、香、味；麦根味苦且吸湿性强，经干燥除根，使麦根不良味道不致带入啤酒中。

绿麦芽干燥过程可大体分为凋萎期、焙燥期、焙焦期3个阶段，这3个阶段控制的技术条件如下。

①凋萎期：一般从35～40℃起温，每小时升温2℃，最高温度达60～65℃，需时15～24 h（视设备和工艺条件而异）。此期间要求风量大，每2～4 h翻麦一次。麦芽干燥程度为含水量10%以下。

②焙燥期：麦芽凋萎后，继续每小时升温2～2.5℃，最高达75～80℃，约需5 h，此期中每3～4 h翻动一次。使麦芽水分降至5%左右。

③焙焦期：进一步提高温度至85℃，使麦芽含水量降至5%以下。深色麦芽可增高焙焦温度到100～105℃。整个干燥过程为24～36 h。

经干燥的麦芽应用除根机除掉麦根，同时具有一定的磨光作用。新干燥的麦芽还必须经过至少1个月时间的储藏，才能用于酿造。

三、麦芽汁制备

麦芽汁制备包括原辅料粉碎、糖化、麦汁过滤、麦汁煮沸和添加酒花、麦汁冷却等几个过程。

糖化是指利用麦芽自身的酶（或外加酶制剂代替部分麦芽）将麦芽和辅助原料中不溶性高分子物质分解成可溶性低分子物质如糖类、糊精、氨基酸、肽类等的过程。由此制得的溶液称为麦芽汁。

1．麦芽汁制备的工艺过程

麦芽汁制备的工艺过程见图 6-2。

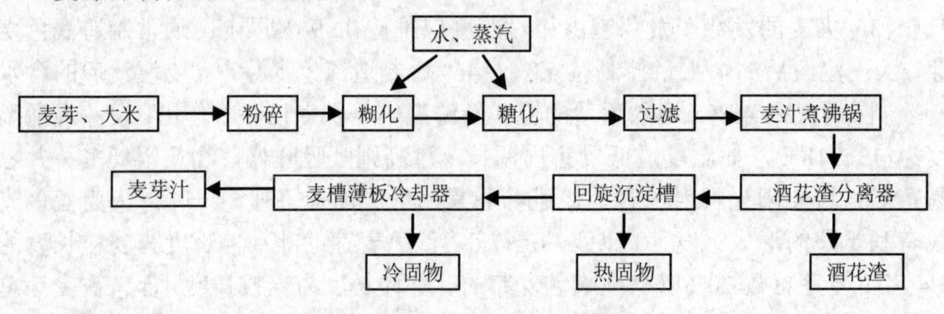

图 6-2　麦芽汁制备工艺流程

2．糖化方法

我国绝大多数啤酒厂均采用双醪煮出糖化法，即将辅料和麦芽分别投入糊化锅、糖化锅，辅料在糊化锅内糊化、液化和煮沸后再兑入糖化锅达到所需的糖化温度。根据兑醪次数，分一次、二次、三次糖化法。一次或二次双醪煮出法制备的麦汁色浅、发酵度高，适宜做淡色啤酒。在酿制浓色啤酒或麦芽质量差时采用三次煮出法。

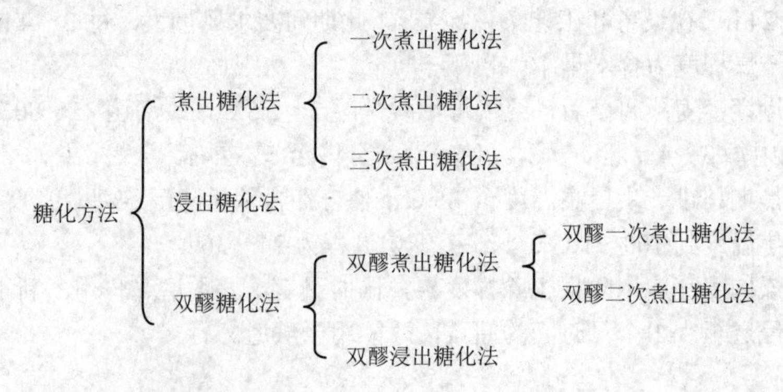

（1）二次煮出糖化法　生产浅色啤酒常用此方法，它对原料的适应性较强，灵活性比较大。传统的二次煮出糖化法投料温度常在50℃，加水比1∶4。如果麦芽质量不好，也可在35～37℃投料。其图解与曲线见图6-3、图6-4。

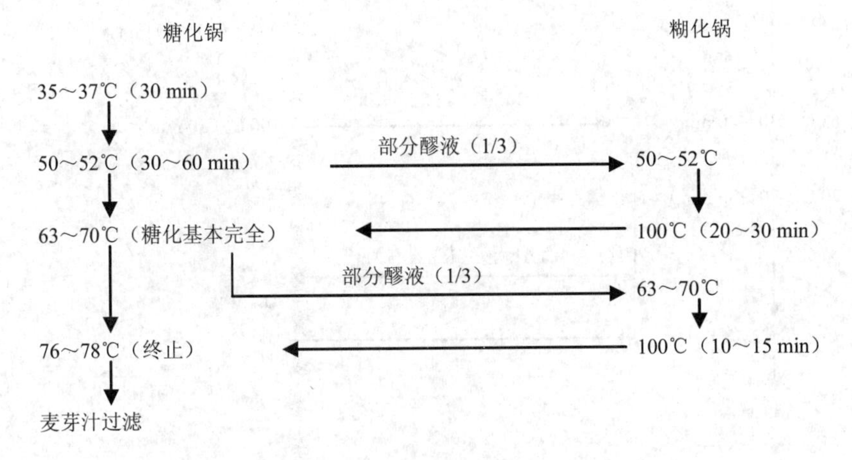

图6-3　全麦芽二次煮出糖化法图解

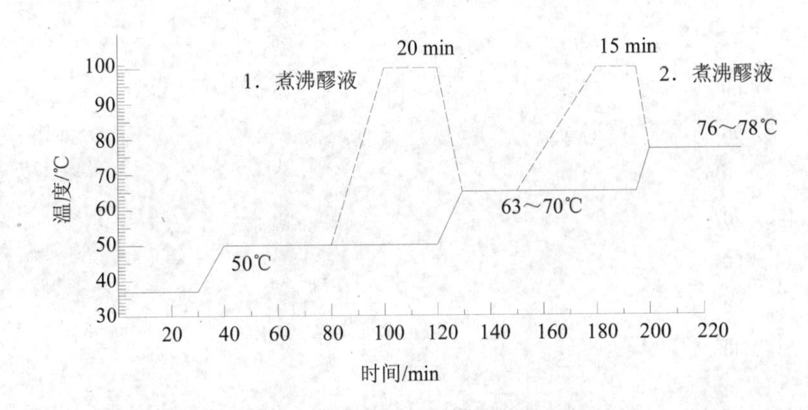

图6-4　全麦二次煮出糖化法曲线

（2）复式一次煮出糖化法　辅料和糊化、液化和麦芽的糖化分别在两个锅中进行，将糊化、液化结束后的糊化醪与蛋白质休止结束的麦芽醪兑醪至糖化最适温度，在糖化结束前取部分醪液进行煮沸，之后泵回到糖化锅，兑温到76～78℃终止。其图解与曲线见图6-5、图6-6。

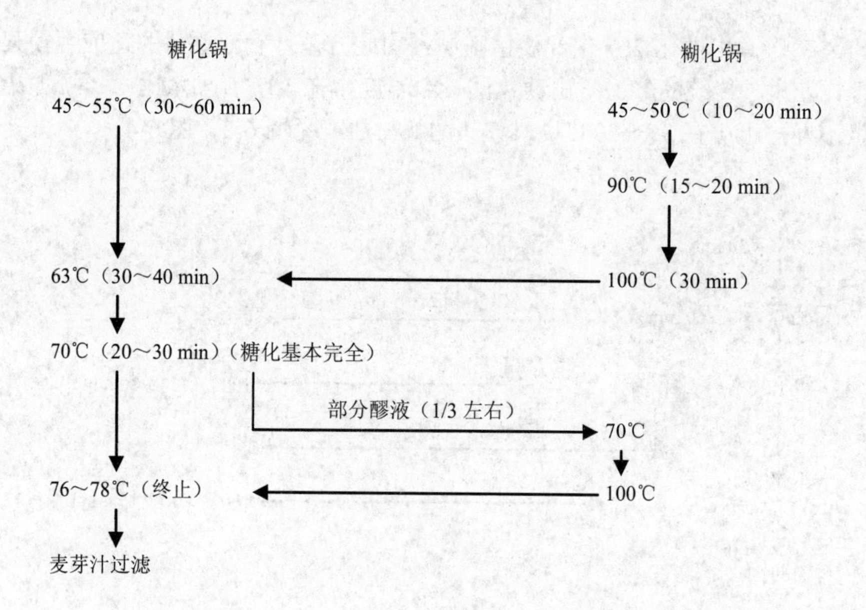

图 6-5　复式一次煮出糖化法图解

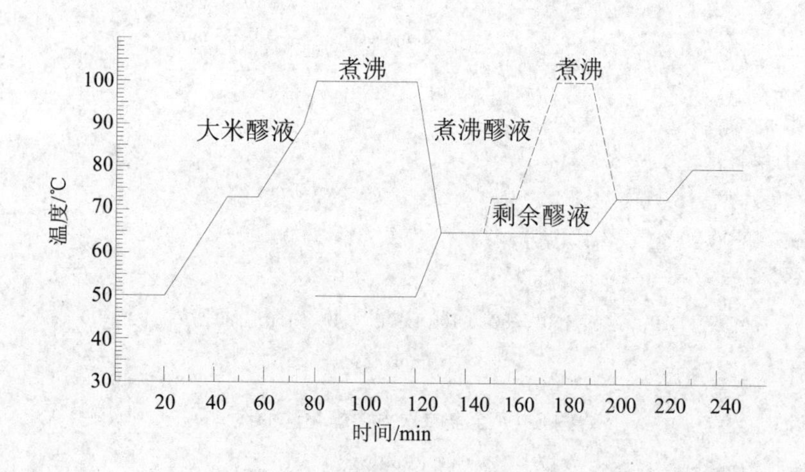

图 6-6　复式一次煮出糖化法曲线

（3）复式浸出糖化法　利用麦芽中的淀粉酶作液化剂，液化温度为 70～75℃，糊化料水比为 1∶5 以上，如采用耐高温α-淀粉酶作液化剂协助糊化、液化，液化温度可达 90℃左右，糊化料水比为 1∶4 以上，辅料占 30%～40%。并醪后不再煮沸，糖化时间在 3 h 内，其耗能少。图解及曲线见图 6-7、图 6-8。

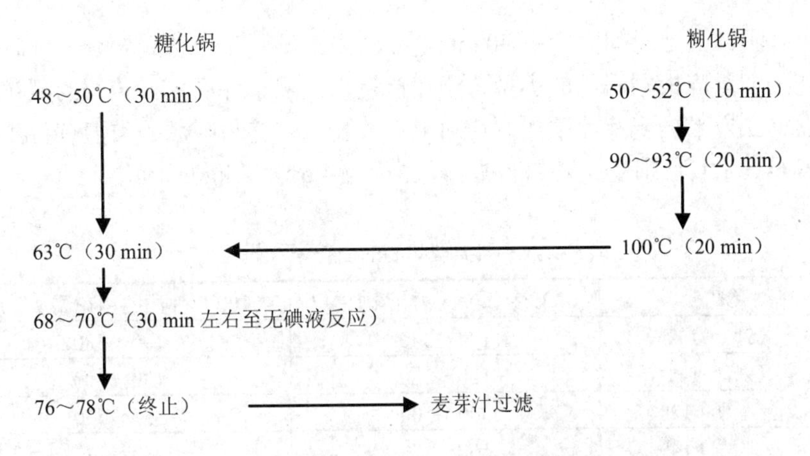

图 6-7 复式浸出糖化法图解

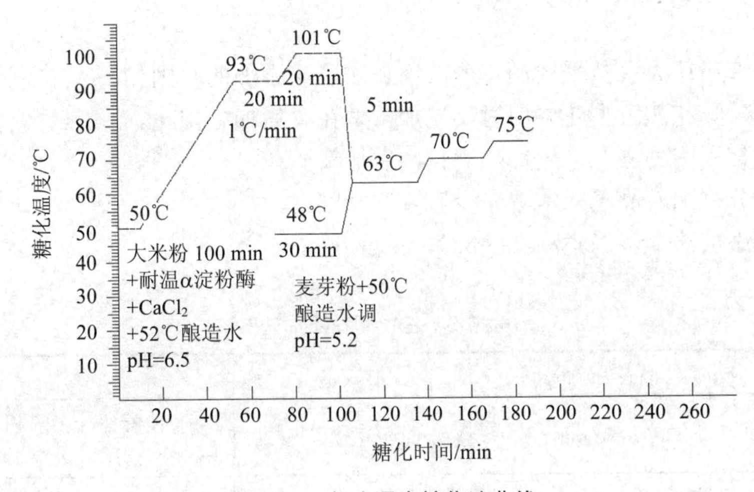

图 6-8 复式浸出糖化法曲线

3．麦汁过滤

利用过滤槽和压滤机进行。将糖化槽中的原浆过滤后，即得到透明的麦汁（糖浆）。

4．麦汁煮沸与酒花添加

煮沸要达到以下几个目的：蒸发多余水分，使麦汁浓缩到产品规定浓度；破坏全部酶，稳定麦汁成分；麦汁灭菌；浸出酒花中有效成分，赋予麦汁苦味与香味；析出凝固蛋白质，提高啤酒非生物稳定性；降低 pH，产生还原性物质，稳定风味；蒸出风味有害物质，使其挥发掉。麦汁煮沸的工艺条件如下：采用常压煮沸或低压煮沸，煮沸时间为 70～90 min；麦汁的煮沸强度应达到 8%～10%。

酒花添加量应根据啤酒的类型、酒花质量、煮沸条件而定。传统的酒花添加量还是以每立方米热麦芽汁添加酒花的千克数表示，它与啤酒的类型有直接的关系，见表 6-2。目前国内热麦芽汁酒花添加量为 0.6～1.3 kg/m^3。

表 6-2　不同类型啤酒的酒花添加量

啤酒类型	100 L 麦芽汁的酒花添加量/g	100 L 啤酒的酒花添加量/g
淡色啤酒（2%～14%）	170～340	190～380
浓色啤酒（2%～14%）	120～180	130～200
比尔森淡色啤酒（12%）	300～500	350～550
慕尼黑浓色啤酒（14%）	160～200	180～220
国产淡色啤酒	160～240	180～260

资料来源：逯家富，赵金海. 啤酒生产技术. 2004。

国内啤酒厂大多数采用酒花分次添加法酒花添加的原则如下：

（1）苦味花和香型花并用时，先加苦型花、后加香型花。

（2）使用同种酒花，先加陈酒花，后加新酒花。

（3）分批加入酒花，本着先少后多的原则。

三次添加法举例（煮沸 90 min），见表 6-3。

表 6-3　三次酒花添加法

酒花添加次数	酒花加入时间	加入量	作用
第一次	初沸 5～10 min	酒花总量 20%	压泡，使麦芽汁多酚和蛋白质充分作用
第二次	煮沸 40 min	酒花总量 50%～60%	萃取α-酸，促进异构化
第三次	煮沸终了前 5～10 min	剩余量	萃取酒花油，提高酒花香

5．麦汁冷却

麦汁煮沸定型后，应冷却到添加酵母的适宜温度，为下阶段发酵创造条件。其适宜温度下面酵母要求冷至 4～8℃，上面酵母可冷至 10～20℃。冷却麦汁应与无菌空气接触，使麦汁吸收一定的溶解氧，促进酵母的繁殖，还有利于凝固物的析出。

完成冷却工序的设备主要为回旋式澄清槽和薄板式冷却机。回旋澄清槽利用麦汁旋流离心作用分离热麦汁中的热凝固物，同时具有预冷作用。薄板式冷却机是新型的密闭冷却设备，体积小，热交换面积大，广泛应用于麦汁强制冷却工段。薄板冷却器应按流程图编号组装，不得渗漏，使用前用 70～85℃热水杀菌 15～20 min。

任务二 发酵工程

冷却后的麦芽汁经啤酒酵母发酵而酿成啤酒。

一、啤酒酵母的扩大培养及保藏

啤酒酵母的扩大培养是啤酒厂生产的核心工作之一，目的是及时提供优良的酵母，保证正常生产，提高啤酒质量。分为两个阶段，自斜面菌种到卡氏罐培养为实验扩大培养阶段；卡氏罐接入汉生罐以后为生产现场扩大培养阶段。

1．实验室扩大培养

每个阶段的扩培应作平衡培养，试管 4～5 支，三角瓶 2～4 只，卡氏罐 2 个，择优用于下一步扩大培养。培养基在三角瓶以前浓度为 8～10°Bé麦汁，卡氏罐后为 10～12°Bé麦汁。每次扩大培养稀释倍数为 10～20 倍。

2．生产现场的扩大培养

其工艺流程如图 6-9 所示。汉生罐以后各阶段培养液均为加酒花的生产麦汁 12°Bé，培养液扩大倍数为 1∶5。生产现场的温度是逐步降低的。但降温幅度不能过大，以免影响细胞活性。在培养过程中不断地向麦汁中通风供氧。溶解氧的控制水平从 6.0 mg/L 至 3.0 mg/L 逐渐降低，汉生罐的溶氧水平控制在 6.0 mg/L，一级繁殖槽为 4～5 mg/L，二级繁殖槽为 3～4 mg/L。为防止酵母细胞的克雷布特效应，应采用间歇通风而不是连续通风。

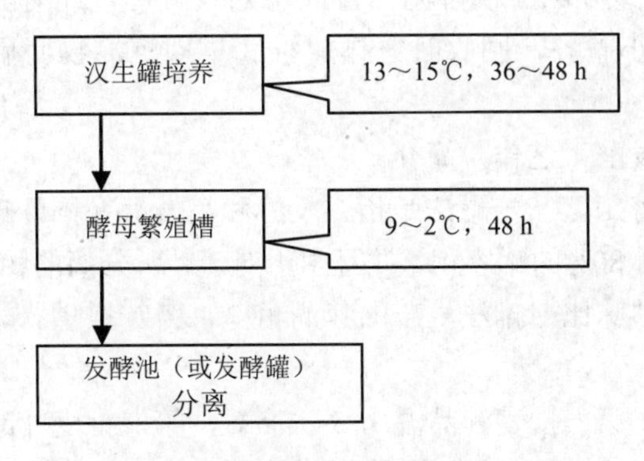

图 6-9 啤酒酵母生产现场扩大培养

酵母扩大培养工作是一件细致耐心的工作，每个操作过程都要在无菌条件下进行。因为纯粹培养始终有被污染的可能，尤其是种酵母自酵母培养罐取出后，已不再处于无菌状态下。因此，扩培时增殖槽要设在冷而干燥的室内，最好与发酵室隔开，同时在开始培养前做好室内空气和用具的清洁灭菌工作。

二、麦汁充氧与酵母添加

1．麦汁充氧

在麦汁冷却期间让麦汁吸收部分氧，目的在于为酵母繁殖创造条件。麦汁中可发酵性糖含量一定时，酵母的繁殖主要取决于氧的供给和可同化氮的含量，氮用来合成菌体蛋白，而氧用于合成甾醇以产生新酵母。

2．酵母添加方法

酵母添加方法有多种，包括干加法、湿加法、麦汁递加法、二次递加法、多次递加法、倍增法等，要根据具体的生产情况进行选择。

三、大罐发酵工艺

大罐发酵具有生产规模大、投资小、见效快、操作简便、易实现自动化管理等特点。自 20 世纪 70 年代起各国已广泛采用室外大罐发酵技术，我国从 80 年代开始研究与运用这一新技术，现在已成熟并推广开来。

进行大罐发酵，必须把握好各个环节的操作要点：

①麦汁分批进罐时每两批之间间隔时间不宜过长，一般不超过 4～6 h，总满罐时间在 20 h 之内为好；②大罐的上下冷却操作要严格按工艺要求做，温度控制关系到发酵液的对流和酒液的澄清；③发酵时大罐压力一般维持在 0.06～0.1 MPa，贮酒时压力控制在 0.06 MPa 左右；④控制好酵母回收的时间：当残糖降至 3.6～3.8°Bé时或在第二次降温前排放与回收酵母，此时酵母活力最强、洁净无杂质、细胞大小整齐，回收时先排放锥底早期沉淀物而后排出中层优质酵母泥。

现对各种大罐发酵工艺作一简介。

（1）一罐法发酵工艺　一罐法是指主发酵和后发酵在同一罐内进行的发酵方式。贮酒中仅能利用 80%的罐容积，并且由于对流，所分离的物质不能及时排除，再次溶解造成啤酒口味比二罐法生产的啤酒粗糙，苦味增重。一罐法包括低温发酵法和快速发酵法。

①低温发酵法：第一批麦汁品温为 5～5.5℃，第二批麦汁品温为 6.5～7℃。酵母接种量为 0.6%～0.8%，以满罐后酵母数在（1.2～1.5）$\times 10^7$ 个/mL 为准。其

基本工艺过程如下：酵母添加槽内增殖 12～18 h，然后泵入大罐中，去除槽底冷凝固形物。进罐时品温为 7.5～8℃，当发酵温度升至 9℃，压力为 0.05 MPa 时，保持 9℃继续发酵。当外观发酵度 60%时，自然升温到 12℃，罐压升至 0.1～0.12 MPa，直至双乙酰降至 0.1 mg/L 以下。缓慢降温，以 0.3℃/h 的速度将发酵液冷至 5℃，保持 24 h，排酵母的 2/3，回收后供下批发酵用。继续冷却，以 0.1℃/h 的速度降至 1.5℃，约保持 12 h，再排酵母并回收。然后再以 0.1℃/h 的速度降至 -1～0℃，保持 7～10 d。过滤前排净酵母，调罐压 0.05 MPa。

②快速发酵法：此法酿制出的啤酒口感纯正，爽口，较醇厚，无异香、异味。成品啤酒的真正发酵度为 70.9%，总酸 1.09°T，pH4、23，双乙酰 0.10 mg/L，CO_2 0.4%，色度 6.3EBC，苦味值 20.7BU。发酵周期一般 12～15 d。

（2）二罐法发酵工艺　二罐法是在一个罐内完成发酵和双乙酰还原，然后转入第二个锥形罐进行冷贮酒的发酵方式。此工艺的典型代表是德国的 DAB 发酵工艺和丹麦的二罐法发酵工艺。

①德国 DAB 发酵工艺：12℃的冷却麦汁与含固形物 0.75%的 DAB 酵母泥共同进罐，满罐 24 h 后排冷凝固形物，13℃保温同时封罐升压，控制发酵压力 0.2 MPa。发酵 5～6 d，当外观糖度与达最终发酵度时的糖度差 $\Delta E \leqslant 0.3$°Bé（表明主发酵已结束，双乙酰还原完成）时，回收酵母泥进行冷贮，冷贮温度为-1～0℃，罐压 0.05 MPa，时间 7～14 d。

②丹麦二罐法发酵工艺：丹麦嘉士伯酵母凝聚力弱，发酵力强，双乙酰还原快，酿出的酒口味清爽。采用如下发酵工艺：9.5～10℃的冷却麦汁 22 h。

内满罐（同时添加酵母泥 0.7%～0.8%），满罐 24 h 后排锥底沉积物。自然升温至 12℃，罐压 0.02～0.05 MPa，发酵 7 d。然后 7℃维持 7 d 左右，再用 24 h 将发酵液冷至 4℃回收酵母，发酵液转至预先备压 0.05 MPa 的第二个锥形大罐，贮酒 2 d 以上。

（3）“前锥后卧”式发酵　“前锥后卧”式发酵也是一种二罐法发酵，是将锥形大罐与传统发酵中的卧式后贮酒罐相结合的一种发酵方法，对从传统发酵产业改建来的啤酒厂是一种值得推广的工艺。它既利用新型锥形发酵大罐的发酵能力大的特点又利用卧式贮酒罐易进行温控、澄清快的特点，对缩短整个酒龄和提高生产能力很有优势。主发酵结束后，发酵液经薄板冷却器降温至 0～1℃，下至预先备压 0.08 MPa 的贮酒罐中放置啤酒就很快后熟并澄清。

任务三 下游工程

一、啤酒过滤

啤酒酿制成熟后，通过过滤介质，除去悬浮物、酵母细胞、蛋白质凝固物及酒花、树脂等微粒，从而得到清亮透明、富有光泽、口味纯正的啤酒。

1．啤酒过滤设备

啤酒过滤可采用离心机法、硅藻土过滤法、纸板精滤法、膜过滤法等，其中硅藻土过滤是啤酒过滤的主要手段。硅藻土过滤与其他方法结合起来使用，可使清酒的光洁澄清度大大改善，非生物稳定性进一步提高。

硅藻土过滤法用到的设备主要有过滤主机、硅藻土调浆槽、计量泵、预涂泵和啤酒泵等，现对主要过滤主机的特点简述见表6-4。

啤酒过滤系统中的其他设备包括清酒罐、二氧化碳添加器、啤酒急速冷却器等。

表6-4 硅藻土过滤主机的特点

主机类型	过滤能力 hL/（m^2·h）	优点	缺点
烛式过滤机	4.7	过滤量较平稳，并能用较大的反冲压力对每根烛形柱进行较彻底的清洗	净空高度要求高
水平叶片式过滤机	6～10	滤压力波动对滤层破坏作用小，清酒质量稳定，清洗时排除废土方便	助滤剂只能沉积在滤叶表面的滤网上，有效面积小，对中心轴精度要求高
垂直叶片硅藻土过滤机	5～8	过滤面积大，可利用机内喷淋装置洗涤排渣	滤层易脱落造成短路而影响啤酒浊度，细土需用精滤器捕集，耗土量较大
板框式硅藻土过滤机	3.85～5	过滤稳定，易操作，耗土量不高，滤层不易脱落	支撑纸板需要周期性更换，并且对外板框间的密封要求高

2．啤酒过滤

以通用的硅藻土过滤为例。总的要求是硅藻土的粗土细土搭配合理，混合均匀，滤层形成好，过滤压力稳定，压差均衡上升，保证CO_2饱和并防止氧的吸收。

（1）预涂　是指在正式滤酒前，先在支承介质如过滤机滤板、滤框、烛形柱上沉积一层有效的助滤剂层，保持一定的微孔通道的操作。预涂分为二层预涂或三层预涂。第一层预涂为粗粒硅藻土助剂的预涂，它直接影响周期过滤产量及过滤介质的寿命；第二层为粗细混合的硅藻土的预涂（高效滤层），对渗透率降低、啤酒澄清度提高有重要的作用。

（2）过滤操作　在调浆槽内加入硅藻土，搅匀。同步开启酒阀、路旁阀，关循环阀。开计量泵，顶水。待滤机出口端视镜中酒液浓度较高时回收酒头至回收罐中。开启循环系统，回流。待浊度达到 0.3EBC 后转入正常过滤，酒滤送入预先背压 0.08 MPa 的清酒罐。待过滤压差达 0.35 MPa 时停止过滤，关计量泵，调浆搅拌器。用水或酒头顶酒，将酒尾回收到回收罐。过滤完毕，按洗涤路线进清水反冲洗、排废物，然后再清洗。

3．清酒质量

啤酒发酵成熟后经过冷处理、过滤、饱和二氧化碳等一系列处理后即准备包装出厂。啤酒作为人们的日常饮料，质量至关重要。要保证啤酒的质量，除了做好过滤工作外，还可以通过其他措施提高其质量：

①通过添加硅胶、木瓜蛋白酶、PVPP（聚乙烯吡咯烷酮）或它们的组合物提高啤酒的稳定性；②通过添加抗氧化剂（如维生素 C）控制啤酒的溶解氧；③通过无菌膜过滤去除酒中的杂菌从而提高清酒的生物稳定性。

清酒在包装之前必须经过检验部门检测，保证每罐酒的质量都符合标准。

二、啤酒包装

送入清酒罐的啤酒，随后要进行包装。啤酒的包装形式主要有瓶装（640 mL 和 350 mL）、罐装（多为 355 mL 的易拉罐）、桶装 3 种形式。现对其各自的包装流程概述：

1．瓶装熟啤酒的包装

瓶装熟啤酒的包装流程如图 6-10 所示。

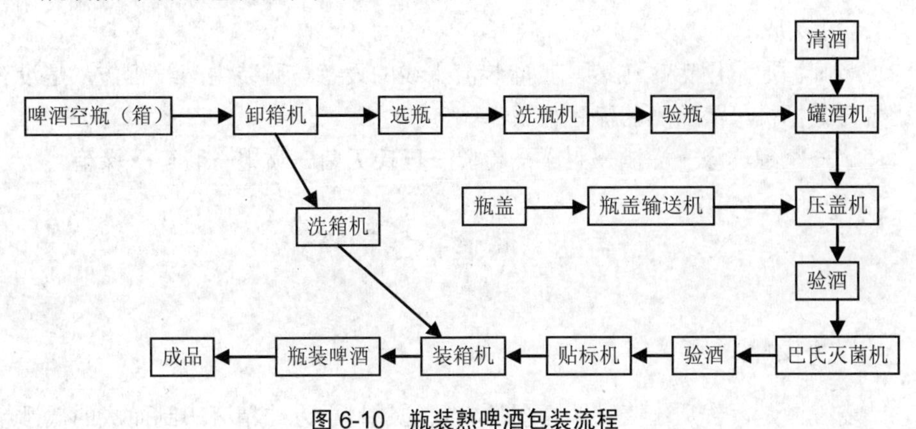

图 6-10　瓶装熟啤酒包装流程

2．桶装啤酒

桶装生啤酒，俗称“扎啤”，保持了啤酒的新鲜风味，低温饮用口感好，深受广大消费者欢迎。其包装流程比较简单见图 6-11。

图 6-11　桶装啤酒包装工艺流程

（1）桶装啤酒的灭菌处理

①瞬时杀菌法：由板式热交换器将啤酒升温到 72℃，保持 30 s，然后再用 0～2℃冰水将啤酒冷却后进入缓冲罐，最后送至桶装线包装。瞬时杀菌的巴氏灭菌值可达 25～30Pu，所以保鲜时间长，适合长途运输分销。

②超滤法：多采用微孔超滤法，利用微孔薄膜的筛分作用，使啤酒内的细菌、酵母和颗粒物质阻留在滤膜上达到除菌效果。超滤机为立式圆筒形。滤膜规格较多，微孔大小为 1.5 μm、1.2 μm 的滤膜用于滤除酵母；微孔大小为 0.8 μm、0.45 μm、0.25 μm 的滤膜用于滤除细菌。

（2）生啤桶　扎啤用俗称“生啤桶”的不锈钢密闭压力容器包装，桶的容积主要有 30 L、50 L 两种。

啤酒桶的清洁卫生至关重要。啤酒桶的外部用洗桶机进行清洗或高压喷淋。啤酒桶内部的清洗采用的工艺流程如下：

预注入水→碱水清洗→热水清洗→冷水清洗→蒸汽消毒→清水过洗。

啤酒桶清洗后，要求 30 L 桶桶内残水小于 20 mL，残水 pH 中性，无菌。

（3）装酒与销售　经过无菌处理的啤酒送至生啤灌装机进行装酒。生啤酒装桶后必须尽快移至冷库，尽快上市。

3．罐装啤酒

罐装啤酒通常用铝罐包装，其灌装流水线的设备与瓶装生产线相仿，是没有洗罐机与贴标机。灌装工艺流程如下：

空罐→空罐洗涤→灌酒→封罐→检验→巴氏灭菌→喷墨→装箱→垛箱。

任务四　啤酒新品种简介

一、小麦啤酒

小麦啤酒是以优质小麦芽为主要原料，通过科学方法精心酿制而成的低酒精度饮料酒。小麦啤酒生产中至少使用了50%小麦芽发酵而制成啤酒，其原麦汁浓度至少为10%。由于小麦啤酒色度较淡，口味清爽、风味纯正独特，因而受到越来越多消费者的欢迎，具有广阔的发展前景。

（一）小麦啤酒的种类与特点

1．小麦啤酒的种类

（1）酵母浑浊小麦啤酒（酵母小麦啤酒） 直接在灌装前精确调整瓶内的浸出物含量和酵母数量，要求准确操作。

（2）晶莹小麦啤酒 过滤后不含酵母的清亮小麦啤酒。

2．小麦啤酒的主要特点

（1）二氧化碳含量较高，6～10 g/L 或 0.8%～1.0%，能给饮者以清凉舒服之感。

（2）泡沫丰富、洁白细腻且泡持性好。泡持性一般可达 250 s 以上。

（3）香味纯正、独特。由于酯、高级醇和特定的酚类结合物含量较高，而给小麦啤酒带来典雅的香味。如赋予啤酒以果香、花香、丁香味等。

（4）小麦啤酒作为低酒精度的清凉饮料，比其他饮料更能解渴。

（5）小麦啤酒可给饮者带来好胃口，小麦啤酒的口味可使饮者产生不断饮用的欲望。

（6）小麦啤酒可以促进消化。因为小麦啤酒中少量的酒精和释放出来的二氧化碳可以加快人体内消化酶的活动。

（7）由于酒花的成分及钾盐的作用，小麦啤酒具有利尿作用。

（8）饮用小麦啤酒可以加快睡眠。人体摄入啤酒中的少量酒精可在很短的时间内产生镇静作用。少量啤酒不会导致疲劳，反而可以放松并排除精神压力。若事先有疲劳感，酒精则会起到加速睡眠的作用。

（9）因为酵母储有大量有价值 B 族维生素（特别是维生素 B_1、B_2），所以，饮用未经过滤的富含酵母的啤酒更有利于健康。

（10）保质期长。采用酶制剂及麦汁澄清技术，可有效去除啤酒中多余的蛋白质，从而延长其保质期。

（二）酿造用小麦的基本要求

1．在啤酒生产中，小麦很少作为辅料使用，主要用于制造小麦芽继而用于上面发酵啤酒的酿造。如酿制含酵母的小麦啤酒、白啤酒等。

2．适用于酿造小麦啤酒的品种却很少，其中，白色软质冬小麦因其蛋白质含量较低，浸出物含量较高而被广泛用于淡色小麦啤酒的生产。谷蛋白是典型的小麦蛋白质的混合物，约占蛋白质的 80%。谷蛋白中的蛋白质主要是麦谷蛋白和麦醇溶蛋白。实验表明，蛋白质含量丰富的小麦不适合酿制小麦啤酒。

3. 酿造小麦除应符合 GB 135186 规定外，还应符合下列基本要求：水分≤13%，发芽率≥90%，千粒重≥35 g，淀粉 57%～64%，蛋白质≤13%，发芽率≥85%，无水浸出物≥82%，脂肪 1.5%～2.3%。

4. 由于小麦芽的浸出率较高，所以在酿造小麦啤酒时，小麦芽的使用量一般为 50%～60%。

（三）小麦芽的制备

1. 小麦发芽工艺条件

（1）浸麦度　初始浸麦度为 38%～40%，发芽时通过喷雾增至 43%～45%。若浸麦度过高，则发芽迅速，品温上升太快，若小麦颗粒堆积密度大，透气效果差，容易发生腐烂，各部位的温差较大且不便于调节和控制。

（2）浸渍时间　一般控制在 30 h 左右，“浸三断六，辅以喷雾”。因小麦表面较光滑，水滞留性较差，浸麦时应适当增加喷雾次数，以增加空气的相对湿度。同时，由于小麦粒度不够均匀，在一定范围内进行较长时间的空气休止对提高发芽整齐度有利。

（3）浸麦温度　一般控制在 120℃左右。因低温浸渍有利于控制浸麦度，防止二氧化碳浓度过高而影响浸渍及发芽效果。

（4）翻麦次数　一般每隔 12～14 h 翻一次，略小于大麦。

（5）发芽温度　发芽开始的 1～4 d 控制品温在 14～16℃，第五天升至 18℃。因低温发芽有利于蛋白质溶解，后期升温能使粗细粉差和麦汁黏度协调一致。

（6）干燥温度及时间　由于小麦胚乳中纤维素及蛋白酶含量较高，加之表皮薄而少，因而麦汁黏度高，过滤速度慢。所以麦芽干燥应从 45℃开始，并用大风量排潮，以最大限度地保存酶的活力；由于在 60℃时穿透力较强，小麦中低分子氮较多，颜色容易加深，因而焙焦时间一般控制在 1.5～2 h，比大麦芽短 1～2 h，焙焦温度控制在 78～80℃。

2. 小麦芽的质量指标

小麦芽一般应具备下述要求：水分≤5%，α-n（mg/100 g）≥130，糖化时间≤12 分，糖化力（wk）≥300，色度（EBC）≤50，库值（%）：38～42。

（四）小麦啤酒的酿造工艺要点

1．色度的控制

酵母小麦啤酒的颜色区别较大，浅色类在 8～14EBC，深色类在 25～60EBC。原麦汁浓度通常在 10%～12%，也可能升至 13%～14%。小麦芽的比例一般在 50%～100%。麦汁的颜色可以通过添加深色麦芽，或深色焦香麦芽，以及小麦着色麦芽来调整。

2．糖化工艺要点

糖化工艺必须有利于加强蛋白质的分解，可采用投料温度为 35～37℃的两次煮出糖化法（或一次煮出糖化法）。醪液煮沸时间为 20～25 min。糖化醪的料液比一般为 1∶2.8～1∶3。最终确保发酵度达到 78%～85%。

糟化工艺条件：35℃→50℃（40 min）→63℃（40 min）→68℃（40 min）→78℃→过滤→煮沸（25～30 min）。

3．发酵工艺要点

（1）接种　接种温度为 12～14℃，酵母泥添加量为 0.3～1 L/100 L，并通入适当量的无菌空气（或氧气）。

（2）主发酵　主发酵十分强烈，在 18～21℃下发酵 2～4 d 即可接近最终发酵度。主酵结束后回收酵母（发酵池从上面捞取，锥形罐从锥底抽取）。

（3）后发酵　为保证后发酵产生足够的二氧化碳，必须重新添加富含浸出物的麦汁。具体方法如下：

添加“头道麦汁”。即准确添加定量（6%～7%）的头道麦汁，头道麦汁需预先灭菌。添加量应以距离最终发酵度约 12%为准。添加的浸出物经过发酵后即可产生足够的二氧化碳。

添加“打出麦汁”。将主发酵罐内糖度为 9%～10%的下面发酵高泡酒加入混合罐内，然后带压继续发酵。

上面两种情况均需重新追加后酵用的酵母，一般使用下面发酵酵母。

（4）在主酵后进行混合时，必须尽量避免氧的进入。

①酵母小麦啤酒（浑浊小麦啤酒）的发酵工艺特点：酵母小麦啤酒发酵工艺的一个特点是瓶内发酵，主要有以下两种形式：

a. 瓶内发酵，无发酵罐中间储酒过程：添加了“speise”和酵母的嫩啤酒被灌装至瓶内，并分两个阶段：

第一阶段：于 12～20℃，3～5 d，浸出物在此阶段被发酵至 0.1%～20%，双乙酰下降，瓶内压力上升至 150～200 kPa。

第二阶段：于 50℃，14～21 d，压力上升至 300 kPa。

b. 瓶内发酵，有发酵罐中间储酒过程：采用这种工艺时，啤酒起发后在发酵罐内被发酵至终了（6 日热阶段，14 日冷阶段 1℃），达到成熟，然后在瓶内如上述一样经过两个阶段发酵。

②晶莹小麦啤酒的酿造工艺要点：晶莹小麦啤酒的原麦汁浓度一般在 12.5%～13%，色度为 8～12EBC，麦芽使用量的 50%～70%，可为浅色小麦麦芽加上着色特种麦芽。

糖化工艺与酵母小麦啤酒相似。只是当前酵进行到距离最终发酵约 12%时，不用冷却，马上下酒至一高温发酵罐内。

高温发酵保压至 400～500 kPa，3～7 d 后冷却至 8℃左右，添加酵母后下酒到低温发酵罐内。在 10 d 内降温至 0℃，500 kPa。过滤前一周降温至-2℃，并维持此温度至灌装。

酒精含量的控制。小麦全啤酒中酒精含量的平均值应控制在 3.5%～4.6%（质量百分数），一般为 4.0%左右。

由于小麦啤酒在发酵阶段形成很强烈的泡沫，所以发酵罐只能装 50%以下的麦汁，泡沫上升的空间至少为 40%。锥形贮酒罐只有很小的泡沫上升空间，不过此空间取决于锥形贮酒罐中的具体工艺情况，若仅进行低温贮藏，则空余空间为 5%～8%；若还要进行双乙酸分解，则空余空间为 10%～12%；若要添加高泡酒，则空余空间为 25%。

二、纯生啤酒

纯生啤酒是指不经过高温杀菌而保质期同样能达到熟啤酒的标准的啤酒，它与普通啤酒的区别是风味稳定性好（随着储存期的延长，风味变化不大），口感好，营养丰富。纯生啤酒起源于 20 世纪 90 年代中期，我国最早的纯生啤酒是珠江啤酒厂生产的，1998 年投放市场。我国年生产啤酒近 2 200 万 t，而目前纯生啤酒产量还不足 50 万 t，在日本纯生啤酒产量占啤酒总产量的 95%，德国占 50%，而我国还不到 3%，但是，纯生啤酒已代表中国啤酒市场的发展方向，是啤酒业的一次革命，它符合消费潮流，前景广阔。

纯生啤酒的生产是建立在整个酿造、过滤、包装全过程对污染微生物严格控制的基础上，其特点体现在“纯”和“生”这两个字上。

纯：啤酒是麦汁接入酵母发酵而来，一般的啤酒生产往往容易污染杂菌，影响啤酒品质。纯生啤酒通过严格的过程控制，实现了无菌酿造，杜绝了杂菌污染，保证了酵母的纯种发酵，使啤酒拥有最纯正的口感和风味。

生：发酵完经过滤的啤酒仍含有部分酵母，普通啤酒为避免灌装后酒液发酵变质，须对灌装后的酒进行巴氏杀菌处理。但啤酒在有氧的条件下进行热处理会损失部分营养物质，并对新鲜口感造成损害，破坏原有的啤酒香味，产生不愉快的老化味。纯生啤酒的生产不经高温杀菌，采用无菌膜过滤技术滤除酵母菌、杂菌，使啤酒避免了热损伤，保持了原有的新鲜口味。最后一道工序进行严格的无菌灌装，避免了二次污染。

由此可见，普通啤酒与纯生啤酒的根本区别在于普通啤酒是经过高温灭菌处理的熟啤酒，减少了啤酒原有的香醇、新鲜味，存在口味上的不稳定性；纯生啤酒则未经高温杀菌，其口感新鲜，酒香清醇，口味柔和。纯生啤酒采用特殊的酿造工艺，严格控制微生物指标，采用无菌膜过滤技术，使用包括 0.45 μm 微孔过滤的三级过滤，滤除了酵母菌和杂菌，不进行热杀菌让啤酒保持较高的生物、非生物、风味稳定性。这种啤酒非常新鲜、可口，保质期达 180 d 以上。

（一）纯生啤酒的特点

（1）与熟啤酒相比而言，色泽更浅，澄清透明度更好，啤酒外观更亮，更美。

（2）保持啤酒原有的香味和发酵产生的香气，没有受高温损伤，保持纯净而清香。

（3）保持啤酒液的原始风味，纯正、新鲜、即成熟发酵液的原汁原味，不出现明显氧化味。

（4）保留不同程度的酶活性，有利于大分子物质分解。

（5）含有更丰富的氨基酸和可溶蛋白，啤酒营养更好。

（二）纯生啤酒生产过程控制

1. 糖化过程

糖化过程的关键是冷麦汁和充氧用压缩空气的微生物控制。冷麦汁管路的走向和取样阀的设置都必须合理、无死角，都能得到彻底的清洗。在每批麦汁的冷却前后可采用 80～85℃热水进行冲洗，另外薄板冷却器容易存在卫生死角，一般一年要拆开检查和清洗一次。

麦汁充氧用压缩空气要经无菌过滤，并要配套蒸汽杀菌系统。除每批麦汁冷却前对空气过滤器进行杀菌处理外，每周还需用 1.0×10^5～1.3×10^5Pa 蒸汽对压缩空气管道进行一次杀菌，杀菌时间为 30 min，杀菌结束后要吹干管道（包括所有支管）中的冷凝水。压缩空气不用时管口要用消毒过的管盖封好。

2．发酵、过滤过程

（1）酵母菌种的扩大培养　实验室扩大培养所使用的器皿和接种麦汁要经过严格的灭菌，车间扩大培养罐采用自动扩培系统，包括对系统的自动清洗，对接种麦汁进行高温杀菌，接种后能自动充氧、控温。充氧用空气需经无菌过滤每一步转接过程要对酵母形态和繁殖情况进行镜检，整个扩大培养过程中不能有野生酵母和啤酒有害菌检出，发现异常要立即淘汰并查找原因，确保菌种的纯度。

（2）CIP 系统　CIP 系统是酿造工序的重点系统，在日常工作中技术人员和操作人员要加强检查，注意检查清洗液浓度和温度、杀菌剂的添加程序和浓度，以及清洗时间（要求回流温度达到工艺要求时才开始计时）等操作是否符合工艺要求。CIP 系统管道走向和布置应合理，不能存在卫生死角。每月应对 CIP 系统罐进行一次酸洗或碱洗和全面检查，并对 CIP 系统的微生物状况进行检测，避免 CIP 系统本身成为污染源。要定期校验 CIP 泵的输出量、检查清洗喷球的畅通情况，并定期拆开罐体附件检查内部清洁状况，以确保 CIP 清洗效果。

（3）啤酒预过滤　为减轻低温无菌膜过滤系统的微生物负荷，纯生啤酒需先经预过滤处理，即一般是在硅藻土过滤后搭配无菌过滤纸板精滤，将清酒中的微生物数量控制在 50 个/100 mL 以下。在硅藻土过滤机和精滤机杀菌时各点的温度都要求达到 85～90℃，同时过滤用的硅藻土和添加剂用水全部要使用无菌水或脱氧水。清酒输送系统和管道采用固定管道和自动转罐系统，以减少微生物的污染机会。

（4）车间用软管和备用管件　软管内部很容易出现皱裂，且肉眼无法检查到，是主要的藏污纳垢的地方。要同管道和罐体等设备连接起来清洗干净后才能投入使用。软管要专用，要求用于扩培和冷麦汁入罐的软管使用期限不能超过 3 个月，管内有积痕或出现破损时要及时进行更换。备用管件在未用时用水冲洗干净后用 100～250 mg/L 消毒剂浸泡，比较大的管件要排空管内气体，管件上的阀门应处于打开状态，确保整个管件中充满消毒剂。

3．低温无菌膜过滤

建立低温无菌膜过滤系统双座阀、压力变送器校验和完整性测试异常情况处理等管理制度。由于 CIP 清洗和过滤过程中的压力波动会对膜滤芯产生冲击作用，清洗和过滤过程要严格监控压差波动情况，膜系统压差偏高时要对成品酒进行扩大抽样检查。

膜过滤出口酒液在取瞬时样的基础上可增加用全自动取样阀取连续样，每隔一定时间换一次瓶，酒液全部抽滤处理。膜过滤连续生产时间一般不要超过 12 h。滤芯在使用一段时间后，要定期拆开进行内部检查和滤芯单支完整性检测，以确保每支滤芯处于完好状态。

4．无菌灌装

（1）空气质量 无菌灌装应考虑在无菌室内进行。无菌室内洁净度要求达到一万级或更高级别，无菌室内通入经过除尘、除菌过滤处理的空气，并保持一定的正压，温度控制在18～26℃，相对湿度控制在50%～65%。每天生产前对无菌室的空气进行一次臭氧灭菌，以保持空气的无菌洁净度。

（2）啤酒瓶 生产纯生啤酒的玻璃瓶最好采用新瓶。瓶子在洗瓶机中经过碱洗和热水洗后最后采用无菌水喷淋冲洗，使啤酒瓶中保持一定量的二氧化氯含量。另外，在冲瓶机以及灌装机中均采用110～130℃的饱和蒸汽杀菌，可使瓶子达到无菌要求。

（3）瓶盖 纯生啤酒所用的瓶盖要求供应商在无菌状态下制成并用无菌塑料袋装好后装入纸箱，确保盖在运输和贮存过程中不受到污染。瓶盖在进入无菌间到倒入贮斗时都要在无菌状态下进行，另外，在封盖前经过紫外线杀菌，以确保无菌。

（4）工艺用水 无菌室设备内部和外部清洗用水、击泡用水、润滑用水等工艺用水全部采用无菌水。无菌水需先经多级袋式过滤或膜过滤除去水中的杂菌后，再添加0.3～1.2 mg/L二氧化氯处理。而击泡用水在使用前要再经过80～85℃的高温加热处理。

（5）灌装设备 灌酒机应采用无死角的电子阀，管道的连接应采用最高等级防渗漏带自清洗的双座阀、三座阀。灌装区域即使配有自动泡沫清洗系统，操作人员也要定期将不容易清洗的部件手动拆开清洗，对灌装区域的空间空气每周用雾化的消毒剂消毒一次。灌装设备每灌装4 h进行一次泡沫清洗，能有效抑制微生物在设备表面的生长。

（6）人员 无菌室工作人员资格：具用广泛的技术知识，工作负责，对卫生问题有敏锐触角。公司应定期对工作人员进行食品卫生及微生物基本知识、卫生检查及管理、灌装线的清洁及杀菌措施和紧急应对措施的培训，不断提升员工的素质。工作人员（尤其要强调的是设备维修人员）进出无菌室必须按一定程序换鞋、换无菌服、戴工作帽及手部消毒，无关人员一律不能进入无菌间，以减少外来污染。

5．清洗杀菌体系

清洗剂的选择是一个重要因素，对于各种污染菌，并不是每种杀菌剂的效果都是一样的，啤酒厂应定期对杀菌剂的有效性进行测试。同时操作人员要注意杀菌的时效性，一般热水灭菌超过6 h要重新杀菌，杀菌剂杀菌超过24 h要重新杀菌。

6．微生物保障体系

成立微生物技术小组，着重对微生物检测技术改进、微生物检测计划和啤酒有害菌危害程度等方面进行研究。同时定期对微生物检验员的日常操作和分析能力进行监督考核，全面提高微生物管理意识和操作技能。

纯生啤酒的微生物管理是一项系统工程，微生物的潜在危害处处存在，因此企业有必要建立纯生啤酒生产过程微生物风险和危机管理制度，做到时时监控、时时改进，为持续稳定生产纯生啤酒提供强有力的保障。

三、干啤酒

干啤酒又称为低糖啤酒，或称为低热值啤酒，它是20世纪80年代在世界风行起来的啤酒品种。1987年首先由日本研究创制，投入市场后轰动过日本，后来又在欧美刮起过热旋风，成为当今世界上风行的啤酒新品种。我国近几年来也有不少啤酒厂研究、试制并投入生产，受到各地消费者青睐，尤其在南方沿海城市更多。

干啤酒是属于不甜、干净、在口中不留余味的啤酒，实际上是高发酵度的啤酒，口味清爽的啤酒新品种。近几年消费者的口味有所变化，喜欢甜味小，酒精度低，清爽型的啤酒风格。发酵度低，喝起来清淡，比汽水好喝。

干啤酒生产用原料与啤酒类似，如麦芽要求色淡，发芽率高，溶解度高，糖化时间短，糖化力强，寇尔巴哈值42%以上；麦芽辅助原料可使用大米，也可使用白砂糖，以提高可发酵性糖，增加发酵度，降低色度；酒花使用好些的香型花，使用量比啤酒可略少些，防止过苦，水质以软水比较理想，最高不要超过5个德国硬度。至于外加酶制剂以耐高温α-淀粉酶，可缩短大米液化时间，并使用高效糖化酶，增加可发酵性粉，必要时还可使用蛋白酶，以提高泡沫持久性。

糖化工艺应使用多生产可发酵性糖为前提，麦芽还应使蛋白分解温度，以48～52℃；糖化最好采用两段糖化方法，即63～65℃保持40 min，68～70℃保持10 min；在麦汁开始煮沸30 min，添加10%的白砂糖和高效糖化酶，产生可发酵性糖。

酿制干啤酒使用酶制剂是简单易行的方法。因为酵母少直接影响啤酒的风味，改变酵母菌种应持谨慎态度，调整糖化工艺的方法对提高麦汁中可发酵性糖的含量是有限的。相比之下，使用酶制剂，不仅增加成本有限，而且效果比较显著。酿制干啤酒使用糖化酶可将淀粉α-1和α-1,6糖苷键变成葡萄糖和界限糊精，但糖化酶活力仍有 1 200 个巴氏灭菌单位存在。最终饮后的干啤仍有甜味感，影响干啤酒的口感是其最大的缺点，应该注意研究。近来有使用普鲁兰酶的尝试，它只分解直链淀粉α-1,6键的糖苷酶，使支链淀粉变成为直链，才能大幅度提高可发酵性糖。普鲁兰酶纯化只需要80巴氏灭菌单位，虽然啤酒中含有少量的活性残酶，不再转化为低分子糖，也不会导致啤酒后期变甜。中外还有一种商业化的麦芽糖和麦芽三糖，它灭菌纯化只有70个巴氏灭菌单位，也可使用在冷麦汁中，所产麦汁的发酵度可在72～74，是理想的高发酵度的酶制剂，其使用量在糖化陈列阶段少使用。采用的酶制剂有：耐高温细菌α-淀粉酶、淀粉葡萄糖苷酶、真菌淀粉酶、普鲁兰酶等几种。

酶制剂的使用量，如在糖化时使用Promozyme 200 L，每吨原料麦芽可使用3～5 kg，最适pH 4.3，温度45～65℃。也可以在发酵开始使用，可使用Fungamy 1 800 L，每千升麦汁使用20～40 g，灭菌后啤酒中不含有活酶，如在发酵期间使用AHG 300 L，每千升麦汁使用30～50 mL，但灭菌后啤酒中仍含有活酶，可根据工厂设备和消费者喜好选择。

在同样麦汁条件下，不同酵母菌株的发酵度是有差异的，主要原因在于不同酵母发酵麦芽三糖的能力不同。制造干啤酒应选择对麦芽三糖发酵能力强的菌株。采用对麦芽三糖利用率高的酵母，即使不外加酶制剂，其发酵度有时也可达到72%左右。选用这样的酵母制造干啤酒，至少可少用酶制剂，极易做出高发酵度的干啤酒。

干啤酒由于原麦汁浓度只有8～10°P，热值比较低，只有335 J左右，含有不发酵的糖多在2.0～2.5 g，比普通啤酒低1 g左右，发酵度为70%～82%，比普通啤酒高5%～10%；干啤酒色度比较低，多为7～8EBC，苦味也较低，多在10EBC，属纯淡爽型啤酒，酒精含量3%～4%，二氧化碳气含量在0.45%～0.55%，泡沫比较丰富，杀口力强，饮后不留有余味。

四、果蔬啤酒

果蔬啤酒指在发酵中或发酵完成后加入新鲜果品、蔬菜或其他原料的提取物，使生产的啤酒有果蔬的鲜艳色泽、清香气味和部分营养价值。为了突出果蔬风味，一般果蔬啤酒的麦汁浓度和酒精含量比较低，大多在啤酒过滤前后添加。果蔬啤酒的开发在原啤酒酿造工艺装备基础上，增加了先进果蔬榨汁流程工艺装备，并在原料选制、配方设计、工艺改进等方面精心安排，巧妙搭配，实现了料与味、料与营养、味与爽、味与食的结合。先后酿造出了菠萝啤、苹果啤、橘子啤、草莓啤、苦瓜啤、西瓜啤等丰富多彩的水果蔬菜系列啤酒，成品果蔬啤酒酒精度含量＜0.5% *V*/*V*，固形物含量＞4.0% *m*/*m*。由于水果啤、蔬菜啤选用纯天然食料，以自然、清新、纯正为特色，所以口感滑润甜爽。从色泽上来看，水果啤、蔬菜啤克服了纯水果汁、蔬菜汁及啤酒色泽欠佳的不足，感观色泽鲜艳，产品明丽诱人，达到了天然、逼真、和谐三位一体的效果。

果蔬啤酒营养全面，符合大众消费者对饮品啤酒营养美味的需求，是创新啤酒传统风味，稳固开发消费市场的理想产品。果蔬系列啤酒具有低热量的糖类，饮后还能增加肠道内双歧因子的数量，消除肠道垃圾，还能补充人体内所需膳食纤维、维生素、微量元素和电解质等，还能达到减轻人体疲劳，有清新头脑和减肥效果，故具有一定的保健作用。广泛适用于妇女、儿童、老人、司机及高危作业人群饮用。果蔬啤酒投放市场后，受到欢迎，显示出了广阔的市场前景和发展空间。

1．果蔬啤酒生产工艺流程

果蔬啤酒生产工艺流程如下所示：

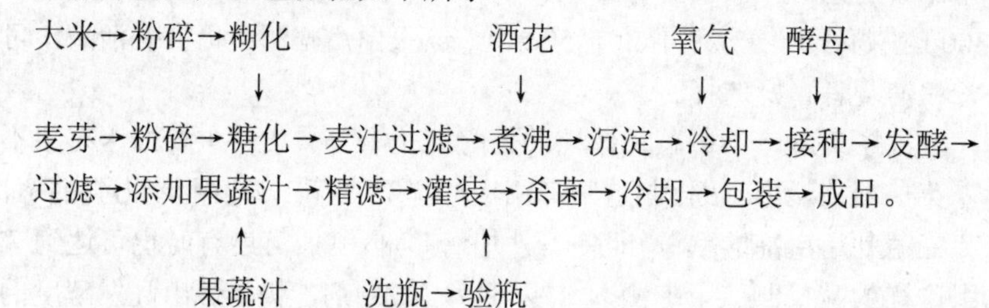

2．果蔬啤酒生产工艺要点

（1）原料粉碎　麦芽 65%，大米 35%，酒花 0.5%。将精选的优质澳麦麦芽和新鲜粳米分别进行粉碎，要求麦芽粗细粉比应达到 1∶2.5，麦皮破而不碎，胚乳部分适当粉碎，大米粉碎越细越好。

（2）糊化　料水比为1∶5.0，耐高温α-淀粉酶添加量为 6～8 μ/g 大米，用石膏和乳酸调 pH 为 6.4～6.6。糊化锅投料水温控制在 50℃，边搅拌边以 1℃/min 的速率升温至 90℃保持 30 min，再缓慢升温至 102℃煮醪 20 min，送入糖化锅合醪。

（3）糖化　甲醛 300 mL/t 麦芽，用石膏和乳酸调 pH 为 5.4～5.5。温度 50℃下料蛋白休止 50 min，合醪升温至 65℃停留 40 min，第二次升温至 68℃停留 30 min，第 3 次升温至 72℃至碘检完全，升温至 78℃后入过滤槽。

（4）过滤　醪液泵入过滤槽中静置 10 min，使之自然形成过滤层。过滤应趁热进行，刚开始过滤时，要进行麦汁回流 5～10 min，直至麦汁清亮后停止回流，分三次洗槽，洗槽水温 76～78℃，残糖控制为 1.0～1.2°P。

（5）煮沸　通蒸汽对麦汁进行煮沸，煮沸时麦汁 pH 控制在 5.3～5.4，添加 20 mg/kg 糖化用单宁或硅胶，酒花分三次添加，第一次是在麦汁初沸 10 min 时加入全部酒花的 1/3，第二次是在麦汁煮沸后 40 min 加入全部酒花的 1/3，第三次是在煮沸终了前 10 min 加入余下的酒花。煮沸时间 60～90 min，煮沸强度≥8.0%，麦汁终结浓度 9.9～10.1°P。

（6）沉淀　将煮沸后的麦汁泵入回旋沉淀槽静置 30 min，以使热凝固物沉淀在底。

（7）冷却　将回旋沉淀槽中的热麦汁依次从上至下放出进行冷却，温度 7～8℃，并进行通氧，通氧量控制在 7～9 mg/L，整个冷却时间控制在 1.5 h 之内。

（8）发酵　采用蓝牌 1 号纯啤酒酵母 2～4 代菌种酵泥。酵母添加量为冷麦汁量的 0.8%～1.0%，满罐酵母数 1.2×10^7～1.5×10^7 个/mL；接种温度：（8±0.5）℃；进罐繁殖温度为 8.5～10℃；将冷却后的麦汁泵入发酵罐，在此过程中要求麦汁满罐时间不得超过 24 h，满罐 12 h、24 h 后及时排沉渣。满罐后自然升温至 12℃进行主发酵，待外观发酵度距极限发酵度 10%时，封罐升压，然后以 0.2℃/h 的速度降温至 7℃还原双乙酰，罐压控制在 0.10～0.12 MPa，当双乙酰含量≤0.08 mg/L 时，以 0.1℃/h 的速度将发酵液温度降至−1.0℃，−1.0℃低温贮酒时间不少于 7 d，罐压调整至 0.08～0.10 MPa。

（9）添加果蔬汁　将降温至 4～5℃的果蔬汁计量加入酒液中，根据实验确定的果蔬汁或果蔬汁提取液等的添加量，用定量泵在过滤前的管道中均匀添加至啤酒中。然后用 CO_2 从罐底进行吹洗混匀。稳定后将酒液降温至−1.0～−0.5℃，保温 8～10 d。

（10）过滤　在低温条件下，酒液中的众多冷凝物将析出，为此，需对酒液进行过滤。在过滤前，先对滤酒管道、过滤机、清酒罐消毒，后用 CO_2 排除其中的空气；过滤时粗细土比例为 1∶（0.5～1.0），滤酒过程控制清酒的浊度≤0.5EBC。滤酒过程发酵罐、清酒罐用 CO_2 保持压力 0.08～0.10 MPa，采用恒压过滤，用酒液调硅藻土浆。酒液稳定 8 h 后送灌装。

（11）灌装　灌装机前连接捕集器。灌装时酒缸用 CO_2 备压，空瓶采用二次抽真空并充 CO_2，进行高压激沫，保证成品酒瓶颈空气含量 3.0 mL/瓶以下。清酒罐用二氧化碳或氮气备压至 0.08～0.10 MPa，输酒压力要平稳，温度 0～1.0℃，瓶内酒的液面高度要符合要求，容量一致。

（12）杀菌冷却　苦瓜啤酒灭菌采用巴氏灭菌，基本过程分为预热、灭菌和冷却 3 个过程，一般以 30～35℃起温，缓慢地（约 25 min）升温到 62℃，严格控制杀菌温度（62±1.0）℃，维持 30 min，杀菌单位控制在 25PU，缓慢地冷却到 30～35℃。

（13）检验包装　对杀菌冷却后的苦瓜啤酒，经检验、贴标签、包装入库，即为成品。

项目七　葡萄酒生产技术

葡萄酒概述

一、葡萄酒的生产历史与发展

葡萄酒是世界上最早的饮料酒之一。据古籍记载，葡萄酒原产于公元前6000—前5000年亚洲西南小亚细亚地区，在公元前3000年传至波斯、埃及等国。10世纪传至北欧，15世纪欧洲已成为葡萄酒的生产中心，至此葡萄酒被作为佐餐的普遍饮料。

我国自古就有原生葡萄，生产葡萄酒也有2 000多年的历史。据史料考证，公元前138年汉朝张骞出使西域，将葡萄栽培和酿酒技术传入内地。自此历代各朝均有生产，但由于历史条件的限制，始终停留在作坊式的生产水平，产量也不大。1892年印尼华侨实业家张弼士在山东烟台开办张裕酿酒公司，这是我国第一个近代的新型葡萄酒厂。以后陆续还有几家葡萄酒厂，但规模都较小。

目前我国葡萄酒生产企业已遍布山东、河北、河南、安徽、北京、天津等26个省、市。产品得到国内消费者青睐，占领了国内葡萄酒销售市场的主导地位，并有部分企业的产品已出口到法国、美国、英国、荷兰、比利时等十几个国家和地区。

我国葡萄酒品牌有张裕葡萄酒（烟台）、长城葡萄酒（河北）、王朝葡萄酒（天津）、通化葡萄酒（通化）等。

二、葡萄酒的分类

葡萄酒是以整粒或破碎的新鲜葡萄或葡萄汁为原料，经完全或部分发酵酿制而成的低度饮料酒，其酒精含量一般不低于8.5%（*V/V*）。

葡萄酒的种类很多，风格各异，但其主要生产工艺和主要成分却大致相同。按照不同的方法可将葡萄酒分为若干类，具体见表7-1。

表 7-1 葡萄酒的种类

分类依据	名称	特点
颜 色	红葡萄酒	用皮红肉白或皮肉皆红的葡萄带皮发酵而成，酒液中含有果皮或果肉中的有色物质，使之成为以红色调为主的葡萄酒。这类葡萄酒的颜色一般为深宝石红色、宝石红色、紫红色、深红色、棕红色等
	白葡萄酒	用白皮白肉或红皮白肉的葡萄经去皮发酵而成，这类酒的颜色以黄色调为主，主要有近似无色、微黄带绿、浅黄色、禾秆黄色、金黄色等
	桃红葡萄酒	用带色葡萄经部分浸出有色物质发酵而成，它的颜色介于红葡萄酒和白葡萄酒之间，主要有桃红色、浅红色、淡玫瑰红色等
含 CO_2 压力	平静葡萄酒	不含 CO_2 或含很少 CO_2 的葡萄酒，20℃时 CO_2 的压力＜0.05 MPa
	起泡葡萄酒	葡萄酒经密闭二次发酵产生 CO_2，在 20℃时 CO_2 的压力≥0.35 MPa
	加气起泡葡萄酒	人工添加了 CO_2 的葡萄酒，在 20℃时 CO_2 的压力≥0.35 MPa
含 糖 量	干葡萄酒	含糖量（以葡萄糖计，下同）≤4.0 g/L
	半干葡萄酒	含糖量 4.1～12.0 g/L
	半甜葡萄酒	含糖量 12.1～50.0 g/L
	甜葡萄酒	含糖量≥50.1 g/L
酿造方法	天然葡萄酒	完全用葡萄为原料发酵而成，不添加糖分、酒精及香料
	利口葡萄酒	在天然葡萄酒中加入白兰地、食用精馏酒精或葡萄酒精、浓缩葡萄汁等，酒精度在 15%～22%的葡萄酒
	加香葡萄酒	以葡萄原酒为酒基，经浸泡芳香植物或加入芳香植物的浸出液（或蒸馏液）而制成的葡萄酒
	冰葡萄酒	将葡萄推迟采收，当气温低于−7℃，使葡萄在树体上保持一定时间，结冰，然后采收、带冰压榨，用此葡萄汁酿成的葡萄酒
	贵腐葡萄酒	在葡萄成熟后期，葡萄果实感染了灰葡萄孢霉菌，使果实的成分发生了明显的变化，用这种葡萄酿造的葡萄酒
饮用方式	开胃葡萄酒	在餐前饮用，主要是一些加香葡萄酒，酒精度一般在 18%以上，我国常见的开胃酒有“味美思”
	佐餐葡萄酒	同正餐一起饮用的葡萄酒，主要是一些干型葡萄酒
	待散葡萄酒	在餐后饮用，主要是一些加强的浓甜葡萄酒

任务一　上游工程

一、酿酒用葡萄品种

葡萄属葡萄科（*Vitaceae*）葡萄属。葡萄科共有 11 个属，600 余个种，其中经济价值最高的是葡萄属，它有 70 多个种，我国约有 35 个种，它分布于北纬 52°到南纬 43°的广大地区。一般按地理分布和生态特点，可分东亚种群、欧亚种群和北美种群 3 个群，其中欧亚种群具有最大经济价值，绝大多数栽培的种均属此种群。

供葡萄酒用的葡萄品种多达千种以上，大多数生长在南北半球温带地区，我国处于北半球温带。不同类型的葡萄酒对葡萄的特性要求也不同。用于生产佐餐红、白葡萄酒、香槟酒和白兰地的葡萄品种要求含糖量为 15%～22%，含酸量为 6.0～12.0 g/L，出汁率高，有清香味；用于生产红葡萄酒的品种要求色泽浓艳；用于生产酒精含量高或含糖量高的葡萄品种，则要求含糖量高达 22%～36%，含酸量较低，为 4.0～7.0 g/L，香味浓。现将我国生产葡萄酒用的主要品种简述如下。

（一）酿造红葡萄酒的优良品种

酿造红葡萄酒一般采用红色葡萄品种。我国使用的优良品种有法国蓝（Blue French）、佳丽酿（Carignane）、玫瑰香（Muscat Hamburg）、赤霞珠（Cabemet Sauvignon）、蛇龙珠（Cabernet Gemischet）、品丽珠（Cabemet Franc）、味儿多（Verdot）、梅鹿辄（Merlot）、黑品乐（Pinot Noir）、烟 73、烟 74 等。

1．赤霞珠（Cabernet Sauvignon）

赤霞珠，又名解百纳，原产法国，是法国波尔多地区传统的酿制红葡萄酒的良种。我国山东等地栽培较多。颗粒小，皮厚，晚熟，浆果含糖量为 160～200 g/L，含酸量为 6～7.5 g/L，出汁率 75%～80%。酿成的酒色泽较深，浅嫩时单宁酸味激烈，但有藏酿潜质。酿造的红葡萄酒颜色紫红，酒香以黑色水果（如李子）、植物性香（如青草和青椒）及烘焙香为主，酒体完整，但酒质稍粗糙。

2．法国蓝（Blue French）

法国蓝，别名玛瑙红、蓝法兰西，原产奥地利，是一个古老的酿酒品种。我国 1892 年从奥地利引进。主要分布在四川、山东、河北、新疆等地。浆果含糖量为 160～200 g/L，含酸量为 7～8.5 g/L，出汁率为 75%～80%。该品种酿制的红葡萄酒为宝石红色，有本品种特有的果香味，酒体丰满，酒质柔和，回味长。

3．黑品乐（Pinot Noir）

黑品乐，别名黑品诺、黑比诺、黑美酿，属欧亚种，原产法国，古老的酿酒名种，我国最早在 1892 年从西欧引入山东烟台，1936 年从日本引进河北昌黎，1980 年后又从法国引入，目前山东、河北、陕西、山西和辽宁等地有栽培。该品种皮薄，早熟。浆果含糖量为 170～195 g/L，含酸量为 8～9 g/L，出汁率为 75%。它所酿红葡萄酒呈宝石红色，果香浓郁，柔和爽口，具有陈年潜力。

4．佳利酿（Carignane）

佳利酿，又名加里酿、法国红，原产西班牙，在西班牙栽培历史悠久，法国、意大利、美国、智利均有栽培。我国 1892 年由张裕公司首次从法国引进，主要分布在山东、河北、河南等地区。浆果含糖量 150～190 g/L，含酸量 9～11 g/L，出汁率 75%～80%。它所酿之酒为深宝石红色，味纯正，酒体丰满。可酿制红、白葡萄酒。该品种也可用于酿制桃红葡萄酒。

（二）酿造白葡萄酒的优良品种

酿造白葡萄酒选用白葡萄或红皮白肉葡萄品种。我国使用的优良品种有霞多丽（Chardonnay）、龙眼、贵人香（Italian Riesling）、雷司令（Gray Riesling）、白羽、李将军（Pinot Gris）、长相思（Sauvignon Blanc）、米勒（Muller Thurgau）、红玫瑰、巴娜蒂（Banati Riesling）、泉白、黑品乐、白雷司令（White Riesling）等。

1．霞多丽（Chardonnay）

别名查当尼、莎当妮。原产法国，是酿造白葡萄酒的良种。主要在法国、美国、澳大利亚等国家栽培。我国最早于 1979 年由法国引入河北沙城，以后又多次从法国、美国、澳大利亚引入。目前河北、山东、河南、陕西和新疆等地有栽培。该品种为法国白根地（Burgundy）地区的干白葡萄酒与香槟酒的良种，我国青岛、沙城均以它为酿造高档干白葡萄酒原料。果粒中等大小，绿黄色，近圆形，百粒重 198 g。果皮中厚，果肉稍硬，果汁较多，风味酸甜。果实出汁率在 76%以上，果汁可溶性固形物 18.2%～19.5%，含酸量 0.6%～0.68%。酿成的酒浅金黄色，微绿晶亮，味醇和，回味好，适于配制干白葡萄酒和香槟酒。

2．龙眼

又名秋紫，紫葡萄等，属亚欧种，是我国的古老品种，为华北地区主栽品种之一，西北、东北也有较大面积的栽培。浆果含糖量 120～180 g/L，含酸量 8～9.8 g/L，出汁率 75%～80%。这种葡萄即适于鲜食，又是酿酒的良种，用它酿造的葡萄酒为淡黄色，酒香纯正，具果香，酒体细致，柔和爽口。贮存两年以上，出现醇和酒香，陈酿 5～6 年的酒，滋味优美爽口，酒体细腻而醇厚，回味较长。

也可用于酿造甜白葡萄酒。

3．雷司令（Gray Riesling）

雷司令属亚欧种，原产德国，是世界著名品种。1892 年我国从西欧引入，在山东烟台和胶东地区栽培较多。浆果含糖量 170～210 g/L，含酸量 5～7 g/L，出汁率 68%～71%。它所酿之酒为浅禾黄色，香气浓郁，酒质纯净。主要用于酿制干白、甜白葡萄酒及香槟酒。

（三）酿造桃红葡萄酒的优良品种

有玫瑰香、法国蓝、黑品乐、佳丽酿、玛大罗（Mataro）、阿拉蒙（Aramon）等。

（四）调色葡萄酒的优良葡萄品种

调色品种其果实颜色呈紫红色至紫黑色。这种葡萄皮和果汁均为红色或紫红色。按红葡萄酒酿造方法酿酒其酒色深可达黑色，专作葡萄酒的调色用，主要有紫北塞（Alicante bouschet）、烟 74（66-3-10），此外，还有晚红密（Canepabu）、红汁露、巴柯（Bacco）、黑塞必尔（Seibel Noir）等优良调色品种。

二、葡萄的构造及其成分

葡萄果实包括果梗与果粒两个部分，其中果梗占 4%～6%，果粒占 94%～96%。

（一）果梗

果梗富含木质素、单宁、苦味树脂及鞣酸等物质，常使酒产生过重的涩味，一般在葡萄破碎时除去。成分见表 7-2。

表 7-2　果梗的主要成分

成分	含量/%	成分	含量/%
水分	75～80	无机盐（主要是钙盐）	1.5～2.5
木质素	6～7	有机酸	0.3～1.2
单宁	1～3	糖分	0.3～0.5
树脂	1～2		

资料来源：顾国贤. 酿造酒工艺学. 中国轻工业出版社，1996。

（二）果粒

葡萄果粒包括果皮、果核、果肉（浆液）三个部分，其中果皮占6%～12%，果核占2%～5%，果肉占83%～92%。

1．果皮

果皮中含有单宁、色素及芳香物质，对酿制葡萄酒有一定影响。

（1）单宁　在果皮中的含量一般占0.5%～2%，葡萄单宁是一种复杂的有机化合物，味苦而涩，与铁盐作用时生成蓝色反应，能和动物胶或其他蛋白质溶液生成不溶性的复合沉淀。葡萄单宁与醛类化合物生成不溶性的缩合产物，随着葡萄酒的老熟而被氧化。

（2）色素　绝大多数的葡萄色素只存在于果皮中，因此，可以红葡萄脱皮来酿造白葡萄酒或浅红色葡萄酒。葡萄色素的化学成分非常复杂，往往因品种而不同。白葡萄有白、青、黄、白黄、金黄、淡黄等颜色；红葡萄有淡红、鲜红、深红、红黄、褐色、浓褐、赤褐等颜色；黑葡萄有淡紫、紫、紫红、紫黑、黑等色泽。

（3）芳香成分　果皮的芳香成分能赋予葡萄酒特有的果实香味。不同的品种，香味不一样。香味物质主要有哪醇（沉香醇）、橙花醇以及苏品醇等。

2．果核

果核中含损害葡萄酒风味的物质，如脂肪、树脂、挥发酸等，这些成分如在发酵时带入醪液，会严重影响成品酒质量，所以葡萄破碎时，应尽量避免将核压破。

3．果肉

果肉为葡萄果粒的主要部分（83%～92%）。酿酒用葡萄，希望柔软多汁，且种核外不包肉质，以使葡萄出汁率高。果肉中主要含有糖、酸、果胶含氮物质及无机盐等物质。其中糖分主要由葡萄糖和果糖组成，酸度主要来自酒石酸和苹果酸，无机盐含量从发育到成熟期逐渐增加，主要有钾、钠、钙、铁、镁等。

表7-3　果肉的主要成分

成分	含量/%	成分	含量/%
水分	65～80	酒石酸	0.2～1.0
还原糖	15～30	柠檬酸	0.01～0.03
矿物质	0.2～0.3	果胶	0.05～0.1
苹果酸	0.1～1.5	总氮	0.93～0.1

三、葡萄的采收和运输

（一）采摘时间

对于种植者而言，决定采摘葡萄的准确时间是件令人头痛的事情。过早采摘的葡萄含糖量低，酿成的酒酒精含量低，不易保存，酒味清淡，酒体薄弱，酸度过高，有生青味，使葡萄酒的质量降低。当葡萄成熟时，酸度会下降，但糖分、颜色和单宁酸含量会上升。葡萄酒既需要酸度，又需葡萄成熟后的醇香，两者必须协调兼顾。成熟些的葡萄适合酿成红酒，但推迟收获又会增加受腐烂、冰雹和秋天霜降破坏的风险。在生产实践中，通过观察葡萄的外观成熟度（葡萄形状、大小、颜色及风味），并进行理化检验，就可以确定适宜的采摘时间。

1．外观检查

葡萄成熟时，一般白葡萄有些透明，红葡萄则完全着色；成熟葡萄果粒发软，有弹性，果粉明显，果皮薄，皮肉易分开，籽也很容易与肉分开，梗变棕色，表现出品种特有的香味。

2．理化检验

主要检查葡萄的含糖量和含酸量。制造甜酒或酒精含量高、味甜的酒时，要求在完全成熟时进行采摘，制造干白葡萄酒时在糖度 16～18°Bé，酿造干红葡萄酒的糖度在 18～20°Bé，酸含量均在 6.5～8.0 g/L 较合适。

（二）葡萄的运输

采摘后放入木箱、塑料箱或筐内，不要过满，以防止挤压，但也不宜过松，以防运输途中颠破。葡萄不宜长途运输，有条件处可设立原酒发酵站，再运回酒厂进行陈化与澄清。

四、葡萄酒酵母

葡萄酒酵母（Saccharomyces Ellipsoideus）属真菌门，子囊菌纲的酵母属，啤酒酵母种。葡萄酒酵母为单细胞真核生物，细胞形态呈圆形、椭圆形、卵形、圆柱形或柠檬形。主要的繁殖方式是无性繁殖，以单端（顶端）出芽繁殖。葡萄酒酵母可发酵葡萄糖、果糖、蔗糖、麦芽糖、半乳糖，不发酵乳糖、蜜二糖，棉子糖发酵 1/3。国内葡萄酒生产中使用的优良酵母菌株主要有 1450、Am-1、Castelli-838、8562、8567、7318 等。

五、葡萄浆的制备

1．葡萄的分级、挑选

葡萄的分级就是将不同品种、不同质量的葡萄分别存放。葡萄的挑选主要是除去腐烂果、青果以及杂枝叶、石块、泥土等杂物。通过分选，可以在很大程度上提高葡萄的平均含糖量，同时可减轻或消除成酒的异味，减少杂菌，保证发酵与贮酒的正常进行，以达到酒味纯正，酒的风格突出，少生病害或不生病害的要求。分选工作最好是在田间采收时进行，也可以在厂区内进行。

2．破碎、除梗

（1）破碎的目的　将果粒破裂，使果汁释放。

（2）破碎要求　①每粒葡萄都要破碎；②籽不能压破，梗不能压碎，皮不能压扁；③破碎过程中，葡萄及其汁液不得接触铁、铜等金属。破碎后迅速除去果梗，以免给果酒带来青涩的味道，影响酒质。

（3）破碎除梗设备　除梗破碎机主要有卧式除梗破碎机、立式除梗破碎机、破碎—去梗—送浆联合机、离心破碎去梗机等。

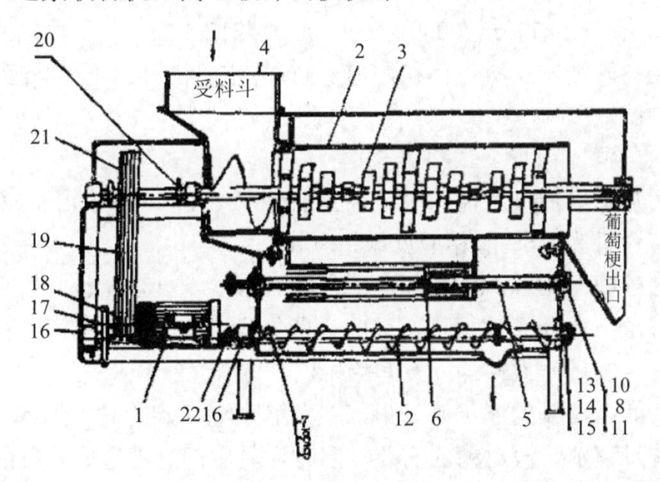

1. 电动机；2. 筛筒；3. 除梗器；4. 输送螺旋；5. 破碎辊轴；6. 破碎辊；7～15. 轴承；12. 旋片；16. 减速器；17～21. 皮带传动；20. 输送轴；22. 联轴器

图 7-1　卧式葡萄除梗破碎机

六、葡萄汁成分的调整

优良的葡萄品种，如果在栽培季节里一切条件适宜，常常可以得到满意的葡萄汁。但由于气候条件、栽培管理、采摘的成熟期不同，压榨出的葡萄汁成分不尽相同，使得葡萄汁成分达不到工艺要求。为了弥补葡萄汁成分中的某些缺陷，发酵之前要进行成分的调整，主要是糖度和酸度的调整。调整后的葡萄汁酿造的酒，成分接近，酒体、酒质均匀，便于管理；还能够防止异常发酵，酿成的酒质量更好。

1．糖分的调整

糖分的调整有两种方法：添加浓缩葡萄汁或添加蔗糖。

（1）添加蔗糖　通常用的是 98%～99.5%的结晶白砂糖。调整糖分要以发酵后的酒精含量作为主要依据。理论上，17 g/L 糖可以发酵生成 1%的酒精，但在实际操作过程中由于发酵过程中的损耗，加入的糖量应稍大于该值。加糖量也不也宜过高，以免造成渗透压过大，酵母死亡，同时加糖过多还会导致发酵后残糖量过高，致使发酵失败。

①加糖量的计算

例如：利用潜在酒精含量为 9.5%的 5 000L 葡萄汁发酵成酒精含量为 12%的干白葡萄酒，则需要增加酒精含量为 12%−9.5%＝2.5%

需添加糖量：2.5×17.0× 5 000＝212 500 g＝212.5 kg

若考虑到白砂糖本身所占体积，加糖量计算也可这样：因为 lkg 砂糖占 0.625L 体积。需添加糖量：

生产 12%的酒需糖量　12×1.7=20.4

每升汁增加 1 度糖度所需糖量　1×1/［100−（20.4×0.625）］=0.011 46

潜在酒精含量为 9.5%的相应蔗糖量　16.2%

应加入白砂糖　5 000×0.011 46×（20.4−16.2）＝240.66 kg

②添加方法：先计算加糖量，准确计量葡萄汁体积，将需添加的蔗糖在部分葡萄汁中溶解，然后一次性加入发酵罐中。

③添加时间：蔗糖的添加时间最好在发酵刚刚开始的时候加入，并且一次加完，以供给酵母繁殖阶段对糖的需要，同时避免后期加糖造成的发酵不彻底。

目前世界上很多国家不允许加糖发酵或限制加糖量。葡萄含糖量低时，只有采用添加浓缩葡萄汁。

（2）添加浓缩葡萄汁　浓缩葡萄汁可以采用真空浓缩法制得，首先对浓缩汁的含量进行分析，然后用交叉法求出浓缩汁的添加量。因浓缩汁的含糖量太高，易造成发酵困难，一般不在主发酵前期添加，都采用在主发酵后期添加。添加时要注意浓缩汁的酸度，若酸度太高，需在其中加入适量碳酸钙中和，降酸后使用。

浓缩汁　　　　50%　　　1.5

要求酒精含量　　　11.5%

发酵用葡萄汁　　10%　　　38.5

即在38.5 L的发酵液中加1.5 L浓缩汁，才能使葡萄酒达到11.5%的酒精含量。

根据上述比例求得浓缩汁添加量为：

1.5×5 000/38.5 = 194.8 L

2．酸度的调整

葡萄汁在发酵前一般将酸度调整到 6 g/L，pH 为 3.3～3.5。葡萄汁酸度的调整，有利于发酵的正常进行，有利于成品酒具有良好的口感，有利于提高储酒的稳定性。酸度的调整包括提高酸度和降低酸度。

（1）提高酸度的方法

①添加酒石酸和柠檬酸。提高酸度可以添加酒石酸或柠檬酸。一般情况下酒石酸效果好，且最好在酒精发酵开始时进行；加入柠檬酸的可以防止铁破败病。由于葡萄酒中柠檬酸的总量不得超过 1.0 g/L，所以，添加的柠檬酸量一般不超过 0.5 g/L。C.E.E 规定，在通常年份，增酸幅度不得高于 1.5 g/L；特殊年份，幅度可增加到 3.0/L。

②添加未成熟的葡萄压榨汁来提高酸度。

③添加方法。加酸时，先用少量葡萄汁与酸混合，缓慢均匀地加入葡萄汁中，需搅拌均匀（可用泵），操作中不可使用铁质容器。

（2）降低酸度的方法　一般情况下不需要降低酸度，因为酸度稍高对发酵有好处。在贮存过程中，酸度会自然降低 30%～40%，主要以酒石酸盐析出。但酸度过高，必须降酸。

方法有生物法苹果酸—乳酸发酵、化学法添加碳酸钙降酸和物理降酸包括冷处理降酸和离子交换降酸。

七、SO_2的添加

1．SO_2的作用

在葡萄酒生产过程中，经常要提到 SO_2 的处理，SO_2 几乎是不可缺少的一种辅料，在酿酒的过程中，有着非常重要的作用。主要有下列作用：

（1）杀菌和抑菌　SO_2 是一种杀菌剂，能抑制微生物的活动。微生物抵抗 SO_2 的能力不一样，细菌对 SO_2 最为敏感，其次是尖端酵母，而葡萄酒酵母抗 SO_2 能力较强。

（2）澄清作用　由于 SO_2 的抑菌作用，延缓了起酵始时间，从而使葡萄汁中的杂质有时间沉降下来并除去，使葡萄汁获得充分的澄清。

（3）溶解作用　添加 SO_2 后生成的亚硫酸有利于果皮中色素、酒石、无机盐等成分的溶解，对葡萄汁和葡萄酒色泽有很好的保护作用。

（4）抗氧化作用　由于亚硫酸自身易被葡萄汁或葡萄酒中的溶氧氧化，使芳香物质、色素、单宁等物质不易被氧化，同时阻碍和破坏葡萄中的多酚氧化酶的活力，阻止氧化混浊，并能防止葡萄汁过早褐变。

（5）增酸作用　增酸是杀菌与溶解两个作用的结果，一方面 SO_2 阻止了分解苹果酸与酒石酸的细菌活动；另一方面亚硫酸氧化成硫酸，与苹果酸及酒石酸的钾、钙等盐类作用，使酸游离，增加了不挥发酸的含量。

2．添加量

国际葡萄栽培与酿酒组织（O.I.V）曾提出葡萄酒中总 SO_2 参考允许含量见表7-4。

表 7-4　（O.I.V）规定葡萄酒中总 SO_2 参考允许含量

酒种类	成品酒总 SO_2 含量/（mg/L）	游离 SO_2 含量/（mg/L）
干白葡萄酒	350	50
干红葡萄酒	300	30
甜　　酒	450	100

我国规定成品葡萄酒中化合态的 SO_2 限量为 250 mg/L，游离状态的 SO_2 限量为 50 mg/L。

3．添加方式

（1）气体　燃烧硫黄绳、硫黄纸、硫黄块，产生 SO_2 气体，这是一种最古老的方法，目前有些葡萄酒厂用此法来对贮酒室、发酵和贮酒容器进行杀菌，现在使用较少。

（2）液体　一般常用市售亚硫酸试剂，如液体 SO_2、亚硫酸等。使用浓度为5%～6%。酿制红葡萄酒时，SO_2 应在葡萄破碎后发酵前，加入葡萄浆或汁中。酿制白葡萄酒时，应在取汁后立即添加 SO_2，以免葡萄汁在发酵前发生氧化作用。

（3）固体　常用的有偏重亚硫酸钾（$K_2S_2O_5$）、亚硫酸氢钠（$NaHSO_3$）等，加入酒中与酒石酸反应产生 SO_2。固体 $K_2S_2O_5$ 中 SO_2 的含量约为 57.6%，常以 50%计算，需保存在干燥处。使用时将固体溶于水，配成 10%溶液（含 SO_2 为 5%左右）。这种药剂目前在国内葡萄酒厂普遍使用。

4．添加时机

酿制红葡萄酒时，SO_2 应在葡萄破碎后发酵前添加，在后发酵和陈酿的过程中也要补加一些 SO_2，可以避免造成酒液的微生物感染，提高成品酒的质量。

八、酵母的添加

葡萄酒生产常用的酵母一般有 3 种，一是存在于葡萄皮、果柄及果梗等的天然葡萄酒酵母；二是利用微生物方法从天然酵母中选育的优良的纯种葡萄酒酵母；三是利用活性干酵母。采用天然酵母发酵，酒的风味较好，但是存在起酵慢，发酵过程不易控制的缺点，工厂中应用较少。一般多采用人工选育的优良纯种酵母经过扩大培养进行发酵。

1．纯酵母菌种的扩大培养

天然酵母菌自然群体的数量常常不能保证正常的酒精发酵，葡萄酒生产一般采用人工添加酵母进行发酵，发酵前常需要对使用的菌种进行活化和扩大培养。

（1）工艺流程

斜面试管菌种 $\xrightarrow{\text{活化}}$ 麦芽汁斜面试管培养 $\xrightarrow{\text{10倍}}$ 液体试管培养 $\xrightarrow{\text{12.5倍}}$ 三角瓶培养 $\xrightarrow{\text{12倍}}$ 玻璃瓶（或卡氏罐）$\xrightarrow{\text{24倍}}$ 酒母罐培养 $\longrightarrow$ 酒母

（2）扩培工艺

①斜面试管菌种：由于长时间保藏于低温下，细胞已处于衰老状态，需转接于 5°Bé 麦芽汁制成的新鲜斜面培养基上，25～28℃培养 3～5 d，使其活化。

②液体试管培养：取灭过菌的新鲜澄清葡萄汁，分装入经干热灭菌的试管中，每管约 10 mL，用 0.1 MPa（1 kgf/cm^2）的蒸汽灭菌 20 min，放冷备用。在无菌条件下接入斜面试管活化培养的酵母，25～28℃培养 1～2 d 接入三角瓶。

③三角瓶培养：向 500 mL 三角瓶注入新鲜澄清的葡萄汁 250 mL，用 0.1 MPa 蒸汽灭菌 20 min，冷却后接入两支液体培养试管，25℃培养 24～30 h，发酵旺盛时接入玻璃瓶。

④玻璃瓶（或卡氏罐）培养：向洗净的 10 L 细口玻璃瓶（或卡氏罐）中加入新鲜澄清的葡萄汁 6 L，常压蒸煮 1 h 以上，冷却后加入亚硫酸，使其 SO_2 含量达 80 mg/L，经 4～8 h 后接入两个发酵旺盛的三角瓶培养酵母，摇匀，换上发酵栓，20～25℃培养 2～3 d，其间需摇瓶数次，至发酵旺盛时接入酒母培养罐。

⑤酒母罐培养：一些小厂可用两只 200～300 L 带盖的木桶（或不锈钢罐）培养酒母。木桶洗净并经硫黄烟熏杀菌，4 h 后向一桶中注入新鲜成熟的葡萄汁至 80%的容量，加入 100～150 mg/L 的亚硫酸，搅匀，静置过夜。吸取上层清液至另一桶中，随即添加 1～2 个玻璃瓶培养酵母，25℃培养，每天搅动 1～2 次，经 2～3 d 至发酵旺盛即可使用。每次取培养量的 2/3，留下 1/3，然后再放入处理好的澄清葡萄汁继续培养。

⑥酒母使用：培养好的酒母一般应在葡萄醪中加 SO_2 4～8 h 后再加入，以减少游离 SO_2 对酵母的影响。酒母用量一般为 1%～10%，具体视情况而定。

图 7-2　酒母罐

2．活性干酵母的使用

活性干酵母是将培养好的酵母液与保护剂在低温下真空脱水干燥，然后在惰性气体保护下包装成商品出售，它具有潜在的活性。活性干酵母使用简便、易储存、起酵速度快、发酵彻底。活性干酵母不能直接投入葡萄汁中进行发酵，在使用过程中要注意抓住复水活化、适应使用环境、防止污染三个关键。使用时根据商品说明确定加入量，将干酵母复水活化后直接使用，或扩大培养制成酒母后使用。

（1）复水活化后直接使用　在 35～42℃的温水（或含糖 5%的水溶液、未加 SO_2 的稀葡萄汁）中加入需要量的活性酵母，小心混匀，静置使之复水、活化，每隔 10 min 轻轻搅拌一次，20～30 min 后，酵母已经复水活化，可直接添加到加入 SO_2 的葡萄汁中进行发酵。

（2）活化后扩大培养制成酒母使用 将复水活化的酵母投入澄清的含 80～100 mg/L SO_2 的葡萄汁中培养，扩大比为 5～10 倍。培养至酵母的对数生长期后，再次扩大培养。

为了防止污染，活化后酵母的扩大培养不超过 3 级。培养条件与一般的酒母相同。

任务二 发酵工程

一、红葡萄酒的发酵

1．发酵原理

葡萄酒的发酵是葡萄汁中的糖在葡萄酒酵母的作用下，生成酒精，同时产生大量 CO_2 及少量的甘油、高级醇类、酮醛类、酸类、酯类和磷酸甘油醛等许多中间产物的过程。发酵过程受温度、氧气、糖度、酸度等多种因素影响。

主要的反应过程：$C_6H_6O_6 \rightarrow 2C_2H_5OH+2CO_2$+能量。

2．红葡萄酒生产工艺特点

（1）酿酒工艺中，酒精发酵和色素、香味成分的浸提有些工艺是同时进行，有的则分别进行。

（2）为有效进行浸提作用，发酵温度高于白葡萄酒的发酵温度；在发酵过程中要靠外界机械动力循环果汁。

（3）由于发酵醪中有较多的单宁等酚类化合物，具有一定的抗氧化能力，故对酒的隔氧抗氧化措施要求不严格。甜红葡萄酒甚至要有轻度氧化，以获得浓馥的酒香和协调、醇厚的酒体。

（4）名贵的高档红葡萄酒一般要诱导苹果酸—乳酸发酵。

（5）发酵方法上，可分为果汁和皮渣共同发酵（如传统法、旋转罐法、二氧化碳浸渍法和连续发酵法）及纯汁发酵（如热浸提法）。

（6）发酵方式分为开放式发酵和密闭式发酵两类，我国传统的红葡萄酒大多采用开放式发酵。近年来，红葡萄酒的生产新方法大都是密闭式发酵。

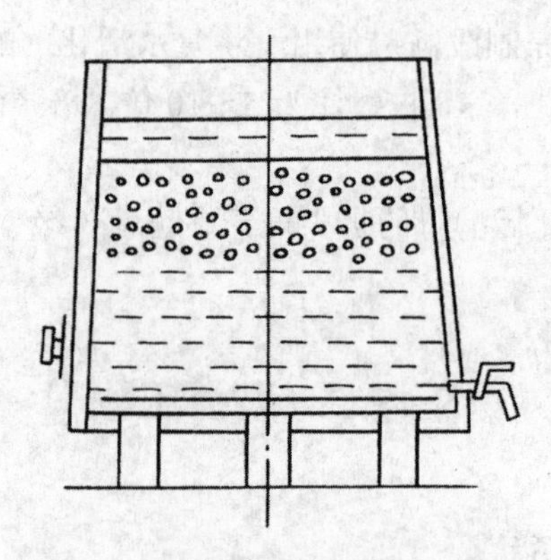

图 7-3　带压板装置的开放式发酵池

资料来源：金凤燮. 酿酒工艺与设备选用手册. 化学工业出版社，2005。

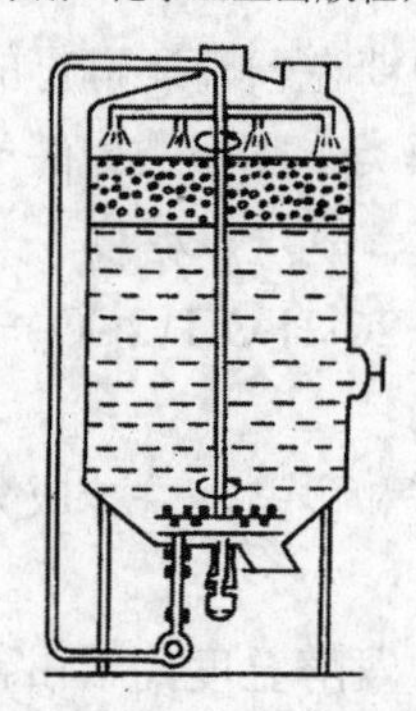

图 7-4　新型密闭式的红葡萄酒发酵罐

资料来源：金凤燮. 酿酒工艺与设备选用手册. 化学工业出版社，2005。

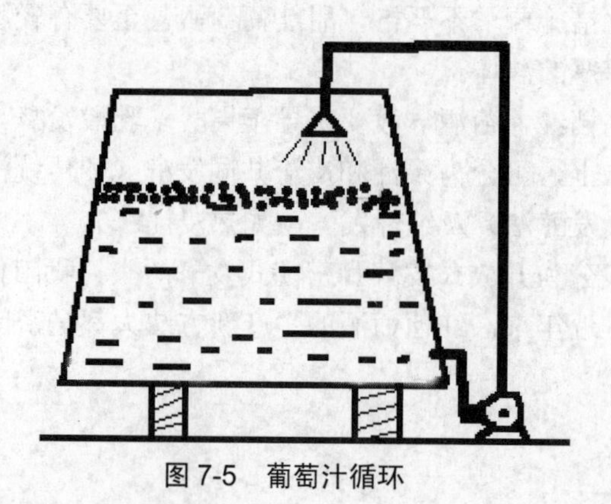

图 7-5　葡萄汁循环

资料来源：金凤燮. 酿酒工艺与设备选用手册. 化学工业出版社，2005。

3．传统的发酵工艺

葡萄酒的发酵过程分为主发酵（前发酵）和后发酵。

（1）主发酵工艺技术

①主发酵的目的：葡萄酒前发酵是指葡萄汁送入发酵容器开始至新酒分离为止的整个发酵过程，主要目的是A进行酒精发酵，B浸提色素物质和芳香物质。

②容器的充满系数：主发酵过程中，发酵液温度升高同时产生大量CO_2，导致体积增加，为了保证发酵正常进行，发酵液不能充满容器，一般充满系数≤80%。

前发酵进行的好坏是决定葡萄酒质量的关键。根据发酵过程中发酵液的变化将主发酵分为发酵初期、发酵中期和发酵后期。

表7-5　主发酵主要的现象及控制

主发酵	开始时间	现　象	温度控制	注意事项
发酵初期	发酵开始的第1～2 d	液面平静，入池8 h后液面有气泡产生，表明酵母已经大量繁殖	品温升高，温度控制在30℃以下，不低于15℃	及时供给氧气，促进酵母繁殖
发酵中期	发酵开始的第3～5 d	产生大量的CO_2，生成大量的泡沫，皮渣上浮形成一层皮盖。发酵旺盛时，酒液出现翻腾现象，并发出“吱吱”的声音	品温升至最高。不得超过30℃，可以采用循环倒池、池内安装盘管式热交换器或外循环冷却控制品温	同时为了增加色素、单宁及芳香物质的浸提，抑制杂菌侵染，要对皮盖进行压盖。压盖可以采用发酵液循环喷淋、压板式或人工搅拌等方法
发酵后期	发酵开始的第5～7 d	发酵逐渐变弱，“吱吱”的声音逐渐消失，CO_2放出减少，液面趋于平静，皮盖、酵母开始下沉，有明显的酒香	品温下降并接近室温	主发酵已经结束，及时进行酒渣分离

发酵后的酒液质量要求为：呈深红色或淡红色；混浊而含悬浮酵母；有酒精、CO_2和酵母味，但不得有霉、臭、酸味；酒精含量为9～11%（*V*/*V*）、残糖≤0.5%、挥发酸≤0.04%。

（2）葡萄酒和皮渣的分离　主发酵结束后，应及时进行皮渣分离，否则将导致酵母自溶。先将自流酒通过金属网筛从排出口排出，然后清理皮渣进行压榨，得压榨酒。通常在自流酒完全流出后2～3 h进行出渣，也可在次日出渣。压榨时应注意不能压榨过度，以免酒液味较重，并使皮上的肉质等带入酒中而不易澄清。自流酒的成分与压榨酒液相差很大，若酿制高档酒，应将自流酒液单独贮存。

葡萄酒的压榨设备，国内常用卧式转筐双压板压榨机、连续压榨机、气囊压榨机。

前发酵结束后的醪液中各组分比例为：皮渣占 11.5%～15.5%；自流酒液占 52.9%～64.1%；压榨酒液占 10.3%～25.8%；酒脚占 8.9%～14.5%。

（3）后发酵　前发酵结束后进入后发酵。

①后发酵的目的：

a. 残糖的继续发酵。继续发酵至残糖降为 0.2 g/L 以下。

b. 澄清作用。后发酵过程中，悬浮在酒液中的酵母及其他果肉纤维等悬浮物逐渐沉降，形成酒泥，使酒逐步澄清。

c. 氧化还原及酯化作用。前发酵的酒液在后发酵过程中，进行缓慢的氧化还原作用，并促使醇酸酯化，使酒的口感更加柔和，风格上愈加完善。

d. 苹果酸—乳酸发酵。经过苹果酸—乳酸发酵降低了酸度，提高酒的生物稳定性，并使口感更加柔顺。

②后发酵管理

a. 控制温度。酒液品温控制为 15～20℃。每天测量品温和酒度 2～3 次，并做好记录。

b. 隔绝空气。后发酵一般要厌氧发酵，采用水封方式。应定时检查水封状况，观察液面。注意气味是否正常，有无霉、酸、臭等异味，液面不应呈现杂菌膜及斑点。

c. 卫生管理。为避免感染杂菌，影响酒质，应加强后发酵期的卫生管理，应对新酒接触的容器、阀门、管道等定期进行卫生控制。

后发酵正常时间为 3～5 d，但可持续 1 个月左右。

表 7-6　后发酵常见异常现象、产生原因及改进措施

异常现象	产生原因	改进措施
CO_2 溢出较多，或有嘶嘶声	前发酵时残糖过高	再次调制前发酵温度进行前发酵，待糖分降至规定含量后，再转入后发酵
有臭鸡蛋气味	可能是 SO_2 用量过多而产生 H_2S 所致	可进行倒罐，使酒液接触空气后，再进行后发酵
液面有不透明的污点	早期污染醋酸菌	应及早倒桶并添加适量 SO_2，并控制品温，以避免醋酸菌蔓延
后发酵无法进行	前发酵品温升高到 35℃导致酵母早衰	添加 20%发酵旺盛的酒液，其密度应与被补救的酒液相近

4．旋转罐法

旋转罐法是采用可旋转的密闭发酵容器对葡萄浆进行发酵处理的方法，是当今世界上比较先进的红葡萄酒发酵工艺及设备。利用罐的旋转，能有效地浸提葡萄皮中含有的单宁和花色素。由于在罐内密闭发酵，发酵时产生的 CO_2 使罐保持一定的压力，起到防止氧化的作用，同时减少了酒精及芳香物质的挥发。罐内装有冷却管，可以控制发酵温度，不仅能提高质量，还能缩短发酵时间。同时可以采用微机控制，简化了操作程序，节省了人力，同时保证了酒的质量。

世界上目前使用的旋转罐有两种形式，一种为罗马尼亚的 Seity 型旋转罐，另一种是法国生产的 Vaslin 型旋转罐。

（1）Seity 型旋转罐发酵工艺　葡萄破碎后，输入罐中。在罐内进行密闭、控温、隔氧并保持一定压力的条件下，浸提葡萄皮上的色素物质和芳香物质，当诱起发酵、色素物质含量不再增加时，即可进行分离皮渣，将果汁输入另一发酵罐中进行纯汁发酵。前期以浸提为主，后期以发酵为主。旋转罐的转动方式为正反交替进行，每次旋转 5 min，转速为 5 r/min，间隔时间为 25～55 min。最佳浸提温度为 26～28℃，浸提时间因葡萄品种及温度等条件而异，如玫瑰香为 30 h，佳丽酿等需 24 h，以葡萄浆中花色素的含量不再增加作为排罐的依据。

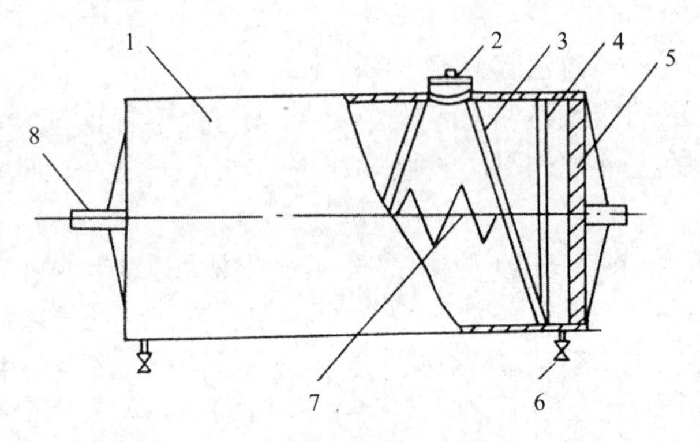

1. 罐体；2. 进料排渣口、入孔；3. 螺旋板；4. 过滤网；5. 封头；6. 出汁阀门；

7. 冷却蛇管；8. 罐体短轴

图 7-6　Seity 型旋转罐

资料来源：金凤燮. 酿酒工艺与设备选用手册. 化学工业出版社，2005。

（2）Vaslin 型旋转罐发酵工艺　葡萄破碎后输入罐中，在罐内进行色素及香气成分的浸提，同时进行酒精发酵，发酵温度 18～25℃，待残糖为 0.5 g/L 左右时，压榨取酒，进入后发酵罐发酵。

发酵过程中，旋转罐每天旋转若干次，转速为 2～3 r/min，转动方向、时间、间隔可自行调节。

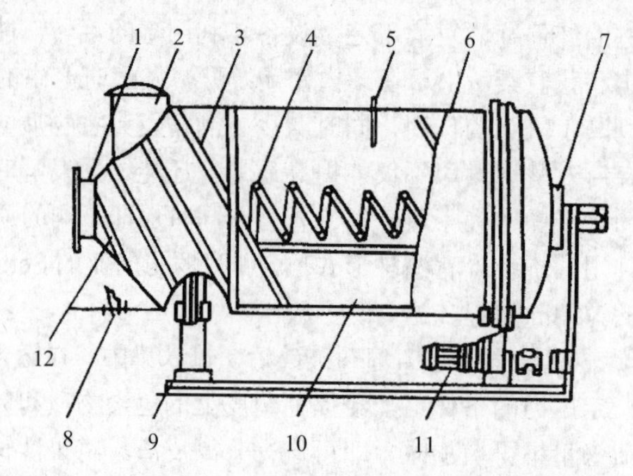

1. 出料口；2. 进料口；3. 螺旋板；4. 冷却管；5. 温度计；6. 罐体；7. 链轮；8. 出汁阀门；9. 支架；10. 罐壁；11. 电动机；12. 旋转桶

图 7-7 Vaslin 型旋转罐

资料来源：金凤燮. 酿酒工艺与设备选用手册. 化学工业出版社，2005。

（3）旋转罐法与传统法葡萄酒质量对比

①色度升高：红葡萄酒要求清澈透明，呈鲜红的宝石红色。花色素苷对新酿出的葡萄酒的颜色起主要作用，这种作用反应在 520 nm 波长时吸光值增加，色度升高。

②单宁含量适当：红葡萄酒颜色的稳定性在很大程度上取决于单宁。单宁在无氧条件下呈黄色，氧化后则变为棕色，这种氧化受 Fe^{3+}的催化。单宁也是呈味物质。旋转罐生产的葡萄酒单宁含量低于传统法，因此，质量较稳定，减少了酒的苦涩味。

③干浸出物含量提高：葡萄酒中干浸出物含量高，口感浓厚。传统法皮渣浮于表面，虽时间长，浸渍效果差。旋转罐提高了浸渍效果。

④挥发酸含量降低：挥发酸含量的高低能衡量酒质的好坏，是酿造工艺是否合理的重要指标。旋转罐生产的葡萄酒挥发酸含量低。

⑤黄酮酚类化合物含量降低：由于旋转罐法皮渣浸渍时间短，黄酮酚类化合物含量大大降低，增加了酒的稳定性。

表 7-7 两种方法生产的葡萄酒理化指标对比

项目	旋转罐法	传统法
色度	8.23	1.1
单宁含量/（g/L）	0.59	1.03
干浸出物含量/（g/L）	22	20.8
挥发酸含量/（g/L）	0.62	1.13
黄酮酸含量/（mg/L）	290	800

资料来源：金凤燮．酿酒工艺与设备选用手册．化学工业出版社，2005。

5．CO_2 浸渍法（Carbonic Maceration）

CO_2 浸渍法简称 CM 法酿制红葡萄酒，是把整粒葡萄放到充满 CO_2 的密闭罐中进行浸渍，然后破碎、压榨，再按一般方法进行酒精发酵。CO_2 浸渍法不仅用于红葡萄酒的酿造，还用于桃红葡萄酒和一些原料酸度较高的白葡萄酒的酿造（图 7-8）。

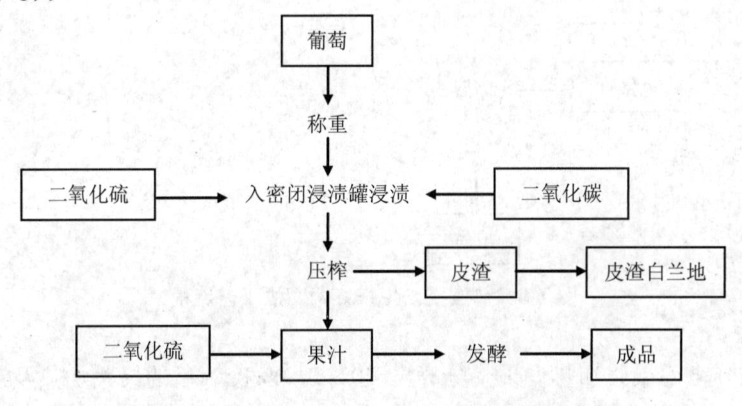

图 7-8 二氧化碳浸渍法生产葡萄酒工艺流程

葡萄进厂称重后，整粒葡萄置于预先充满 CO_2 的罐中，在放葡萄过程中继续充 CO_2，使其达到饱和状态。酿制红葡萄酒时，浸渍温度为 25℃，时间为 3～7 d；酿制白葡萄酒时，浸渍温度为 20～25℃，时间为 24～28 h。浸渍后进行压榨，所得葡萄汁加入 SO_2 50～100 mg/L 后进行纯汁发酵。

6．热浸提法工艺

热浸提法生产红葡萄酒是利用加热浆果，充分提取果皮和果肉的色素物质和香味物质，然后进行皮渣分离，进行纯汁酒精发酵（图 7-9）。

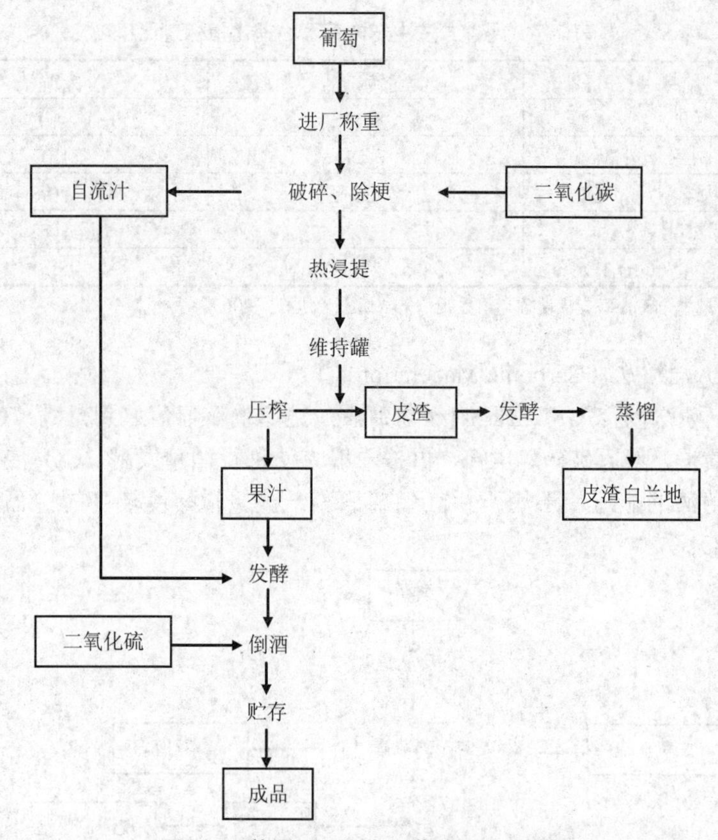

图 7-9 热浸提法生产红葡萄酒工艺流程

该法分全部果浆加热、果浆分离出 40%～60%冷汁后的果浆加热及整粒葡萄加热 3 种。

加热工艺条件分两种：低温长时间加热，即 40～60℃，0.5～24 h；高温短时间，即 60～80℃，5～30 min。例如，意大利 Padovan 热浸提设备的工艺为：全部果浆在 50～52℃下浸提 1 h；SO_2 用量为 80～l00 mg/L。再取自流汁及压榨汁进行前发酵。

7. 苹果酸—乳酸发酵

葡萄酒在酒精发酵后或贮存期间，有时会出现类似 CO_2 逸出的现象，酒质变混，色度降低（红葡萄酒），如进行显微镜检查，会发现有杆状和球状细菌。这种现象表明可能发生了苹果酸—乳酸发酵。

苹果酸—乳酸发酵（Malolactic Fermentation）简称苹—乳发酵（MLF），可使葡萄酒中主要有机酸之一的苹果酸转变为乳酸和二氧化碳，从而降低酸度，改善口味和香气，提高细菌稳定性的作用。

苹果酸—乳酸发酵在所有生产葡萄酒的地区都会发生，但它并不是各种产地各种葡萄酒都需要，要视当地葡萄的情况、酿酒条件、对酒质的要求而定。一般气候较热的地区葡萄或葡萄酒的酸度不高，进行苹果酸—乳酸发酵会使酒的 pH 升高，酒味淡薄，容易败坏，大多数白葡萄酒和桃红葡萄酒进行苹果酸—乳酸发酵会影响风味的清新感。对于以上情况要注意采取措施抑制这种发酵。但对气候寒冷的地区，如瑞士、德国、法国、澳大利亚、美国等国的一些地区的葡萄酸度偏高，一般需要进行苹果酸—乳酸发酵，特别是对法国波尔多地区的优质红葡萄酒和高酸度白葡萄酒，苹果酸—乳酸发酵是十分重要的。

（1）苹果酸—乳酸发酵的细菌　苹果酸—乳酸发酵主要是由下面三属的微生物引起的，即明串珠菌属（*Leuxonostoc*）、乳杆菌属（*Lactobcillus*）及足球菌属（*Pediococcus*）。根据基质的条件，特别是 pH 和温度不同，它们的作用和活动方式也有所差异。

（2）苹果酸—乳酸发酵机理　苹果酸—乳酸发酵是在乳酸菌的作用下，将苹果酸分解为乳酸和 CO_2。其总反应式如下：

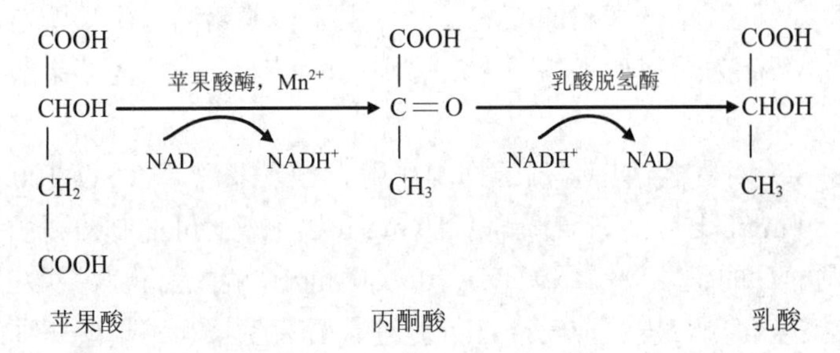

这一反应主要有两种酶参加：在苹果酸酶作用下，苹果酸首先转化为丙酮酸并放出 CO_2。丙酮酸则在乳酸脱氢酶的作用下被转化为乳酸。

（3）苹果酸—乳酸发酵作用

①降酸作用：在这一反应中，1 g 苹果酸只能生成 0.67 g 乳酸还放出 0.33 g CO_2。因为苹果酸含有两个酸根，而乳酸只有一个。这是葡萄酒降酸的直接原因。因此，将苹果酸转化为乳酸就能使苹果酸的滴定总酸度降低一半。

②改善风味：由于苹果酸的感官刺激性明显比乳酸强，苹果酸—乳酸发酵后，酸味尖锐的苹果酸被柔和的乳酸代替，新酒失去酸涩粗糙风味，变得柔和，圆润，香气加浓，加速了红葡萄酒的成熟。另外，苹果酸—乳酸发酵的副产物如双乙酰、乙偶姻、2,3-丁二醇、乙酸乙酯等不仅能增加香气，也有改善口味的作用。

③提高细菌稳定性：苹果酸—乳酸发酵后，苹果酸含量降低后，瓶装葡萄酒

不会再发生苹果酸—乳酸发酵，避免了贮存过程中由于苹果酸—乳酸发酵造成的商品葡萄酒浑浊变质。

（4）影响苹果酸—乳酸发酵的因素　在酒精发酵结束以后，如果没有进行苹果酸—乳酸发酵和 SO_2 处理，喝这样的葡萄酒，易生病。根据条件的差异，苹果酸—乳酸发酵既可能在酒精发酵结束后立即触发，也可能在几周以后或在翌年春天触发。

因此，应尽量提供良好的条件，促使苹果酸—乳酸发酵尽早进行，以缩短从酒精发酵结束到苹果酸—乳酸发酵触发这一危险期所持续的时间。

①温度：进行苹果酸—乳酸发酵的乳酸菌生长的适温为 20℃，在 14～20℃范围内，苹果酸—乳酸发酵随温度升高而发生得越快，结束得也越早，低于 10℃对乳酸菌的生长和苹果酸—乳酸发酵的进行产生抑制作用。

②pH：苹果酸—乳酸发酵的最适 pH 为 4.2～4.5，高于葡萄酒的 pH。若 pH 低于 3.2 时较难进行苹果酸—乳酸发酵。

③通风：酒精发酵结束后，对葡萄酒适量通风，有利于苹果酸—乳酸发酵的进行。

④酒精：从葡萄中分离出的乳酸菌由于主要在葡萄酒中生长繁殖，所以，具有一定的抗酒精能力。但如果酒精含量达到 10%以上，就成为苹果酸—乳酸发酵的限制因素。

⑤SO_2：SO_2 对乳酸菌有强烈的抑制作用。一般来说，总 SO_2 100 mg/L 以上，或结合 SO_2 50 mg/L 以上，或游离 SO_2 10 mg/L 以上，就可抑制葡萄酒中乳酸菌繁殖。向酒精发酵后的葡萄酒中添加 SO_2 30～50 mg/L，就能阻止苹果酸—乳酸发酵。

⑥酿造工艺：如带皮浸渍发酵，可促进乳酸菌生长和苹果酸—乳酸发酵的产生。澄清操作如倒酒、离心等越彻底就越难引发苹果酸—乳酸发酵。

⑦其他：将酒渣保留于酒液中，由于酵母自溶而利于乳酸菌生长，故能促进苹果酸—乳酸发酵；红葡萄中的多酚类化合物能抑制苹果酸—乳酸发酵；酒中的氨基酸，尤其是精氨酸却对苹果酸—乳酸发酵具有促进作用。

（5）抑制苹果酸—乳酸发酵的主要措施

①高度注意工艺和环境卫生，减少乳酸菌的来源。

②新酿制葡萄酒在酒精发酵结束后应尽早倒池，除渣，分离酵母。

③采取沉淀、过滤、离心、下胶等澄清手段，减少或除去乳酸菌及某些促进苹果酸—乳酸发酵的物质。

④添加足够的 SO_2（总 SO_2 100 mg/L 或游离 SO_2 30 mg/L）。

可考虑的配合措施：

a. 在不影响酒质的前提下调节葡萄酒的 pH 到 3.3 以下。

b. 在低温下（低于 16～18℃）贮酒。

（6）自然诱发苹果酸—乳酸的措施

①酒精发酵后的新葡萄酒中不再添加二氧化硫，总二氧化硫含量不超过 50 mg/L。

②不加酸，使 pH 不低于 3.3，保持在苹果酸—乳酸发酵的适宜范围内。

③少澄清，不精滤。

④适当延长带皮浸渍、发酵的时间。

⑤适当控制酒精含量，不超过 12%（*V*/*V*）。

⑥酒精发酵后不马上除酒脚，延长与酵母的接触时间，增加酒中酵母自溶的营养物质。

⑦在 20℃左右贮酒。

促进自然发酵的措施：

①利用正在进行苹果酸—乳酸发酵的葡萄酒接入待诱发的新酒中，一般在 15%～50%。

②将正在进行苹果酸—乳酸发酵的葡萄酒脚接入待诱发的新酒中。

③用离心机等回收苹果酸—乳酸发酵末期葡萄酒中的乳酸菌细胞，接入待诱发的新酒中。

（7）苹果酸—乳酸发酵的人工诱发　由于发酵条件不同，自然乳酸菌数量及存在状况差别很大，造成发酵不稳定，诱发及质量难控制等问题。可以利用筛选的乳酸优良菌种人工培养后添加到果醪和葡萄酒中，人为地使之发生苹果酸—乳酸发酵，有利于提高苹果酸—乳酸发酵的成功率，便于控制苹果酸—乳酸发酵的速度、时间和质量。

有了足够量的活性强的纯培养苹果酸—乳酸发酵菌体后，人工苹果酸—乳酸发酵的另一个重要的问题是在什么时期添加到葡萄酒中去最好。目前没有得出一致性的结论，还是应根据葡萄酒的种类、汁的组成、酵母菌种、作业条件等灵活掌握。如可在酒精发酵后添加，或与酒精酵母同时添加等。

二、葡萄酒的贮存

新鲜葡萄汁（浆）经发酵而制得的葡萄酒称为原酒。原酒不具备商品酒的质量水平，还需要经过一定时间的贮存（或称陈酿）和适当的工艺处理，使酒质逐渐完善，最后达到商品葡萄酒应有的品质。

葡萄酒在贮存过程中主要经过成熟阶段、老化阶段、衰老阶段，整个过程中发生复杂而又缓慢的化学和物理变化，新葡萄酒由于各种变化尚未达到平衡、协调，酒体显得单调、生硬、粗糙，淡薄，经过一段时间的贮存，使幼龄酒中的各种风味物质（特别是单宁）之间达到和谐平衡，酒体变得和谐、柔顺、细腻、醇厚，并表现出各种酒的典型风格，这就是葡萄酒的成熟。贮酒过程中必须根据各种酒的特性，采用不同的方法加速酒的成熟，提高老化质量，延长酒的“壮年”时代。

1．贮存容器

贮酒容器主要有橡木桶、水泥池和金属罐（碳钢或不锈钢罐）三大类。橡木桶是酿造某些特产名酒或高档红葡萄酒必不可少的特殊容器，而酿制优质白葡萄酒用不锈钢罐最佳。随着技术进步，金属罐特别是不锈钢罐和大型金属罐正在取代其他两种容器（图 7-10，图 7-11）。

贮酒方式有传统的地下酒窖贮酒、地上贮酒室贮酒和露天大罐贮酒等几种方式。

图 7-10　贮酒橡木桶

图 7-11　贮酒白钢罐

2．贮存条件

（1）温度　低温下酒成熟慢，较高的温度能加快酒的成熟，但高温利于微生物的繁殖，不利于酒的安全。恒定的低温对葡萄酒澄清最为有利。地窖贮酒温度一般选择 12～15℃，贮酒效果较好。

（2）湿度　最好的空气相对湿度为 85%为宜。过高可采取通风排潮，过低可在地面洒水。

（3）通风　贮酒场所的空气应当保持新鲜，不应有不良的气味，也不应过多积存 CO_2。因此室内或酒窖内要经常通风。通风最好在清晨进行，此时不但空气新鲜，而且温度较低。

3．贮存中的管理

（1）添桶　在酒贮存过程中，由于温度的降低或酒中的 CO_2 气体的释放以及酒液的蒸发，经常会出现容器中液面下降的现象，这就难免使酒与空气接触，葡萄酒易被氧化，同时容易被细菌污染，必须随时将桶添满。添桶时应采用同质同量的酒，如果没有同质量的酒可以采取更换小容器存放，加入消毒的玻璃球，以及用 CO_2 或 SO_2 气体充满桶内空隙，或在液面浇上少量石蜡或凡士林的方法。

添桶的次数和时间，以实际情况和效果而定。一般添桶多在春、秋和冬季进行。夏季由于温度的升高，葡萄酒受热膨胀，容易溢出，要及时检查并从桶内抽酒，以防溢酒。

（2）换桶　换桶是将酒从一个容器换入另一个容器的操作。换桶绝非简单的转移，而是一种沉析过程，分离出来的沉渣称为酒泥（或酒脚）。

①换桶的目的：

a. 分离酒脚，去除桶（池）底部的酵母、酒石等沉淀物质。

b. 使酒和空气接触，调整酒内溶解氧含量。

c. 逸出饱和的 CO_2，同时使过量的挥发性物质挥发溢出。

d. 调整 SO_2 的含量。SO_2 的补加量，视酒龄、成分、氧化程度、病害状况等因素而定，但一般不超过 100 mg/L。

②换桶的次数：因酒的质量和酒龄及品种等因素而异。酒质粗糙、浸出物含量高、澄清状况差的酒，倒桶次数可多些。贮存前期倒桶次数多些。随着贮存期的延长而次数逐渐减少。

一般干红葡萄酒在发酵结束后 8～10 d，进行第 1 次倒桶，去除大部分酒脚。再经 1～2 个月，即当年的 11—12 月，进行第 2 次开放式倒桶，使酒接触空气，以利于成熟，又起均质作用。再过约 3 个月，即翌年春天，进行第 3 次密闭式的倒桶，以免氧化过度。

③换桶时应注意以下事项：

a. 对于红葡萄酒，第一次换桶可进行较强的换气，第二次换桶应减少换气量，1 年后应尽量避免接触空气。

b. 新换的容器应先进行处理。

c. 换桶用吸酒管的吸酒端应使用弯管，口朝上，吸取几乎全部的清酒而吸不到酒脚。

d. 换桶最适宜在温度低、气压高和没有风的天气里进行，以免溶解在酒的气体快速逸出而使酒变得混浊。

任务三　下游工程

一、葡萄酒的后处理

1．下胶澄清

成品葡萄酒不仅要求有色、香、味，还必须澄清透明，酒体在相当时间内保持稳定。而葡萄酒是不稳定的胶体溶液，其在陈酿与储存期间会发生微生物、物理、化学及生物学特征的变化，会出现浑浊及沉淀等现象。为加速葡萄酒的澄清，可以采用下胶澄清的方法。

所谓下胶澄清就是在葡萄酒内添加一种有机或无机的不溶性成分，使它在酒液中产生胶体的沉淀物，将悬浮在葡萄酒中的大部分浮游物，包括有害微生物在内一起固定在胶体沉淀上，下沉到容器底部，从而使酒液澄清透明。

下胶的材料有两大类：有机物如明胶、蛋清、鱼胶、干酪素、单宁、橡木屑、聚乙烯吡咯烷酮（PVPP）等；无机物如皂土、硅藻土等。

（1）单宁—明胶法　明胶—单宁法目前国内酒厂普遍使用的一种方法。单宁带负电荷，而加入的明胶带有正电荷，明胶不仅可以和单宁作用，而且能吸附色素，其上的电荷被中和相互聚集成絮状物而沉至底部，能够减少葡萄酒的粗糙感和某些不良的风味。在红葡萄酒中，明胶加量一般为酒液的 5%～8%，并且补充明胶质量 50%～80%的单宁，单宁加量要根据酒中单宁含量而定，通常红葡萄酒中单宁含量为 1～3 g/L。

下胶前先测定葡萄酒中单宁含量，通过小样试验来确定单宁和明胶用量，然后将明胶粉碎，加水软化浸泡 24 h，待明胶吸水膨胀后，加热溶化，趁热加入少量葡萄汁稀释，然后直接倒入酒中，立即搅拌，静止澄清即可。

操作过程中避免下胶过量。下胶过量的葡萄酒其澄清度是不稳定的，要检查是否下胶过量，可通过在葡萄酒中加入 0.5 g/L 商品单宁，24 h 后观察现象，根据出现雾浊的程度，可以判断出过量的多少。可以添加适量单宁或加适量皂土除去。

（2）添加皂土法　它是一种胶质粒子，在水中有巨大的膨胀性，吸附性强，澄清效果好。一般用于澄清蛋白质浑浊或下胶过量的葡萄酒，效果很好。皂土常与明胶一起使用（明胶用量为皂土的 10%）可提高澄清效果。

使用皂土时，可将皂土配置成 5%的悬浮液。将此混合物通过一个细筛除去团状物质，即可使用。澄清 10 L 葡萄酒需这种悬浮液 20～100 mL。

2．离心澄清

离心澄清是利用离心机，使杂质或微生物细胞在几分钟之内沉降下来。离心机种类很多，有鼓式、自动除渣式和全封闭式。

3．冷处理

冷处理主要是加速酒中的胶体物、过量酒石酸及色素沉淀，有助于酒的澄清，使酒在短期内获得冷稳定性，并缓慢地较有效的溶入氧气，与热处理结合，促进酒的风味得到改善，加速酒的成熟。

冷处理的温度以高于其冰点 0.5～1.0℃为宜。葡萄酒的冰点与酒度和浸出物含量等有关，可根据经验数据查找出相对应的冰点。冷处理时间通常在−7～−4℃下冷处理 5～6 d 为宜。

冷处理的方法有自然冷冻和人工冷冻两种。人工冷冻有直接冷冻和间接冷冻两种形式。直接冷冻效率高，为大多数葡萄酒厂采用。

4．热处理

热处理主要使酒能较快的获得良好的风味，也有助于提高酒的稳定性。通常采用先热处理，再冷处理的工艺。

葡萄酒通过热处理不仅可以改善酒的品质，而且还能增加葡萄酒的稳定性。

新酒经过热处理，色香味都能有所改善，挥发酯增加，氧化还原电位下降；能产生保护胶体，使酒变得更为澄清；防止酒石酸氢钾沉淀；可除去有害物质，如酵母、细菌、氧化酶等，达到生物稳定和酶促稳定。

热处理也会给酒带来不利的一面，如酒色变为褐色，果香减弱，严重可能出现氧化味。

热处理方法：通常在密闭容器内，将葡萄酒间接加热至 67℃，保持 15 min；或 70℃，保持 10 min 即可。

二、调配

葡萄酒因所用的葡萄品种、发酵方法、贮酒时间等不同，酒的色、香、味也各不一样。调配的目的是根据产品质量标准对原酒混合调整，使酒质均一、保持固有的特点，提高酒质或改良酒的缺点，使产品的理化指标和色、香、味达到质量标准和要求。

调配由具有丰富经验和技巧的配酒师根据品尝和化验结果进行精心调配。干酒一般不必调配。调配主要考虑以下几个因素。

1. 色泽调整

颜色是红葡萄酒的酒重要感官指标，通常应具有深宝石红色、宝石红色、紫红色、深红色等。红葡萄酒的色调过浅可以通过以下几个方法进行调整。

（1）与色泽较深的同类原酒合理混配，提高酒的色度。

（2）添加中性染色葡萄原酒，如烟 73、烟 74 等。一般建议用量为低于配成酒总量的 20%。

（3）添加葡萄皮色素。

2. 香气的调整

葡萄酒的香由原始果香、发酵香气、陈酿香气组成。对香气的调整不能添加香精、香料来达到增香和调香的目的，应该通过选择优质且香气浓郁的酒进行调配。还可以通过橡木桶的贮存增加一些橡木香气，来改善酒的香气。

3. 口感的调整

主要是对酒的酸、甜、酒精含量及涩味的调整。进而使酒的口感平衡、流畅、协调、相容、圆润。

酒度：原酒的酒精浓度若低于指标，最好用同品种酒度高的勻兑调配，也可以用同品种葡萄蒸馏酒或精制酒精调配。

糖分：甜葡萄酒中若糖分不足，以用同品种的浓缩果汁调配为好，也可用精制砂糖调配。

酸分：酸分不足以柠檬酸补足，1 g 柠檬酸相当于 0.935 g 酒石酸。过高则用中性酒石酸钾中和。

调配后的酒有很明显不协调的生味，也容易再产生沉淀，需要再贮存一段时间。

三、过滤

要想获得清亮透明的葡萄酒，必须将后处理的葡萄酒过滤。过滤是通过过滤介质的孔径大小和吸附来截留微粒与杂质的。常用的过滤机有棉饼过滤机、硅藻土过滤机、微膜过滤机等。具体操作如下。

葡萄酒的过滤有粗滤和精滤之分，通常须在不同阶段进行 3 次过滤（表 7-8）。

表 7-8 葡萄酒的过滤

过滤次数	过滤时间	目的	方法
第 1 次过滤	在下胶澄清或调配后	排除悬浮在葡萄酒中的细小颗粒和澄清剂颗粒	采用硅藻土过滤机进行粗滤
第 2 次过滤	葡萄酒经冷处理后	分离悬浮状的微结晶体和胶体	在低温下趁冷利用棉饼过滤机或硅藻土过滤机过滤
第 3 次过滤	装瓶前	进一步提高透明度，防止发生生物性浑浊	纸板过滤或超滤膜精滤

一般的小厂，只用棉饼过滤机过滤 1 次就装瓶，这要求必须“下胶”完全。

综上所述，葡萄酒在不同情况下用相应的处理方法才能收到较好的效果（表 7-9）。

表 7-9 不同目的的处理方法

处理目的	处理方法
澄清	沉降法处理：下胶、离心 过滤法处理：过滤、吸附或除菌过滤
稳定化和澄清	物理处理：加热、冷冻 化学处理：抗坏血酸、柠檬酸①、偏酒石酸、皂土、离子交换剂①、亚铁氰化钾、阿拉伯树胶、氧气、植酸钙
增加微生物学稳定性	物理处理：加热 化学处理：二氧化硫、山梨酸①
改善色泽	色深时用炭脱色，马德拉化的酒用干酪素脱色

注：①这些处理方法在有些国家不准许。

四、葡萄酒的瓶贮

瓶贮是指酒装瓶压塞后，在适宜条件下，卧放贮存一段时间。

瓶贮的主要作用是它能使葡萄酒在瓶内进行陈化，达到最佳的风味。葡萄酒中香味协调、怡人的某些成分，只能在无氧条件下形成，而瓶贮则是较理想的方式。对葡萄酒而言，桶贮和瓶贮是两个不能相互替代或缺少的阶段。

1．瓶贮机理

（1）葡萄酒在瓶中陈酿，是在无氧状态即还原状态下进行的，据测酒在装瓶4～11 个月后，其氧化还原电位达到最低值。而葡萄酒的香味，只有在低电位下形成。所以，经过瓶贮的葡萄酒显示出特有的风格。

（2）葡萄酒在装瓶时偶尔带入的氧消耗之后，将促进香味的形成，但氧并非是瓶中陈酿的促进剂。因此，装瓶软木塞必须紧密，不得漏气。瓶颈空间应较小，使酒残存氧气很快消耗殆尽。

（3）瓶贮时，酒瓶应卧放，木塞浸入酒中，可起到类似木桶的作用，以改善陈酒的风味。同时，以免木塞干燥而酒液挥发或进入空气。

2．瓶贮时间

酒的类型不同，其组成成分有差异，瓶贮时间也不同。即使同类型的酒，如果酒度、浸出物含量、糖的含量等不同，也应该有不同的贮酒期。一般红葡萄酒的瓶贮时间较长，另外酒度高、浸出物含量高、含糖量高的葡萄酒需要较长的贮存期。最少 4 个月。若在净化处理时，采取必要的措施，预防氧化，瓶贮时间可以缩短。一些名贵葡萄酒，则瓶贮期至少 1 年。

五、葡萄酒的包装与杀菌

1．葡萄酒的包装

葡萄酒的包装在葡萄酒整体质量方面起至关重要作用。

（1）葡萄酒的包装工艺如下：

葡萄酒液→灌装→打塞封盖→验酒→贴标→装箱→成品酒

（2）包装的容器　葡萄酒常见的是瓶装酒（玻璃瓶装、塑料瓶装、水晶瓶装），国外还有采用复合膜袋装干、半干葡萄酒的。

瓶塞有软木塞（一般用于高级葡萄酒和高级起泡葡萄酒）、蘑菇塞（一般用于白兰地等酒的封口，用塑料或软木制成）和塑料塞（一般用于起泡葡萄酒的封口）三类。

常用的包装容器是玻璃瓶，瓶子可以根据需要做成各种颜色和形状。一般包装白葡萄酒使用浅绿色或深绿色的玻璃瓶，包装红葡萄酒则要求深绿色或棕绿色，棕绿色的玻璃能把大部分对葡萄酒有不良影响的光波滤去。对于瓶形的要求是美观大方，便于洗刷，便于消费者携带、使用。

（3）洗瓶 洗瓶大致分为浸泡、刷洗、冲瓶、出水、检查等几个步骤，其中浸泡是关键。浸泡液一般是采用 NaOH 溶液，其作用是杀死细菌芽孢和除去污物。一般浸泡的温度高于 50℃，碱液的浓度应大于 1.5%，浸泡时间不少于 20 min。经浸泡的瓶子，用毛刷内外刷洗，除去污物，然后用压力 0.15～0.20 MPa 的清水冲淋。冲淋时，瓶口应朝下。冲淋完毕后，将瓶子空干，然后逐个检查是否洗净，剔除破损瓶子。

（4）灌装 包括装酒和封口，根据灌装时的酒液温度，可分为常温装瓶、热装瓶和冷装瓶。常温装瓶就是酒调配好后，常温下贮存一段时间，不再进行冷、热处理即进行灌装，或经冷、热处理后恢复常温再灌装。

2．葡萄酒的杀菌

酒度在 16%以上的葡萄酒不必杀菌，低于 16%的葡萄酒装瓶后应立即加热杀菌。杀菌方法通常采用水浴杀菌。在带假底的木槽中摆好酒，然后加入冷却水至瓶口以下 5～6 cm，慢慢开启蒸汽，徐徐升温至要求温度。关闭蒸汽，保温 15 min 左右，然后将水慢慢放出，取出冷凉。

3．检验

验酒是在灯光下检查，挑出混浊、有悬浮物、有恶性夹杂物的不合格品。

4．贴标

葡萄酒的商标应根据瓶子的外形与大小设计。商标应该美观大方，图案新颖，并标注相关信息。

5．装箱

装箱多用纸箱，采用瓦楞纸箱和纸格包装，纸箱外应标有厂名、酒名、净重、毛重、“小心轻放”“防潮防雨”“防踩踏、防压”等标志。

项目八　黄酒生产工艺

黄酒概述

黄酒，又称“老酒”，是以谷物为主要原料，利用酒药、麦曲或米曲中含有的多种微生物的共同作用，经蒸煮、糖化和发酵、压滤、煎酒而成的酒精含量12%～18%（体积分数）的发酵原酒。黄酒中含有丰富的氨基酸、蛋白质、维生素和对人体有益的矿物元素，营养丰富，适量饮用对人体健康有利。

黄酒是我国最古老的饮料酒，也是世界上最古老的酒种之一，据考证，我国酿酒起源于龙山文化时期（公元前2800年至公元前2300年）。几千年来，我国人民在黄酒酿造技术方面积累了丰富的宝贵经验，如制酒原料用糯米、粳米、黍米，制曲原料用麦、米和各具特色的制曲方法，低温酒药发酵以及曲水浸后投米发酵技术等。但黄酒的生产长久以来处于作坊式生产，酿酒技术进步缓慢，劳动强度大，劳动效率低。随着西方科学技术的引进，尤其是微生物学、生物化学以及工程技术的引进，给传统黄酒行业注入了新鲜的生命活力，生产劳动强度大大降低，机械化程度大大提高，过程控制更加合理科学，主要体现在以下几个方面。

1．黄酒酿造原料品种增加

从以前的仅仅以糯米为原料，新发展了粳米、籼米、玉米、薯干、黑米等新原料。

2．糖化发酵剂的纯种培养

传统的糖化发酵剂是自然培养的过程，其中各类微生物混杂；利用微生物纯种培养技术，从优良曲块中分离出糖化发酵菌分别进行培养，制备纯种的根霉曲、麦曲、酵母等，可以大大减少用曲量，缩短糖化发酵的时间，利于实现机械化生产。

3．生产机械化

目前大中型黄酒生产企业已经实现了部分机械化甚至全套机械化、连续化生产，逐步形成了一个现代化的黄酒工业体系。

4．品种不断创新

近年来，果香型黄酒、花型黄酒、滋补型黄酒和防洋香型黄酒也不断得到开发。

黄酒的种类

黄酒的种类见表 8-1。

一、按含糖量分类

根据 GB/T 13662—2000 黄酒标准，将黄酒分为 4 类，如表 8-1 所示。

表 8-1 黄酒按含糖量分类 单位：g/L

类型	干黄酒	半干黄酒	半甜黄酒	甜黄酒
总糖含量（以葡萄糖计）	≤15.0	15.1～40.0	40.1～100	＞100

二、按生产方法分类

按照生产方法，黄酒又分为传统工艺黄酒和新工艺黄酒两大类。传统工艺黄酒的主要特点是以酒药、麦曲或米曲、红曲或淋饭酒母为糖化发酵剂，进行自然的、多菌种混合发酵而成，发酵周期较长。新工艺黄酒是指在传统生产工艺的基础上，以纯种发酵取代自然曲发酵，以大规模的发酵生产设备代替小型的手工操作为特点酿制而成的黄酒。

根据具体操作不同，传统工艺黄酒又分为 3 种，如表 8-2 所示。

表 8-2 传统工艺黄酒的种类

传统工艺黄酒	特点
淋饭酒	米饭蒸熟后，冷水淋冷，然后拌入酒药搭窝，进行糖化、发酵。淋饭酒的酒味淡薄，大多数甜型黄酒也常用此法来生产
摊饭酒	米饭蒸熟后，摊冷或摊开风冷，然后加曲及酒母等进行糖化、发酵。摊饭酒的口味醇厚，风味好。绍兴加饭酒、元红酒是摊饭酒的代表
喂饭酒	在黄酒发酵过程中，分批加饭，进行多次发酵酿制而成的产品。浙江嘉兴黄酒是喂饭酒的代表之一，日本的清酒也是用喂饭法生产的

任务一　上游工程

一、黄酒酿造的原料

原料种类的不同和品质的优劣直接涉及酿酒工艺的调整和产品的产量、质量，酿造上常把米、水和麦曲比喻为黄酒的“肉”“血”和“骨”。

（一）稻米原料

1．糯米

糯米是酿造黄酒的最好原料，生产时应尽量选用新鲜糯米。糯米分粳糯、籼糯两大类，粳糯优于籼糯。粳糯的淀粉几乎全部是支链淀粉，籼糯含有0.2%～4.6%的直链淀粉。支链淀粉结构疏松，易于蒸煮糊化；直链淀粉结构紧密，蒸煮时消耗的能量大，吸水多，出饭率高。

2．粳米

粳米含有15%～23%的直链淀粉。直链淀粉含量高会使米饭在蒸煮时饭粒显得蓬松干燥，色暗、冷却后变硬，熟饭伸长度大，故蒸煮时必须采用“双蒸双泡”，使米粒充分吸水，彻底糊化，以保证糖化发酵的正常进行。目前粳米已成为江浙两省普通黄酒的主要用米。

3．籼米

籼米的直链淀粉含量一般在23.7%～28.1%，甚至高达35%。杂交晚籼米可用来酿制黄酒，而早、中籼米由于在蒸煮时吸水多、饭粒干燥蓬松、淀粉容易老化、出酒率较低等原因而不宜用于酿制黄酒。

（二）其他原料

1．黍米

北方生产黄酒用黍米做原料。黍米俗称大黄米，色泽光亮，颗粒饱满，米粒呈金黄色。黍米以颜色分为黑色、白色、黄色3种，以大粒黑脐的黄色黍米最好，誉为龙眼黍米，属糯性品种。

2．玉米

玉米淀粉含量为65%～69%，脂肪含量为4%～6%，粗蛋白含量为12%左右。酿酒前需先除掉胚芽，玉米淀粉成玻璃质存在，蒸煮糊化较困难，生产时要适当提高粉碎、浸泡以及蒸煮的强度。我国的玉米良种有金皇后、坊杂二号、马牙等。

3．粟米

粟米俗称小米，由于它的供应不足，现在酒厂已很少采用。

（三）辅助原料

1．小麦

主要用来制备麦曲。小麦淀粉含量比大米含量低，而其他营养成分均比大米多，小麦片疏松适度，很适宜微生物的生长繁殖。小麦的蛋白质主要是麦胶蛋白和麦谷蛋白，麦胶蛋白的氨基酸中以谷氨酸为最多，它是黄酒鲜味的主要来源。黄酒麦曲所用小麦，应尽量选用当年收获的红色软质小麦。

2．大麦

大麦皮厚而硬，粉碎后非常疏松。制曲时，在小麦中添加10%～20%的大麦，可改善曲块的透气性，促进好氧微生物的生长繁殖，有利于提高曲的酶活力。

（四）酿造用水

黄酒成品中水占80%以上，水质好坏直接影响黄酒成品的风味品质；在黄酒的糖化发酵过程中，水的 pH 及微量无机成分直接影响着微生物的生长、发酵以及醪液中各种生物酶的催化作用。黄酒酿造用水应符合饮用水的标准，其中某些项目还应符合酿造用水的要求。黄酒厂一般都采用自来水，有的采用井水或深井水，河水有时因受季节或污染的影响，多数不能采用。

二、黄酒酿造的主要微生物

黄酒酿造中的微生物主要有霉菌、酵母菌和细菌三大类。

1．霉菌

（1）曲霉菌　曲霉菌主要存在于麦曲、米曲中。

黄曲霉能产生丰富的液化型淀粉酶和蛋白酶，其中产生液化型淀粉酶（α-淀粉酶）活力较黑曲霉强，而蛋白酶活力次于米曲霉。其水解产物主要是糊精、麦芽糖和葡萄糖，在发酵中前劲强而后劲弱，出酒率低而酒质好。黄曲霉最适生长温度为37℃，生长速度较快，孢子老熟后呈褐绿色。但某些菌系能产生强致癌物黄曲霉毒素，特别在花生或花生饼粕上易于形成。为防止污染，酿酒所用的黄曲霉均需经过检测。目前用于制造纯种麦曲的黄曲霉菌，有中国科学院的3800和苏州东吴酒厂的苏-16等。

黑曲霉主要产生糖化型淀粉酶，作用于淀粉产生葡萄糖，能直接供酵母菌利用。黑曲霉糖化能力比黄曲霉高，并且能分解脂肪、果胶和单宁。因其耐酸、耐热，故糖化活力持续性久，出酒率高；但酒的质量不如采用黄曲霉好，所以黄酒生产常以黄曲霉为主，有些酒厂也添加少量黑曲霉以提高出酒率。

米曲霉归属黄曲霉群，菌丝一般为黄绿色，后变为黄褐色，培养的最适温度37℃，含有多种酶类，糖化酶和蛋白酶活力都较强，是酱油酿造的主要菌种。部分黄酒厂也有用米曲霉制曲，在自然麦曲中也存在较多的米曲霉。

（2）根霉菌　根霉菌是黄酒小曲（酒药）中含有的主要糖化菌。根霉糖化力强，几乎能使淀粉全部水解成葡萄糖，还能分泌乳酸、琥珀酸和延胡索酸等有机酸，降低培养基的pH，抑制产酸细菌的侵袭，并使黄酒口味鲜美丰满。根霉菌的适宜生长温度是30～37℃，41℃也能生长。

（3）红曲霉　红曲霉是生产红曲的主要微生物，由于它能分泌红色素而使曲呈现紫红色。红曲霉能产生淀粉酶、麦芽糖酶、蛋白酶、柠檬酸、琥珀酸、乙醇等。

2．酵母菌

传统黄酒酿造属多种酵母菌的混合发酵，有些可发酵生成酒精，有些可发酵产生黄酒特有香味。传统黄酒酿造中酵母菌主要存在于酒药、米曲中，新工艺黄酒生产主要采用优良的纯种酵母，不但可以产生酒精，也能产生黄酒的特有风味。

在选育优良黄酒酵母菌时，除了鉴定其常规特性外，还必须考察它产生尿素的能力，因为在发酵时产生的尿素，能与乙醇作用生成致癌的氨基甲酸乙酯。

3．黄酒酿造中的主要有害细菌

黄酒酿造属开放式发酵，来自原料、环境、设备、曲和酒母的细菌会参与霉菌和酵母的发酵过程，如果发酵条件控制不当或灭菌消毒不严格，就会造成产酸细菌的大量繁殖，导致黄酒发酵醪的酸败。常见的有害微生物主要有醋酸菌、乳酸菌和枯草芽孢杆菌。

三、原料的处理

（一）稻米原料的处理

稻米需经精白、洗米、浸米，然后再蒸煮、冷却。

1．米的精白

精白的目的：去除糙米糠层。糠层的存在一方面不利于浸米和蒸煮，另一方面糠层中较多的蛋白质、脂肪会给黄酒带来异味，使酒醪的酸度升高。大米的精白度可以精米率表示，精米率也称出白率，是指精白后的白米占精白前糙米的质量百分率。

质量要求：我国黄酒用米粳米率一般要求在90%左右。粳米、籼米要求高于糯米；制曲用米精米率最高，发酵用米次之，酒母用米最低。

常用设备：精米机。

2．洗米

洗米的目的：除去附着在米粒表面的糠秕、尘土和其他杂质，然后加水浸渍。我国除少数厂采用洗米机洗米外，多采用洗米和浸米同时进行的方法。

质量要求：一般洗到水无白浊为度。

常用设备：洗米机。

3．浸米

浸米的目的：利于蒸煮和糊化。

质量要求：要求米粒保持完整，用手指捏米粒呈粉状。不同类型、品种的黄酒，因酿造工艺不同以及各地区气温和大米的性能不同，浸米的时间长短、水温也有所不同。传统的摊饭酒酿造，冬天糯米浸泡的时间很长，少则13～15 d，多则20 d左右，浸米的酸度达0.8以上。

酸浆水：较长时间的浸米，可因乳酸菌的自然滋生而获得含有乳酸的酸性浸米和酸浆水。浸米所得的酸浆水在发酵时可做配料，一方面使在黄酒发酵初期就形成一定的酸度，抑制了杂菌的生长；另一方面溶解在酸浆水中的氨基酸、生长素等成分为酵母的生长繁殖提供了良好的营养；同时酸浆水中有机酸等有益成分参与发酵、贮存等，促进黄酒形成良好的风味。

4．蒸煮

严格地讲，大米为原料的只蒸不煮，而黍米为原料的只煮不蒸。

蒸煮的目的：蒸煮主要是使大米中的淀粉充分糊化，一方面利于糖化菌的生长繁殖以及分泌淀粉酶，另一方面利于淀粉酶水解淀粉分子成可发酵性糖，为酵母菌的繁殖和酒精的生成提供条件，同时也起到杀灭原料中杂菌的作用。

蒸煮的质量要求：饭粒疏松均匀，外硬内软，熟而不烂，透而不糊。判定蒸饭质量的好坏，生产上采用感官鉴定和计算出饭率的方法。感官鉴定即通过外观进行鉴定，判断熟透程度时，可用刀片剖开饭粒，观察有无白心，并做碘色反应。出饭率是指米饭千粒重与白米千粒重比值的百分数，不同的大米对出饭率的要求不同。

蒸煮时间：米粒的种类和性质、浸米后的含水量、蒸饭设备以及蒸汽压力决定着蒸煮时间。一般糯米与精白度较高的软质粳米，常压蒸15～25 min；而硬质粳米和籼米应适当延长蒸煮时间，并在蒸煮过程中淋浇85℃以上的热水，促进饭粒吸水膨胀，以达到更好的糊化效果。

常用设备：传统蒸饭设备为甑桶，是一种上口比下口稍大的木制圆形容器，近下口处设有筛板（篦子），上置棕制的衬垫。现在大多数已采用连续蒸饭机蒸饭，节省了蒸饭的劳动强度，提高了蒸饭效率。

5．米饭的冷却

冷却的目的：使米饭的品温迅速下降以便投料后接种微生物进行发酵。

冷却温度：因为发酵配料中水及其他物料会对米饭进一步冷却作用，所以冷却后的米饭品温一般高于投料品温，具体品温视气温、水温及投料品温要求等因素决定。

（1）淋饭冷却　即用清洁的冷水从米饭上面淋下，使米饭降温，在制作淋饭酒、喂饭酒和甜型酒及淋饭酒母时使用。该法冷却迅速，冷后温度均匀，并可利用回淋操作。淋饭冷却能适当增加米饭的含水量，促使饭粒表面光洁滑爽，颗粒间相互分离和通气，有利于拌药搭窝以及好氧菌的生长繁殖。

淋饭后应该沥干多余水分，否则会减缓酒药中根霉的繁殖，糖化、发酵力也将降低。

（2）摊饭冷却　即将米饭摊在干净的竹席或水泥地上，用木耙翻拌，使米饭自然冷却，是摊饭酒的酿造特色之一，目前多采用鼓风形式。该冷却方式可避免米饭表面的浆质被淋水洗掉，酿造出来的黄酒风味好；但冷却速度较慢，易感染杂菌和出现淀粉老化现象。

（二）其他原料的处理

以黍米、玉米生产黄酒，因原料性质与大米相差很大，其处理方式也截然不同。

1．黍米

（1）烫米　黍米谷皮厚，颗粒小，吸水困难，胚乳淀粉难以糊化，必须先烫米。洗净、沥干后，用沸水烫米，并快速搅动，使米粒略呈软化，稍微开裂即可。

（2）浸渍　烫米时随着搅拌散热，水温逐降至35～45℃，开始静止浸渍。浸渍时间随气温而变，冬季20～22 h，夏季12 h左右，春、秋季20 h左右。

（3）煮米　煮米的目的一方面是使淀粉充分糊化，另一方面使黍米产生焦黄色素和焦米香气，形成黍米黄酒特有的色泽和风味。

2．玉米

（1）浸泡　玉米淀粉结构紧密，难以糖化，应预先粉碎、脱胚、去皮、洗净制成玉米糌，才能用于酿酒。玉米糌粒度要求在每克30～35 g。为了使玉米淀粉充分吸水，可变换浸渍水温使淀粉热胀冷缩，破坏淀粉细胞结构，达到糊化的目的。可先用常温水浸泡12 h，再升温到50～65℃，保温浸渍3～4 h，再恢复常温浸泡，中间换水数次。

（2）蒸煮冷却 浸后的玉米糙，经冲洗沥干，进行蒸煮，使淀粉充分糊化，然后用淋饭法冷却到拌曲下罐温度，进行糖化发酵。

（3）炒米 炒米的目的是形成玉米黄酒的色泽和焦香味。把生玉米糙总量的1/3，投入5倍的沸水中，中火炒到玉米糙成熟并有褐色焦香时，出锅摊晾，加入经蒸煮淋冷的玉米饭中，加曲和酒母，拌匀后入罐发酵。下罐品温常在16～18℃。

四、糖化发酵剂的制备

糖化发酵剂是黄酒酿造中使用的酒药、酒母和曲等微生物制品（或制剂）的总称。在黄酒酿造中，酒药具有糖化和发酵的双重作用，是真正意义上的糖化发酵剂，而酒母和麦曲仅具有发酵或糖化的作用，分别是发酵剂和糖化剂。

不同糖化发酵剂因其所含有的微生物种类不同，在培养过程中产生不同的代谢产物，赋予黄酒不同的风味。糖化发酵剂质量的优劣，直接影响到黄酒的质量和产量，其地位之重要被喻为“酒之骨”。

（一）酒药

酒药又称小曲、酒饼、白药等，主要用于生产淋饭酒母或以淋饭法酿制甜黄酒。酒药中的微生物以根霉为主，酵母次之，另外还有其他杂菌和霉菌等，因此酒药具有糖化和发酵的双边作用。酒药具有制作简单，贮存使用方便，糖化发酵力强而用量少的优点。目前酒药的制造有传统的白药（蓼曲）或药曲及纯种培养的根霉菌等几种。

1．工艺流程

酒药制作工艺流程如图8-1所示。

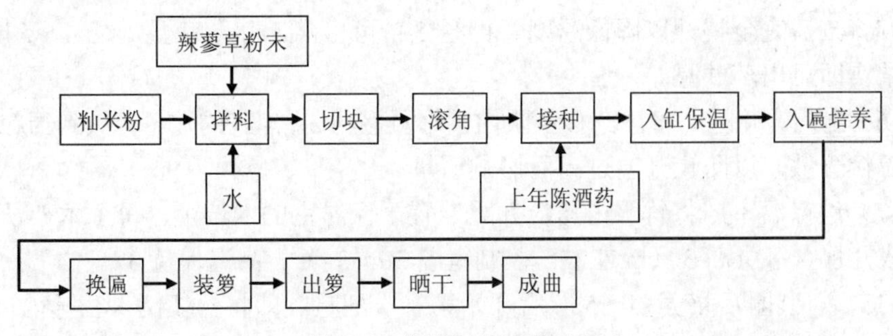

图8-1 酒药制作工艺流程

资料来源：傅金泉. 黄酒生产技术.化学工业出版社，2005。

2．工艺流程说明

酒药制作一般在农历七八月间，气温在28℃为宜。

（1）配方　糙米粉：辣蓼草：水＝20：（0.4～0.6）：（10.5～11）。老熟、无霉变的早籼稻谷富含蛋白质、灰分等成分，利于小曲微生物的生长，在白药制作前一天去壳磨成粉，细度过60目筛为佳。要求碾一批，磨一批，生产一批，以保证米粉新鲜，确保酒药质量。辣蓼草含有根霉、酵母等所需的生长素，有促进菌类繁殖、抑制杂菌生长的作用，在制药时还能起疏松的作用。

（2）种母的选择　选择前一年生产正常、糖化发酵力强、温度易掌握、生酸低、酒香味浓的优质陈酒药作为种母。接入米粉量的1%～3%。也可选用纯种根霉菌、酵母菌经扩大培养后再接入米粉，进一步提高酒药的糖化发酵力。

（3）拌料、打实　将称好的米粉及辣蓼草倒在石臼内，拌匀，加水后充分拌和，用石槌捣拌数十下，以增强它的黏塑性。取出，在谷筛上搓碎，移入木框内进行打实。每臼料（20 kg）分3次打药。木框长70～90 cm，宽50～60 cm，高10 cm，上盖软席，放料并用铁板压平。

（4）切块、滚角：去框，用刀沿木条（俗称木尺）纵横切成2～2.5 cm^3方块，分3次倒入悬空的大竹匾内，将方形滚成圆形，然后筛入3%的陈酒药，再回转打滚，过筛使药粉均匀地黏附在新药上，筛落的碎屑在下次拌料时掺用。

（5）入缸保温培养　首先在缸内铺上新鲜谷壳，然后在距离缸口边沿30 cm左右铺上一层新鲜稻草芯，将药粒分行留出一定间距，摆上一层，加草盖，盖麻袋，进行保温培养。在30～32℃培养14～16 h，品温升到36～37℃时去掉麻袋。再经6～8 h培养，手摸缸沿有水气，并放出香气时，可将缸盖揭开，观察此时药粒是否全部而均匀地长满白色菌丝。如还能看到辣蓼草粉的浅草绿色，说明药坯还嫩，则不能将缸盖全部打开，而应逐步移开，使菌丝继续繁殖生长。过程中可采取改变缸盖开放大小的方法来控制品温，直至药粒菌丝不黏手，像白粉小球一样，方将缸盖完全揭开以降低温度，再经3 h可出窝，晾至室温，经4～5 h，待药坯结实即可出药并匾。

（6）出窝、并匾　将酒药移至匾内，每匾盛药3～4缸的数量，做到药粒不重叠且粒粒分散，以防止升温过高而影响质量。

（7）进保温室　将竹匾内药粒并匾，置于保温室的木架上，每个木架从高到低分成几层，每层高30 cm左右。控制室温30～34℃，品温保持32～34℃，不得超过35℃。装匾后培养4～5 h后开始第一次翻匾，即将药坯倒入空匾内，12 h后上下调换位置；经7 h后开始第二次翻匾并调换位置。再经7 h后倒入竹席上摊2 d，然后装入竹箩内挖成凹形，并将箩搁置高处通风以防升温，早晚倒箩各1次，

2～3 d 移出保温室至空气流通的地方，再繁殖 1～2 d，早晚各倒箩 1 次，自投料开始培养 6～7 d 即可晒药。

(8)晒药、装坛　一般需在竹席上晒药 3 d。第 1 天晒药时间为上午 6:00—9:00，品温不超过 36℃；第 2 天为上午 6:00—10:00，品温 37～38℃；第 3 天晒药的时间和品温与第 1 天相同。之后趁热装坛密封保存。坛需洗净晒干，坛外粉刷石灰。

3．酒药的质量

酒药成品率约为原料量的 85%。优良的成品酒药应表面白色，口咬质地疏松，无不良气味，糖化发酵力强，米饭小型酿酒试验要求产生的糖化液糖度高，口味香甜。若酒药质硬带有酸咸味的则不能使用。

4．药曲

生产中添加中药的酒药称为药曲。现代研究结果表明，酒药中的适量的中药具有为酿酒菌类提供营养和抑制杂菌的生长的作用，并能产生特殊的香味。

（二）纯种根霉曲

传统酒药具有生产受季节限制、操作繁琐、劳动强度大、劳动生产率低、不易实现机械化操作等缺点。而纯种根霉曲采取纯根霉菌和纯酵母菌分别在麸皮或米粉上培养，然后按比例混合的方法，可以大大提高劳动效率。采取纯根霉曲生产的黄酒具有酸度低，口味清爽一致的特点，出酒率比传统酒药提高 5%～10%。

1．工艺流程

纯种根霉曲生产工艺流程如图 8-2 所示。

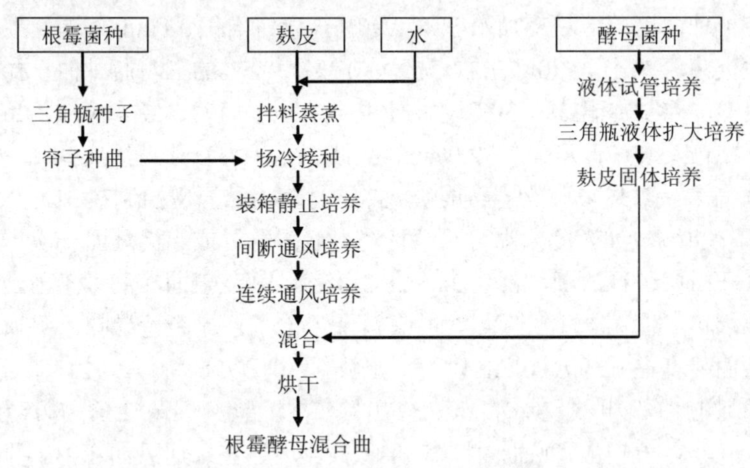

图 8-2　纯种根霉曲生产工艺流程

资料来源：顾国贤. 酿造酒工艺学. 中国轻工业出版社，2004。

2．工艺流程说明

（1）斜面菌种的制备　一般都采用米曲汁，浓度为13～16°Bé，加琼脂1.5%～2.0%，121℃灭菌30 min。按常规方法接种后，30℃左右培养3 d，当培养基上长满白色菌苔即可。为防止污染或退化，需要定期对其进行复壮。

另外，可利用麸皮制作固体斜面菌种。麸皮过40目筛过筛去粉末，以免在蒸煮后出现结块现象，造成培养时透气性不好，不利于根霉菌生长。然后加入80%～85%的水，充分拌匀后分装试管，并用试管刷将附于管壁内外的麸皮刷洗干净，塞上棉塞，在0.1 MPa下灭菌30 min，冷却后接种，置30℃保温培养3～4 d，当培养基长满白色菌苔时，升温至37～40℃进行干燥，干燥后即可置冰箱内保存。

（2）三角瓶种子培养　取过筛后的麸皮（也有用米粉作培养基的），加水80%～90%，拌匀，分装于经干热灭菌的500 mL三角瓶中，料层厚度在1.5 cm以内。在0.1 MPa下高压蒸汽灭菌30 min。趁热摇散瓶内曲块，冷却至35℃左右时，从斜面试管接种2～3针至麸皮上，充分摇匀，30℃培养20～24 h，此时培养基上已有菌丝长出，并已结块，轻微摇瓶以调节空气促进菌丝繁殖。继续培养1～2 d，当出现孢子，菌丝布满整个培养基并结成饼状时，进行扣瓶。方法是将三角瓶倾斜，轻轻敲动瓶底，使麸皮脱离瓶底，悬于瓶的中间，目的是增加空气接触面，利于菌丝生长繁殖。之后继续培养1 d，使继续生长孢子，成熟后可出瓶干燥。一般干燥温度37～40℃，干燥至水分含量至10%以下后，用灭菌组织捣碎机或乳钵研磨成粉末，装进纸袋，存放在用硅胶或生石灰作为干燥剂的玻璃干燥器内备用。整个培养、处理剂保存过程要求无菌操作。

（3）帘子种曲培养　麸皮加水80%～90%，拌匀堆积30 min润料，经常压蒸煮或高压法灭菌，摊冷至30℃左右，接入0.3%～0.5%的三角瓶种曲，拌匀，堆积保温、保湿，控制室温28～30℃，促使根霉菌孢子萌发。经4～6 h，品温开始上升，进行装帘，装帘厚度1.5～2.0 cm。继续保温培养，相对湿度95%～100%，经10～16 h培养，麸皮被菌丝连结成块状，这时最高品温应控制在35℃以内，相对湿度85%～90%。如温度太高可用酒精消毒后的竹撬或铝撬翻面一次，动作要轻；也可略开门窗进行放潮。再经24～28 h培养，麸皮表面布满大量菌丝，可出曲干燥。要求帘子曲菌丝生长茂盛，并有浅灰色孢子，无杂色异味，手抓疏松不粘手；成品曲酸度在0.5 g/100 mL以下，水分在10%以下。

（4）通风制曲　粗麸皮加水60%～70%，常压蒸汽灭菌2 h，摊冷至35～37℃，接入0.3%～0.5%的种曲，拌匀，堆积数小时，装入通风曲箱内。要求装箱疏松均匀，料层厚度25～30 cm，控制装箱后品温为30～32℃。先静止培养4～6 h，此时期为孢子萌芽期，控制室温30～31℃，相对湿度90%～95%。此阶段菌丝网结不密，品温上升缓慢，不需要通风。

当品温升至33～34℃时，开始间断通风。由于前期菌丝较嫩，故通风量要小，通风前后温差不能太大，通风时间可适当延长。待品温降到30℃即停止通风。

接种后12～14 h，根霉菌生长进入旺盛期，呼吸可达到最高峰，品温上升迅猛，曲料逐渐结块坚实，散热比较困难，需要进行连续通风。通风时尽量加大风量和风压，通入的空气温度应在25～26℃，最高品温可控制在35～36℃。通风后期曲料水分不断减少，菌丝生长缓慢，进入孢子着生期，品温降到35℃以下，可暂停通风，培养时间一般为24～26 h。培养完毕应立即将曲料翻拌打散，通入干燥空气进行干燥，使水分下降到10%左右。

（5）麸皮固体酵母　以米曲汁或麦芽汁作为黄酒酵母菌的固体试管斜面、液体试管和液体三角瓶的培养基，在28～30℃下逐级扩大培养24 h。以麸皮作固体酵母曲的培养基，加入95%～100%的水，搅拌均匀后蒸煮灭菌。温度降到31～32℃时，接入2%的三角瓶酵母成熟种子液和0.1%～0.2%的根霉曲，其中根霉的作用是对淀粉进行糖化，供给酵母必要的糖分。接种拌匀后装帘培养。装帘时要求料层疏松均匀，料层厚度为1.5～2.0 cm，在品温30℃下培养8～10 h，进行划帘，排除料层内的CO_2，交换新鲜空气，降低品温，促使酵母均匀繁殖。继续保温培养，至12 h品温复升，进行第2次划帘。15 h后酵母进入繁殖旺盛期，品温升高至36～38℃，再次划帘。一般培养24 h后，品温开始下降，待数小时后，培养结束，进行低温干燥。

（6）混合　将培养好的根霉曲和酵母曲按一定的比例混合成纯种根霉曲，混合时一般以酵母细胞数4亿个/g计算，加入根霉曲中的酵母曲量应为6%最适宜。

（三）麦曲

1．麦曲的作用和特点

麦曲是指在破碎的小麦上培养繁殖糖化微生物而制成的黄酒糖化剂。传统的麦曲生产采用自然培育微生物的方法，新发展的纯种麦曲采用人工接种培养纯种糖化菌种的方法。传统麦曲中的微生物主要有黄曲霉（或米曲霉）、根霉、毛霉和少量的黑曲霉、灰绿曲霉、青霉、酵母等。

根据制作工艺的不同，麦曲可分为块曲和散曲。块曲主要是踏曲、撕曲、草包曲等，一般经自然培养而成；散曲主要有纯种生麦曲、爆麦曲、熟麦曲等，常采用纯种培养制成。

2．踏曲

踏曲是块曲的代表，又称闹箱曲，常在农历八九月间制作。

（1）工艺流程

踏曲生产的工艺流程如图 8-3 所示。

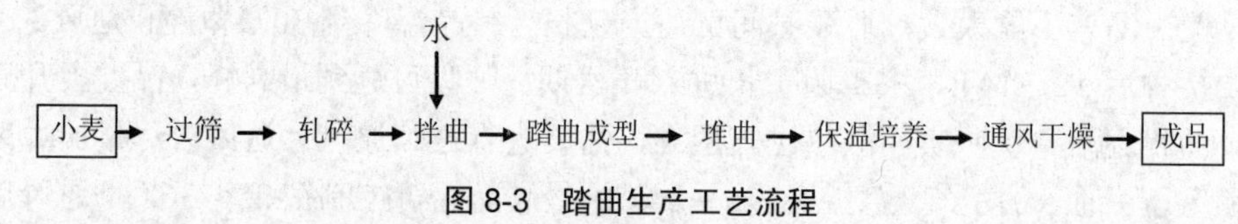

图 8-3　踏曲生产工艺流程

资料来源：顾国贤. 酿造酒工艺学. 中国轻工业出版社，2004。

（2）工艺流程说明

①过筛、轧碎：小麦过筛除杂，后用滚筒轧碎机将麦粒轧成 3～4 瓣，麦皮破碎，胚乳外露。

②拌曲：将麦料装入拌料桶（箱），加入 20%～22%的清水，迅速拌匀，不能有白心或水块，防止产生黑曲或烂曲。拌曲时，可加进少量的优质陈麦曲作种子，稳定麦曲的质量。

③踏曲成型：踏曲成型的目的是便于堆积、运输。将曲料在曲模木框中踩实成型，压到不散为度，再用刀切成块状。

④堆曲：进曲室堆曲，使曲块侧立成丁字形叠为两层，目的是保温培养时利于空气流通。事前需对曲室进行灭菌，地面铺上谷皮及竹席、曲块上加盖稻草垫或草以利于保温。

⑤保温培养：堆曲后关闭门窗，保温培养。经 3～5 d 后，品温上升至 50℃左右，麦粒表面菌丝繁殖旺盛，水分大量蒸发，此时要及时取掉保温覆盖物并适当开启门窗以降温。继续培养 20 d 左右，品温逐步下降，曲块因菌丝生长及水分流失而变硬结，可按“井”字形叠起，通风干燥后使用或入库贮存。

培养过程中的最高品温可控制在 50～55℃，此时是淀粉酶的最适合成和作用温度，利于淀粉酶的积累及麦曲独特曲香物质的形成；同时高温可抑制青霉之类生长最适温度较低的有害微生物的生长繁殖；另外高温也不容易产生黑曲和烂曲。

成品麦曲应该具有正常的曲香味，白色菌丝茂密均匀，无霉味或生腥味，无霉烂夹心，曲屑坚韧触手，曲块坚韧而疏松。含水量为 14%～16%，糖化力较高，在 30℃时，1 g 曲（风干曲）1 h 能产生 700～1 000 mg 葡萄糖。

3．纯种麦曲

纯种麦曲是指把经过纯种培养的黄曲霉或（米曲霉）接种在小麦上，在一定条件下，使其大量繁殖而制成的黄酒糖化剂。具有淀粉酶活力高，用酶量少及适合机械化黄酒生产的优点，不足之处是其中所含的微生物种类单一，所产生的酶类及其代谢产物不够丰富，生产出来的黄酒口味不够丰厚。

（1）工艺流程　按原料处理方法的不同纯种麦曲可分为纯种熟麦曲、纯种生麦曲和爆麦曲，按培养方式的不同又有地面、帘子和通风曲箱等方式，但大多采用通风制曲法，其工艺流程如图 8-4 所示。

原菌 → 试管活化培养 → 三角瓶扩大培养 → 种曲扩大培养 → 麦曲通风培养

图 8-4　纯种麦曲生产工艺流程

资料来源：顾国贤. 酿造酒工艺学. 中国轻工业出版社，2004。

（2）工艺流程说明

①原菌：一般采用斜面试管保藏在 4℃左右冰箱内，每隔 3～6 个月转接一次。

②试管活化培养：一般采用米曲汁为培养基，28～30℃培养 4～5 d。要求菌丝健壮、整齐，孢子数多，菌丛呈深绿色或黄绿色，不得有异样的形态和色泽，镜检无杂菌。

③三角瓶扩大培养：以麸皮为培养基（也有用大米或小米作原料的），操作与纯种根霉曲相似。要求孢子粗壮、整齐、密集，无杂菌。

④帘子种曲扩大培养：操作同纯种根霉帘子曲相似。

⑤麦曲通风培养：通风培养纯种的生麦曲、爆麦曲、熟麦曲，主要在原料处理上不同。生麦曲在原料小麦轧碎后，直接加水拌匀接入种曲，进行通风扩大培养。爆麦曲是先将原料小麦在爆麦机里爆炒增香后，趁热轧碎，冷却后加水接种，装箱通风培养。熟麦曲是先将原料小麦破碎，然后加水配料，在常压下蒸熟，冷却后接种，装箱通风培养。纯种熟麦曲的通风培养操作流程如图 8-5 所示。

拌料 → 蒸料 → 接种 → 装箱 → 间断通风培养 → 连续通风培养 → 产酶和排湿 → 出曲

图 8-5　纯种熟麦曲的通风培养流程

a. 拌料、蒸料：小麦破碎要求同自然培育麦曲，破碎后根据麦料干燥情况、粉碎粗细程度和季节不同加水拌匀，堆积润料 1 h 后，常压蒸煮，圆汽后蒸 45 min，以达到淀粉糊化和原料灭菌的作用。加水量一般在 40%左右。

b. 接种：将蒸熟的麦料用扬糙机打碎团块，迅速风冷至 36～38℃，接入原料量的 0.3%～0.5%的种曲，拌匀，控制接种后品温 33～35℃。

c. 堆积装箱：接种后的曲料可先堆积 4～5 h 以促进霉菌孢子的吸水膨胀发芽，堆积高度为 50 cm；也可直接入通风培养曲箱内，要求装箱疏松均匀，品温控制在30～32℃，料层厚度为25～30 cm，并视气温进行调节。

d. 通风培养：纯种麦曲通风培养主要掌握温度、湿度、通风量和通风时间。本培养过程分3个阶段：

前期（间断通风阶段）：接种后最初10 h 左右。本阶段孢子处于萌发阶段，产热量少，应注意保温保湿，室温控制在30～31℃，品温控制在30～33℃，相对湿度在90%～95%。此时可用循环小风量通风或待品温升至34℃时，进行间断通风，等品温下降到30℃时，停止通风，如此反复进行。目的是防止品温产生较大波动、水分散失太快而影响菌丝生长。

中期（连续通风阶段）：霉菌菌丝进入生长旺盛期，菌丝体大量形成，呼吸作用强烈，品温升高很快，并且发生菌丝相互缠绕导致曲料结块，通风阻力增加，此时必须全风量连续通风，使品温控制在38℃左右，不得超过40℃，否则会发生烧曲现象，影响曲霉的生长和产酶。如果品温过高，可通入部分温度、湿度较低的新鲜空气。

后期（产酶排湿阶段）：菌丝生长旺盛期过后，呼吸逐步减弱，菌丝体开始生成分生孢子柄和分生孢子。这是霉菌产酶最多的时期，应排湿升温，或通入干热空气，控制品温在37～39℃，以利于酶的形成和成品曲的保存。选择在曲的酶活力达到最高峰时及时出曲，整个培养时间为36 h 左右。

（3）成品曲的质量　菌丝稠密粗壮，不能有明显的黄绿色，有曲香，无霉酸臭味，曲的糖化力较高（1 000单位以上），含水量在25%以下。制成的麦曲应及时投入使用，尽量避免存放。

（四）酒母

酒母是由少量酵母逐渐扩大培养形成的酵母醪液。黄酒发酵需要大量酵母菌的共同作用，传统淋饭酒母发酵醪液中酵母密度高达6亿～9亿个/mL，发酵后的酒精浓度可达18%以上。

根据培养方法的不同，黄酒酒母可分为淋饭酒母和纯种培养酒母两大类，前者是用酒药通过淋饭酒醅的制造自然繁殖培养的酒母，后者是用纯种黄酒酵母菌逐级扩大培养而获得的酒母，常用于新工艺黄酒的大罐发酵。

1. 淋饭酒母

淋饭酒母又叫“酒娘”，在传统的摊饭酒生产以前20～30 d，要先制作淋饭酒母。

（1）工艺流程　淋饭酒母制作工艺流程如图8-6所示。

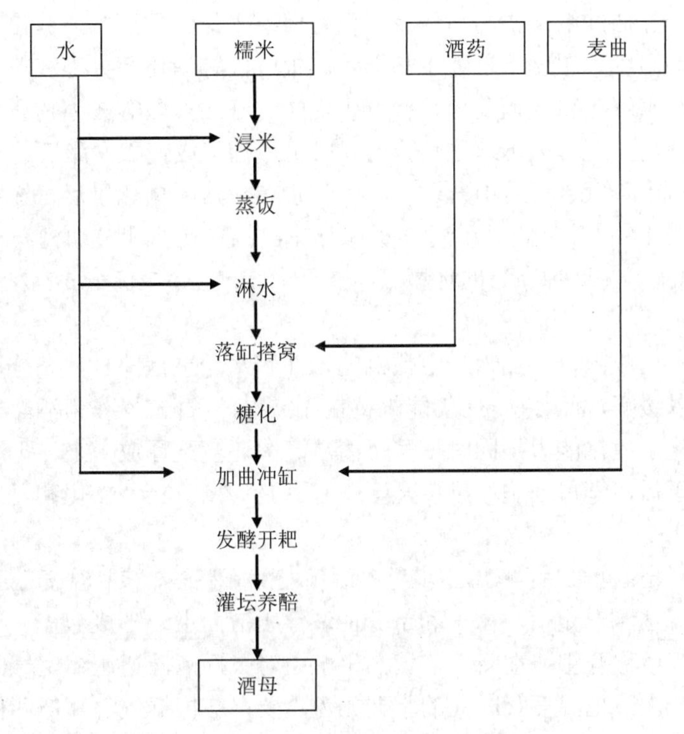

图 8-6 淋饭酒母制作工艺流程

资料来源：顾国贤. 酿造酒工艺学. 中国轻工业出版社，2004。

（2）工艺流程说明

①配料：制备淋饭酒母常以每缸投料米量为基准，根据气候的不同有 100 kg 和 125 kg 两种，麦曲用量为原料米的 15%～18%，酒药用量为原料米的 0.15%～0.2%，控制饭水总重量为原料米量的 3 倍。

②浸米、蒸饭、淋水：浸米时水量超过米面 5~6 cm 为好，浸渍时间根据气温不同控制在 42～48 h。浸好后捞出洗净浆水，常压蒸煮。蒸好后用冷水淋冷至 31℃左右，达到落缸要求。此时饭粒光滑软化，熟而不糊，分离松散，更加适合糖化菌的生长繁殖。

③落缸搭窝：将淋冷后的米饭沥去水分，投入洁净并灭过菌的大缸，拌入酒药粉末，捏碎成块饭团，拌匀，在米饭中央搭成凹形窝，窝要搭得疏松，以不塌陷为界。搭窝的目的：一是增加米饭与空气的接触面积，利于霉菌的生长繁殖；二是加快发酵所产生热量的散发，另外又便于观察和检查糖液的发酵情况。一般搭好窝后品温控制在 27～29℃为好。

④糖化、加曲冲缸：搭窝后应及时做好保温工作。酒药中的糖化菌、酵母菌在米饭的适宜温度、湿度下迅速生长繁殖。根霉菌等糖化菌分泌淀粉酶、蛋白酶等水解酶类，水解淀粉成葡萄糖，并产生乳酸、延胡索酸等酸类物质，在酒窝内积聚甜液，使窝内酵母菌迅速生长繁殖。有机酸的生成使酿窝甜液的 pH 维持在 3.5 左右；抑制了产酸细菌的侵袭。一般经过 36～48 h 糖化以后，饭粒软化，甜液满至酿窝的 4/5 高度，此时甜液浓度为 35°Bé左右，还原糖为 15%～25%，酒精含量在 3%以上，在这种高渗的环境下，酵母浓度仅在 0.7 亿个/mL 左右，基本上镜检不出杂菌。

这时酿窝已成熟，可加入一定比例的麦曲和水，进行冲缸。充分搅拌后酒醅高渗透压得以缓解，而醪液 pH 仍能维持在 4.0 以下。冲缸操作为酒醅补充了新鲜的氧气，强化了糖化能力，同时使酵母菌从高渗环境下释放出来，再次迅速生长繁殖。24 h 以后，酵母细胞浓度可升至 7 亿～10 亿个/mL，糖化和发酵作用得到大大加强。

⑤发酵开耙：冲缸后，酵母逐步进入酒精发酵旺盛期，醪液温度迅速上升，8～15 h 后，品温达到一定值，米饭和部分曲漂浮于液面上，形成泡盖。这时需用木耙进行搅拌，俗称开耙；在新工艺黄酒生产中对大罐醪液通压缩空气的操作也称为开耙。第一次开耙温度和时间的掌握尤为重要，应根据气温高低和保温条件灵活掌握。在第一次开耙以后，每隔 3～5 h 就进行第二、第三和第四次开耙，使醪液品温保持在 26～30℃。

黄酒发酵过程中的开耙主要具有以下几个作用：降低、均匀品温；排出醪液中积聚的 CO_2 气体和其他杂气，补给新鲜氧气，以促进酵母繁殖，防止杂菌滋长；使料液搅拌均匀，利于充分发酵；通过开耙品温和时机的调节，控制发酵温度变化，影响糖化和发酵的速度和程度，可以酿造出浓辣、鲜灵、甜嫩、苦老等不同风格的酒。

⑥灌坛养醅（后发酵）：开耙以后，酒精含量迅速升高，冲缸 48 h 后酒精含量可达 10%以上，糖化发酵作用仍在继续进行。为了获得更高的酒精含量，在落缸后第 7 天左右，即可将发酵醪灌入酒坛，装至八成满，俗称灌坛养醅。经过 20～30 d 的后发酵，酒精含量达 15%以上，经认真挑选，优良者可作酒母使用。

（3）酒母质量　成熟的酒母醪应发酵正常，酒精浓度在 16%左右，酸度在 0.4%以下，品味爽口，无酸涩等异杂气味。

2．纯种酒母

纯种酒母按糖化与发酵关系分为两种：一种是仿照黄酒生产的双边发酵酒母，因其制造时间比淋饭酒母短，又称速酿酒母；另一种是高温糖化酒母，首先采用

55～60℃高温糖化，糖化完后高温灭菌，冷却后接入纯种酵母进行培养。

（1）速酿酒母

①配比：制造酒母的用米量为发酵大米投料量的 5%～10%，米和水的比例在 1∶3 以上，麦曲用量为酒母用米量的 12%～14%（纯种曲），如用自然培养的踏曲则用 15%。

②投料方法：先将水放好，然后把米饭和麦曲倒入罐内，拌匀后加乳酸调节 pH 为 3.8～4.1，再接入三角瓶酒母，接种量 1%左右，充分搅拌后保温培养。

③开耙控温：落罐后约 10 h，当品温升至 31～32℃，应及时开耙降温，使品温保持在 28～30℃，以后应根据品温 1～2 h 开一次耙，使品温保持在 28～30℃，培养时间 1～2 d。

④酒母质量：酵母细胞粗壮整齐，酵母浓度在 3 亿个/mL 以上，酸度 0.3%以下，杂菌数每一视野不超过 2 个，酒精含量 3%～4%。

（2）高温糖化酒母

①配料：选用糯米粳米，使用部分麦曲和淀粉酶，每罐配料如下：大米 600 kg，曲 10 kg，液化酶（3 000U）0.5 kg，糖化酶（15 000U）0.5 kg，水 2 050 kg。

②蒸煮糊化：米洗净后倒入高压蒸煮锅，加入需要量的水分，进行蒸煮糊化。

③高温糖化：先在糖化罐内加入部分温水，然后倒入蒸煮好的米饭，搅拌，加冷水调节品温在 60℃，控制米∶水＞1∶3.5，再加入所需麦曲、液化酶和糖化酶，搅拌均匀，于 55～60℃静止糖化 3～4 h，使糖度达 14～16°Bé。糖化后使糖化醪品温升至 85℃，保持 20 min，灭菌。

④接种培养：灭菌后的糖化醪，冷却至 60℃左右，加入乳酸调节至 pH 4 左右，继续冷却至 28～30℃，接入酵母种子液或活性干酵母，培养 14～16 h，即可使用。

⑤酒母质量要求：酵母细胞数＞1 亿～1.5 亿个/mL，芽孢率 15%～30%，酵母死亡率＜1%，酒精含量 3%～4%，酸度 0.12～0.15 g/100 mL，杂菌数每个视野＜1.0 个。

任务二 发酵工程

一、黄酒发酵

（一）传统黄酒的发酵

1．干型黄酒的酿造

干型黄酒含糖量在 1.5 g/100 mL（以葡萄糖计）以下，酒的浸出物较少。麦曲类干型黄酒的操作方法主要有摊饭法、喂饭法和淋饭法等，淋饭法黄酒的制作与淋饭酒母的制作基本相同，不再重述，下面主要介绍另外两种黄酒的制作方法。

（1）摊饭酒　传统摊饭酒常在 11 月下旬至次年 2 月初进行，酸浆水作配料，采用自然培养的生麦曲作糖化剂、淋饭酒母作发酵剂。干型黄酒和半干型黄酒中具有典型代表性的绍兴元红酒及加饭酒等都是应用摊饭法生产的。

①摊饭酒酿造工艺流程：如图 8-7 所示。

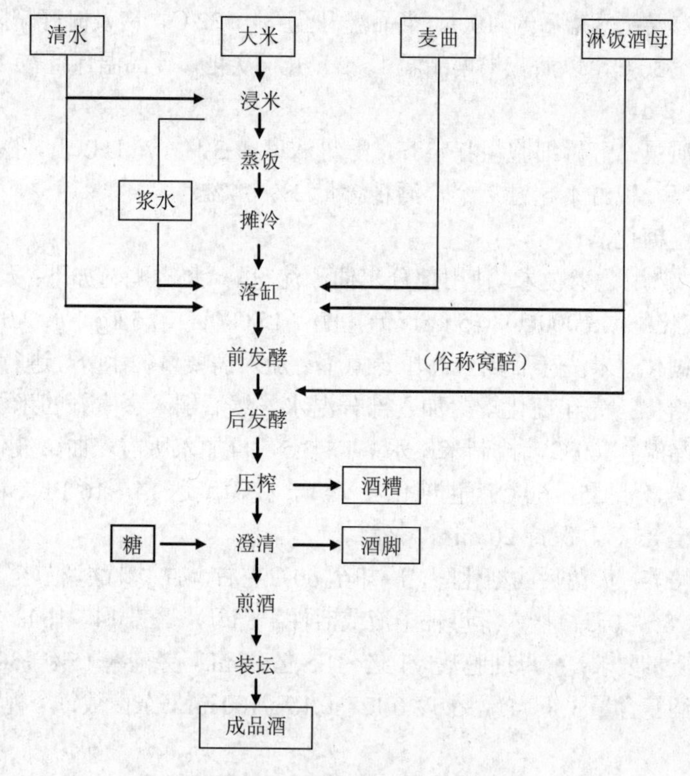

图 8-7　摊饭酒酿造工艺流程

资料来源：顾国贤. 酿造酒工艺学. 中国轻工业出版社，2004。

②工艺流程说明

a. 配料：以绍兴元红酒为例，每缸用糯米 144 kg，麦曲 22.5 kg，水 112 kg，酸浆水 84 kg，淋饭酒母 5～6 kg。加入酸浆水与清水的比例为 3∶4，即所谓的“三浆四水”。

b. 浸米：浸米操作基本与淋饭酒母相同，但摊饭酒的浸米时间较长，达 18～

20 d。浸渍的目的除了利于蒸煮外，更是为了汲取底层的浆水。一般每缸浸米288 kg，浸渍水高出米层6 cm左右。

c. 蒸饭和摊冷：大米浸渍后不经淋洗，保留附在大米上的浆水进行蒸煮。米饭蒸好后摊冷或鼓风吹冷，要求品温下降迅速而均匀，一般冷至60～65℃。

d. 落缸：落缸时先放清水，再依次投入米饭、麦曲和酒母，最后冲入浆水，搅拌，使缸内物料和品温均匀一致。落缸温度一般控制在24～26℃，一般不超过28℃。注意勿使酒母与热饭块接触引起"烫酿"，造成发酵不良，甚至酸败。

e. 前发酵：传统的发酵是在陶缸中分散进行的，有利于发酵热量的散发和进行开耙。前期主要是酵母细胞增殖阶段，品温上升缓慢，应注意保温。经10 h左右，酵母浓度可达5亿个/mL左右，进入主发酵阶段，品温上升较快，醪液变得更加稀薄。发酵产生大量二氧化碳，将较轻的饭块冲向发酵醪表面，形成厚厚的醪盖，阻碍热量的散发和新鲜氧气的进入，必须及时开耙（搅拌）。开耙时以饭面下15～20 cm缸心温度为依据，结合气温高低灵活掌握。开耙温度的高低影响成品酒的风味，高温开耙（头耙在35℃以上），酵母容易早衰，发酵能力不能持久，酒醅残糖含量较高，酿成的酒口味较甜，俗称热作酒；低温开耙（头耙温度不超过30℃），发酵较完全，酿成的酒甜味少而辣口，俗称冷作酒。

热作酒开头耙后温度一般下降 10℃左右，冷作酒开头耙后品温一般下降4～6℃，此后，各次开耙的品温下降较少。头耙、二耙主要依据品温高低进行开耙，三耙、四耙则主要根据酒醅发酵的成熟程度来进行，四耙以后，每天捣耙2～3次，直至品温接近室温。一般主发酵经3～5 d结束，这时酒精含量一般达13%～14%。

f. 后发酵：后发酵一般在坛中进行，一方面防止酒精过分挥发，另一方面可利用坛的透气性为酵母生长提供微量氧气，并促使热量散发。后发酵的目的是使淀粉和糖分继续糖化发酵生成酒精，并使酒成熟增香，一般持续两个月左右。先在每坛中加入1～2坛淋饭酒母（俗称窝醅），搅拌均匀后，将发酵缸中的酒醅分盛于酒坛中，每坛装25 kg左右，坛口盖一张荷叶。每2～4坛堆成一列，多数堆置在室外，最上层坛口再罩一只小瓦盖，以防雨水入坛。后发酵的品温常随自然温度而变化，前期气温较低时应堆在向阳温暖的地方，后期气温转暖时应堆在阴凉的地方。一般控制品温在20℃以下为宜。

摊饭酒的发酵期一般控制在70～80 d，结束后进行压榨、澄清和煎酒。

（2）喂饭酒　嘉兴黄酒是喂饭发酵法的代表酒种。喂饭法发酵不仅适合于陶缸发酵，也很适合于大罐发酵生产和浓醪发酵的自动开耙。多次喂饭的发酵方式，一方面不断对酵母进行扩大培养，减少了酒药的用量（仅是用作淋饭酒母原料的

0.4%～0.5%）；另一方面不断给酵母补给新鲜养料和氧气，保持了其旺盛的发酵力，另外多次投料操作起到了稀释发酵醪糖度和酒精度的作用，缓解了发酵醪渗透压和酒精对酵母造成的压力。由于喂饭法发酵使主发酵时间延长，酒醅翻动剧烈，有利于新工艺大罐发酵的自动开耙，使发酵温度易于掌握，对防止酸败有一定的好处。

①喂饭酒酿造工艺流程：如图 8-8 所示。

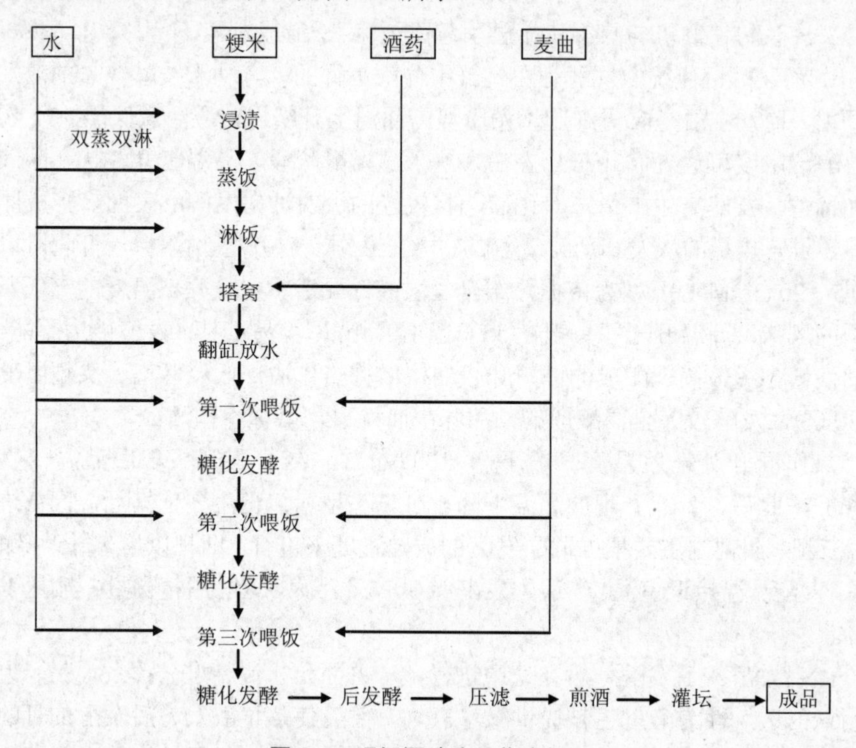

图 8-8　喂饭酒酿造工艺流程

资料来源：顾国贤. 酿造酒工艺学. 中国轻工业出版社，2004。

②工艺流程说明

a. 浸渍：在室温 20℃左右时，浸渍 20～24 h。浸渍后用清水冲淋。

b. 蒸饭、淋饭："双淋双蒸，小搭大喂"是粳米喂饭酒的技术要点。所谓"双淋"是指在蒸饭过程中两次用 40℃左右的温水淋洒米饭，抄拌均匀，使米饭充分吸足水分，利于糊化；"双蒸"是指同一原料经过两次蒸煮，要求米饭熟而不烂。蒸后淋冷，保证拌药时品温控制在 26～32℃。

c. 搭窝：拌入原料量 0.4%～0.5%的酒药，搭窝，保温发酵，经 18～22 h 开始升温，24～36 h 品温略有回降时出现酿液，此时品温为 29～33℃，以后酿液逐渐增多，趋于成熟。成熟的酒酿要求酿液满窝，呈白玉色，有正常的酒香。

d. 翻缸放水：搭窝 48～72 h 后，酿液高度已达 2/3 的醅深，糖度达 20%以上，酵母数在 1 亿个/ml 左右，酒精含量在 4%以下，即可翻转酒醅并加入清水。加水量控制每 100 kg 原料总醪量为 310%～330%。

e. 喂饭发酵：翻缸 24 h 后，进行第一次喂饭，加曲进行糖化。喂饭次数以 3 次为最佳，其次是 2 次。酒酿原料：喂饭总原料为 1∶3 左右，第 1～3 次喂饭的原料比例分配为 18%、28%、54%，喂饭量逐级提高，有利于发酵和酒的质量，保证发酵的正常进行。

喂饭的原则：

①合适的加饭比例：成熟的酒酿具有一定量的有机酸及成酯能力，具有抵制杂菌污染的能力。如果一次喂饭比例过高，醪液酸度会突然降低，不利于抵制发酵前期杂菌的侵染；但酒酿原料比例过大，有机酸和杂质过多，则会给黄酒带来苦涩味和异杂味。

②合适的喂饭次数：若喂饭次数过多，第一次与最末次喂饭间隔过长，不但淀粉酶活性减弱，酵母衰老，而且长时间处于较高品温下，也会造成酸败。根据经验，3 次喂饭较为合理。

③各次喂饭占总喂饭比例：应前小后大。前期主要是酵母的扩大培养，较小的喂饭比例，能够维持醪液较低的 pH，易于控制品温和开耙搅拌，对酵母生长繁殖有利。后期是酒精发酵作用，在前期获得大量酵母菌体的前提下，加大喂饭比例，可以获得较高的酒精产量。故喂饭法发酵时要求做到“小搭大喂”“分次续添”“前少后多”。

④合适的发酵温度：应前低后高，缓慢上升，最末次喂饭后，出现主发酵高峰。前期控制较低温度，有利于维持酒药中淀粉酶活性、增强酵母的耐酒精能力和抑制杂菌的侵染，但到主发酵后期，此时酵母浓度已很高，发酵作用旺盛，醪液积累一定酒精浓度，即使出现温度高峰也不致轻易造成酸败。

⑤合适的喂饭时间间隔：以 24 h 为宜。喂饭发酵期间，醪液能够维持较恒定 pH 在 4.0 左右。

⑥合适的加曲量：按每次喂饭原料量的 8%～12%在喂饭时加入。用于强化糖化能力，同时可以为酵母提供生长所需的某些营养物质。由于麦曲带有杂菌，因此，不宜过早加入，防止杂菌提前繁殖，杂菌主要是生酸杆菌和野生酵母。

f. 灌坛后发酵：最后一次喂饭 36～48 h 后，酒精含量达 15%以上，此时要及时灌坛进行后发酵。

2．半干黄酒

半干黄酒含糖量在 1.51%～4.0%。这类黄酒在配料中减少了用水量，相当于增加了用饭量，因此有加饭酒之称。加饭酒酒质优美，风味独特，特别是绍兴加饭酒，酒液黄亮呈有光泽的琥珀香气浓郁，口味鲜美醇厚。

加饭酒酿造工艺过程和操作基本与元红酒相同，最大区别在于原料落缸时，减少了用水量。

（1）酿造特点

①大米原料的选择和浆水的应用特别重要。要用当年的新糯米，并用浆水作配料。

②配料上用水量减少而米饭等固形物相对增多，是一种浓醪发酵酒。

③因醪液浓厚，发酵不太完全而导致醪中糖分太多，所以压榨较费时费力，出酒率低，糟粕多。酒中丰富的浸出物含量以及长达 80～90 d 的发酵构成了加饭酒风味鲜美醇厚的特点。

④酿成后一般还要经过 1～3 年的贮存，使酒老熟，酒质变得香浓，口味醇厚。

（2）工艺流程说明

①配料：每缸用糯米 144 kg，麦曲 27.5 kg，酒母 5～8 kg，浆水 60 kg，水 75 kg，淋饭酒醪 25 kg，糟烧白酒（酒精含量 50%）5 kg。

②加饭酒因原料落缸时加水量较少，故搅拌较困难。操作时可以一边用手搅拌，一边将翻拌过的物料翻到临近的空缸中，以利于拌匀，俗称盘缸。空缸沿上架有大孔眼筛子，饭料用挽斗捞起倒在筛中漏入缸内，并随时用手将大饭块捏碎。

③因醪液浓稠，散热困难，故一般选择在严冬酿造，下缸品温比元红酒低 1～2℃。

④加饭酒都采用热作开耙。主酵结束时，每缸酒再加入淋饭酒醪 25 kg、糟烧白酒 5 kg，以增强发酵力，提高酒精含量，防止酸败。

3．半甜黄酒

半甜黄酒的糖分为 4.01%～10.0%。因在原料落缸时以酒代水，高酒精度抑制了酵母的发酵，导致最终酒醪中残留了较高的糖分和其他成分，从而构成半甜黄酒特有的酒精含量适中、味甘甜而芳香的特点。绍兴善酿酒是半甜型黄酒的代表，下面以它为例介绍半甜黄酒的酿造特点。

善酿酒采用摊饭法酿制，其工艺流程与元红酒基本相同，最大区别在于下缸时以陈元红酒代水。由于落缸开始已有 6%的酒度，酵母繁殖与发酵受阻，要求下缸温度较元红酒稍高 2～3℃，一般在 30～31℃，并增加块曲和酒母的用量，以促进糖化和发酵。落缸后保温发酵 20 h 左右，品温升到 30～32℃，可开头耙，耙后品温下降 4～6℃。继续保温发酵 10～14 h，品温又升到 30～31℃，开二耙，再经 4～6 h，开三耙，并开始做好降温措施。此后要注意捣冷耙降温，以免发酵太老，糖分降低太多。一般下缸 2～4 d 便可灌坛后发酵，经 70 d 左右可榨酒。

4．甜、浓甜黄酒

甜型黄酒的糖分在 10.0%以上，浓甜黄酒的糖分在 20.0%以上。一般都采用淋饭法酿制，即在淋冷的饭料中拌入糖化发酵剂，经一定程度的糖化发酵后，加入酒精含量为 40%～50%的白酒或食用酒精，抑制酵母发酵，使最终发酵醪残留较高的糖分。因加入的大量酒精可抑制杂菌的侵染，所以生产不受季节限制，一般多安排在夏季生产。绍兴香雪酒就是甜型黄酒的代表酒种。

（二）黄酒新工艺生产技术

1．新工艺黄酒的特点

与传统黄酒生产工艺相比，新工艺黄酒主要有以下特点。

（1）深层发酵　传统缸、坛等发酵容器，发酵醪深在 1 m 左右，而新工艺采用不锈钢发酵罐，目前国内大发酵罐容积达 45 m^3 甚至更大，小的也在 10 m^3 左右，醪液深度在 4～5 m，甚至可达 10 m 以上。

（2）纯种发酵　新工艺黄酒多采用纯种糖化发酵剂。如糖化剂用苏 16 黄曲霉培养的熟麦曲、麸曲，发酵剂采用中科院 AS2.1392 等酵母菌株培养的高温糖化酒母或速酿酒母。为保证黄酒的良好风味，新工艺黄酒生产中多采用纯种曲和自然培养的曲混合使用。在选育黄酒酵母的时候也力求多个酵母菌株进行混合发酵，以发挥各菌株的特点，使酿制出来的黄酒在风味上与传统黄酒一致。

（3）机械化操作

新中国成立以后，黄酒生产逐步实现机械化、连续化生产。新工艺黄酒中精米一般采用精米机，大米输送采用斗式输送、传送带输送、水米混合泵送和气流输送等方式，浸米采用专用的浸米槽，淋米和洗米可采用振荡式的流米床，蒸饭设备有立式蒸饭机、卧式蒸饭机或卧式、立式结合型多种，落饭加曲也都实现了机械化，发酵时采用不锈钢发酵罐，瓶酒灌装也实现了自动化，贮酒容器从原来的陶坛变为不锈钢大容器。尤其是发酵过程采用蒸汽机和冷冻机进行品温调控，使黄酒生产摆脱了季节和地域的限制。

虽然新工艺黄酒大大提高了企业的生产效率，节省了劳动力，降低了工人劳动强度，产品质量也已基本达到或接近传统工艺黄酒的水平，但是一些酒厂，特别是一些名酒企业，为了保证其黄酒的质量和风格，在关键技术上仍然采用传统方法进行生产。

2. 新工艺黄酒生产技术

（1）新工艺黄酒生产工艺流程　如图 8-9 所示。

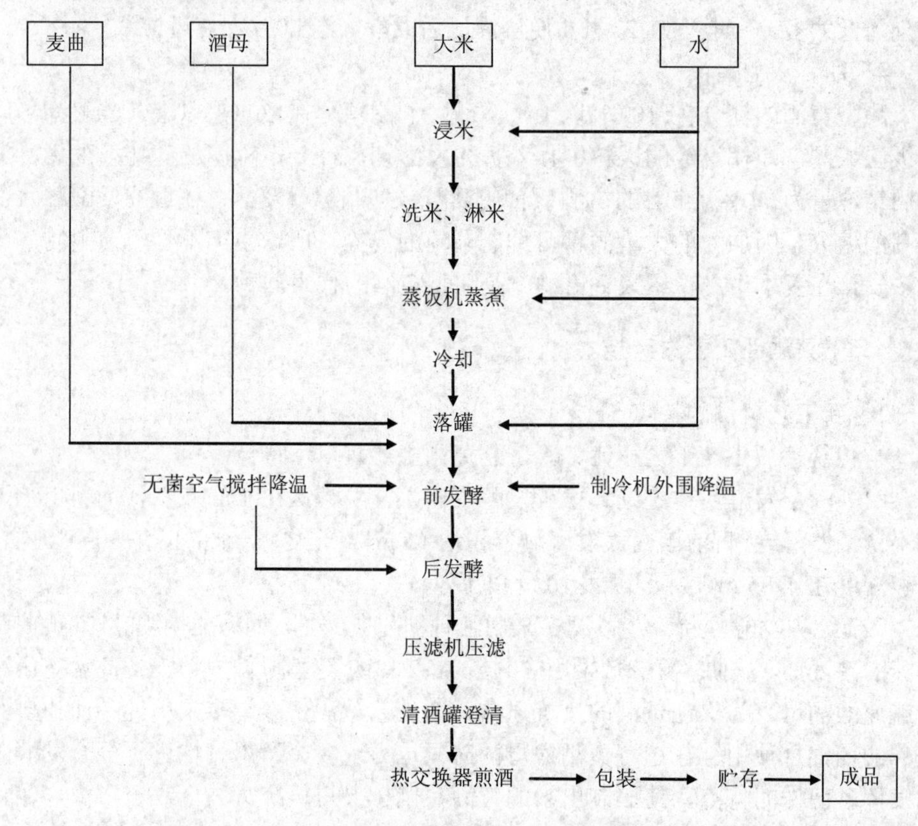

图 8-9　新工艺黄酒生产工艺流程

资料来源：顾国贤. 酿造酒工艺学. 中国轻工业出版社，2004。

（2）工艺流程说明

①浸米：原料米经精白后输送至位于浸米槽上方的高位贮米罐，浸米时自由落差进入浸米槽。控温 25℃左右，浸米 24～72 h，吸水率 30%以上，米浆水酸度大于 0.3%。

②洗米、淋米：目的是洗净浆水，破除米块。浸米后用皮管吸出部分老浆水，供下次浸米时用。打开浸米槽出口阀，将米通过软管进入振动筛。打开淋米用的自来水阀门，放水冲洗至浆水淋净，并在振动筛槽中沥干。

③蒸煮：利用卧式或立式蒸饭机蒸煮，淋饭的米饭出饭率 168%～170%，风冷饭为 140%～142%。冷却后入前发酵罐发酵。

④淋饭、落罐：落罐时，开动振动落饭装置，让冷却后的饭进入前酵罐；打开定量、定温的贮水罐阀，让配料水随饭一起均匀落入前发酵罐；打开酒母罐出料阀，让酒母也同步流入前发酵罐；同时在加曲机内加入块曲或纯种熟曲，开动绞龙碎曲后也进入前发酵罐。之后，冲洗黏在罐口和管壁上的饭粒，加盖安全网罩，进行敞口发酵。不同室温的淋饭品温和落罐品温控制如表 8-3、表 8-4 所示。

表 8-3 不同室温的淋饭品温控制 单位：℃

室温	0～5	5～10	10～15	15～20	20 以上
品温	27～28	26～27	25～26	24～25	尽可能接近 24

资料来源：胡文浪. 黄酒工艺学. 中国轻工业出版社，1998。

表 8-4 不同室温的落罐品温 单位：℃

室温	0～5	5～10	10～15	15～20	20 以上
品温	27±0.5	26±0.5	25±0.5	24±0.5	接近 24

资料来源：胡文浪. 黄酒工艺学. 中国轻工业出版社，1998。

⑤前发酵：大罐发酵具有容积大、醅层深、发热量大而散热困难、厌氧条件好等特点，开耙操作是大罐发酵的关键所在。新工艺黄酒生产采用通入压缩的无菌空气搅拌的方式进行开耙，另外辅助制冷机进行外围冷却。开耙操作要严格根据开耙温度控制表（表 8-5），适时开耙，头耙要中心开通，以助自然对流翻腾，二耙开始需要上下四周全面搅动，罐底的饭团也翻腾起来，醪盖压下去。发酵 96 h 左右后，酒精含量达到 14%以上，主发酵阶段结束，输送至后发酵罐。

前发酵过程中，必须加强品温的监管，管理情况如表 8-6 所示。另外还需适时测定醪液酒精含量和酸度，以便随时掌握发酵状况。正常发酵下，酒精含量和酸度的变化如表 8-7 所示。

表 8-5 新工艺黄酒开耙温度控制

落罐时间/h	8～10	10～13	13～18	18～24	24～36
品温/℃	28～30	30～32	32～33	33～31	31～330
耙次	头耙	二耙	三耙	必要时进行通气翻腾	

资料来源：胡文浪. 黄酒工艺学. 中国轻工业出版社，1998。

表 8-6　新工艺黄酒前酵品温管理

时间/h	0～10	10～24	24～26	36～48	48～60	60～72	72～84	84～96	输醪
品温/℃	25～30	30～33	33～30	30～25	25～23	23～21	21～20	＜20	12～15

资料来源：王传荣. 发酵食品生产技术. 科学出版社，2005。

表 8-7　前酵期酒精含量与酸度变化情况

发酵时间/h	24	48	72	96
酒精含量/%	＞7.5	＞9.5	＞12	＞14.5
总酸/（g/100 mL）	＜0.25	＜0.25	＜0.25	＜0.35

资料来源：王传荣. 发酵食品生产技术. 科学出版社，2005。

⑥后发酵：后发酵品温可通过通入无菌压缩空气搅拌进行控制，一般后发酵第 1 天，每隔 8 h 通气搅拌一次，第 2～5 天，每天通气搅拌一次，第 5 天后，每隔 3～4 d 搅拌一次，15 d 后，不再通气搅拌。以干型黄酒为例，后发酵品温控制在（14±2）℃，发酵成熟醪酒精含量达 15.5%以上、总酸（以琥珀酸计）含量小于 0.4%，发酵 16～20 d，即可压滤。

二、黄酒生产质量控制

（一）发酵过程管理

黄酒发酵具有敞口式、高浓度、高酒精度、低温长时间发酵等特点，如何保证发酵的正常进行，关键是控制好发酵过程中的温度、时间、微生物及成分分析等。

1．温度管理

黄酒发酵过程中温度的管理、尤其是前酵和主酵温度的管理非常重要。发酵过程中温度的管理主要有以下几项措施。

（1）低温发酵　传统黄酒生产提倡在冬季进行，低温有效地减轻了各种有害杂菌的干扰。

（2）开耙操作　发酵过程中合理的开耙对过程温度的控制、黄酒品质的形成具有重要的作用。

（3）灌坛培养　黄酒的后酵非常漫长，传统黄酒发酵把酒醅分散在陶坛中进行后酵，可以增大散热面积，加速散热，避免形成高温而导致酸败的发生。

2．pH 管理

主要是指发酵初期或发酵中 pH 的控制。发酵初期较低的 pH 能够起到抑制有害细菌侵袭，促进酵母菌迅速生长繁殖的作用。淋饭酒或淋饭酒母制作中的搭窝为根霉、酵母提供了足够的氧气，使其快速繁殖，生成大量的有机酸，降低了发酵醪的 pH；传统的摊饭酒发酵以酸浆水作配料，也可起到降低醪液 pH 的作用；喂饭酒发酵中分批加饭的做法保证了醪液酸度和酵母菌的浓度，同时不断为酵母补给新鲜养分以保持其旺盛状态，有效抑制了杂菌侵袭。

3．微生物管理

微生物管理的目的就是指抑制有害细菌的生长繁殖和代谢，促进有益微生物，特别是酵母菌的生长和繁殖，使黄酒发酵安全进行。

（1）保证酵母活力和接种量　酵母菌活力是指酵母菌繁殖、发酵的能力。检测酵母菌活力的指标有酵母菌总数、酵母菌出芽率和酵母菌死亡率。

（2）杂菌预防　严格控制黄酒发酵的温度、pH 等工艺条件，定期对发酵醪进行微生物检查，防止杂菌污染，另外保持生产环境的清洁卫生、做好生产设备的消毒灭菌工作也是杂菌预防的必要措施。

4．时间控制

发酵时间主要取决于酵母菌活性和发酵过程的品温控制。传统工艺黄酒的发酵时间较新工艺黄酒的时间长，例如传统工艺的元红酒前（主）发酵时间一般为 5～7 d，后发酵期长达 70 d 左右，善酿酒、香雪酒发酵周期一般延长至 80～90 d，喂饭酒的发酵周期也长达 80～90 d。而新工艺黄酒，前（主）发酵为 4～5 d，后发酵因醪液品温较高，时间仅为 16～20 d。

5．感官检查和成分分析

传统工艺黄酒生产过程以感官检查为依据，来决定开耙时间和发酵周期。感官检查的内容有发酵醪翻腾、起泡情况和升温产热速度，以及发酵液的品尝等。新工艺除采用感官检查外，还运用现代分析手段，前发酵期定期测定发酵醪的温度、酒精含量、酸度、糖度，观察发酵是否正常，后发酵期一般每隔 5 d 左右进行一次检查，测定糖、酒、酸的含量，此时的品尝应酒味增浓、清爽，无其他异杂气味。榨酒前也要化验一次。

（二）发酵醪酸败及其防治

1．引起酸败的原因

黄酒是多菌种、开放式、长时间发酵，如果醪液中野生酵母和有害乳酸菌等杂菌大量生长繁殖，产生过滤乳酸和醋酸，是醪液总酸超过 0.7%以上，醪液香味变坏，即为酸败。酸败会影响黄酒风味、降低黄酒产率，严重的酸败甚至只能停产治理，给生产带来极大危害。引起酸败的原因主要如下。

（1）酒母质量差　酵母培养不良，或本身杂菌含量高，或菌种退化等。

（2）糖化曲质量差　糖化曲糖化力低，前期提供糖份不足，酵母因缺乏营养而衰退，杂菌数上升。

（3）前发酵温度偏高　过高的温度导致酵母早衰，同时为适温较高的酸败菌提供了适宜生长条件。

（4）发酵前期缺氧　前酵期是酵母迅速生长繁殖的时期，需要大量的氧气，缺氧抑制了酵母的生长繁殖，引起杂菌污染。

（5）蒸饭不透　生淀粉不能被糖化曲的酶糖化，却能被杂菌利用进行繁殖，多发生在以籼米为原料的生产中，由于直链淀粉的老化（回生）而易出现的酸败。

（6）过量使用糖化剂　糖化剂使用过多，酒醅的液化、糖化迅速，大量的糖造成醪液高渗透压，促使酵母早衰而引起杂菌污染。

另外，生产环境和生产设备的消毒灭菌彻底也会导致杂菌污染和酸败。

2．酸败的防治措施

（1）保持生产环境清洁，生产设备必须每批都要清洗灭菌。

（2）提高糖化曲和酒母的质量　做好菌种的选育、检测、保藏和复壮工作。

（3）重视浸米、蒸饭工艺，利用好酸浆水，使发酵初期发酵醅就能保持较低的 pH；蒸饭时要熟而不烂。

（4）协调糖化发酵的平衡　严格控制发酵品温和糖化曲的用量，使酵母菌能够在较长时期内，从糖化作用中获得足够的营养，迅速生长繁殖并持久地进行发酵作用，产生高浓度酒精，从而抑制杂菌污染。

（5）采用微供氧操作工艺　新工艺黄酒生产中使用的机械化的发酵罐，不具有传统发酵中缸、坛那种天然的透气功能。为了让酵母生长得到足够的氧气，经常采取在前发酵时用无菌空气开耙、压送醪以及在后酵期间通微量无菌空气等措施，目的是及时排出二氧化碳，补给氧气，减少酸败现象。

（6）添加偏重亚硫酸钾　每 1 000 L 酒醅中加入 100 g 偏重亚硫酸钾，对乳酸菌具一定地杀灭效果，且不影响酒的质量。

（7）酸败酒醪的处理　在主发酵过程中，如发现升酸现象，可以及时将主发酵醪液分装较小的容器，降温发酵，防止升酸加快，并尽早压滤灭菌。成熟发酵醪如有轻度超酸（酸度在 0.5～0.6 g/100 mL），可以与酸度偏低的醪液相混（俗称搭醅）来降低酸度，然后及时压滤；中度超酸者，可在压滤澄清时，添加碳酸钙、碳酸钾、碳酸钠等来中和酸度，并尽快煎酒灭菌；对于重度超酸者，不可再压滤成黄酒，而只能加清水冲稀醪液，采用蒸馏方法回收酒精成分。

（三）黄酒的褐变及防治

黄酒的色泽随贮存时间延长而加深，主要源于酒中发生的羰基—氨基反应生成了类黑精所致。如果酒中糖类和氨基酸含量丰富，贮存期过长的话，酒色会变得很深，并带有焦糖臭味，俗称褐变。这是黄酒的一种病害。防治或减慢黄酒褐变现象的措施主要有：

1．合理控制酒中糖或氨基酸的含量，减少羰基—氨基反应的发生。

2．适当增加酒的酸度，减少铁、锰、铜等元素的含量。

3．缩短贮存时间，降低贮酒温度。

（四）黄酒的混浊及防治

黄酒是一种胶体溶液，含有糊精、β-葡聚糖、蛋白质及其分解产物多肽、多酚等大分子物质，甚至还有少量的酵母等微生物，当受到 O_2、光照、振荡、冷热作用及生物性侵袭时，就会出现不稳定现象而混浊。

1．生物性混浊

生物性混浊是指由于灭菌不彻底或污染了微生物而引起的混浊。主要现象是酒混浊变质，生酸腐败，有时会出现异味、异气。应掌握好煎酒温度和时间，加强酒坛的清洗、灭菌和密封工作，同时应在干燥、避光、通风、卫生的环境下贮存。

2．非生物性混浊

非生物性混浊是指由于黄酒中糊精、蛋白质多肽等胶体粒子，在受到 O_2、光照、振荡、冷热时发生化合、凝聚等作用，使黄酒产生混浊甚至沉淀的现象。黄酒中的非生物混浊主要是蛋白质混浊。主要防治措施如下。

（1）提高大米的精白度，以减少米中蛋白质的含量。

（2）在酒醪成熟后再进行压榨。

（3）压滤澄清时可添加适量的蛋白酶，将大分子蛋白质分解为小分子的可溶性含氮化合物。

（4）压滤澄清时可添加适量单宁，沉淀蛋白质以过滤除去。

（5）降低贮酒品温，避免阳光照射，避免温度有大的波动。

任务三　下游工程

经过一段时间的后发酵，黄酒醪已经成熟。为了及时将醪液中的固体和液体进行分离，必须进行压榨。

一、压榨

将发酵成熟醪中的酒液和糟粕加以分离的操作过程称为压榨。

1. 成熟醪的判断

压滤以前，首先应该检测后发酵酒醅是否成熟，以便及时处理，避免发生“失榨”现象。

酒醅的成熟与否，可以通过感官检测和理化分析来鉴别。感官检测主要检测酒色、酒味和酒香，成熟的酒醪糟粕完全下沉，上层酒液澄清透明，色泽黄亮；酒味较浓，爽口略带苦味，酸度适中，并有正常的新酒香气而无异杂气味。理化检测主要考察酒精含量和酸度。成熟的酒醅酒精含量已达指标并不再上升，酸度在 0.4%左右，并呈现升高的趋势。

2. 压榨

黄酒酒醅的压榨一般采用过滤和压榨相结合的方法来完成固、液的分离。一般分为“流清”和压榨或榨酒阶段。榨酒要求酒液澄清、糟粕干、时间短。

二、澄清

压滤流出的酒液称为生酒，应汇集到澄清池（罐）内静置澄清或添加澄清剂，加速其澄清速度。澄清的目的主要有以下几点。

1. 去除杂质。

2. 继续水解高分子物质。

3. 去除低沸点物质。

经澄清沉淀出的“酒脚”，其主要成分是淀粉糊精、纤维素、不溶性蛋白、微生物菌体、酶及其他固形物质。

静置澄清时间不宜过长，一般在 3 d 左右。否则酒液中的菌类繁殖生长，易引起酒液混浊变酸，即发生所谓“失煎”现象，特别是气温在 20℃以上时更需注意。

澄清后的酒液还需通过棉饼、硅藻土或其他介质的过滤，以除去那些颗粒极小，相对密度较轻的悬浮粒子，使酒液透明光亮，现代酿酒工业已采用硅藻土粗滤和纸板精滤来加快酒液的澄清。

三、煎酒

把澄清后的生酒加热煮沸片刻，杀灭其中所有的微生物，破坏酶的活性，以便于贮存、保管，这一操作过程称它为“煎酒”。

1. 煎酒的目的

（1）杀灭微生物，破坏酶的活性，提高黄酒的稳定性。

（2）除去不良的挥发性物质，促进黄酒的老熟。

（3）促进高分子蛋白质和其他胶体物质的吸附、沉淀，使黄酒色泽更清亮。

2. 煎酒的温度

煎酒温度与煎酒时间、酒液 pH 和酒精含量的高低都有关系。如煎酒温度高，酒液 pH 低，酒精含量高，则煎酒所需的时间可缩短。反之，则需延长。

高温会使酒液中尿素和乙醇会形成有害的氨基甲酸乙酯。因此，应在保证微生物被完全杀灭的前提下尽量降低煎酒温度。目前各厂的煎酒温度均不相同，一般在 85℃左右。

在煎酒过程中，酒精的挥发损失为 0.3%～0.6%，挥发出来的酒精蒸气经收集、冷凝成液体，称作“酒汗”。酒汗香气浓郁，可用作酒的勾兑或甜型黄酒的配料。

目前大部分黄酒厂采用薄板换热器煎酒，如果采用两段式薄板换热器，还可利用其中的一段进行热酒冷却和生酒的预热。

四、包装、贮存

（一）包装

灭菌后的黄酒，应趁热罐装，入坛储存。陶罐包装是黄酒传统的包装方式，具有稳定性高、透气性好、绝缘、防磁和热膨胀系数小等特点，有利于黄酒的自然老熟和香气的形成，目前还被许多企业采用。黄酒罐装后，立即用荷叶、箬壳扎紧坛口，趁热糊封泥头或石膏，以便在酒液与坛口之间形成一酒气饱和层，使酒气冷凝液流回至酒液里，造成一个缺氧、近似真空的环境。

新工艺黄酒采用不锈钢大容器贮存新酒。目前黄酒贮罐的单位容量已发展到 50 t 左右，比陶坛的容积扩大近 2 000 倍，大大节约了贮酒空间。大容器机械强度和防震能力较强，可以减少黄酒漏损，降低劳动强度，提高经济效益，实现黄酒后道工序的机械化。此外，大容器在放酒时很容易放去罐底的酒脚沉淀。

（二）贮存

新酒都有口味粗糙欠柔和、香气不足缺协调等特点，因此必须经过贮存，也就是“陈酿”过程，使黄酒充分老熟，酒体变得醇香、绵软、口味协调，更加适合消费者的享用。

黄酒贮存过程中的变化主要体现在以下几点。

1．酒色加深

这主要是酒中糖分与氨基酸发生羰氨反应，产生类黑精所致。贮存期间，酒色变深是老熟的一个标志。

2．香气更加调和、加强

醇类、酯类、醛类、酮类、酸类等风味物质在贮存过程中发生氧化反应、缩合反应、酯化反应，使黄酒的香气得到调和、加强。

3．口味变得醇厚柔和而协调

另外，贮存期间酒的氧化还原电位升高，氨基甲酸乙酯继续生成。

黄酒贮存的时间没有明确的界限，应根据酒种、陈化速度和销售情况来定。一般含糖量较少的、含氮量低的贮存期可适当长些。普通黄酒一般要求陈酿一年，而名、优黄酒要求陈酿3～5年。

项目九　酱油生产工艺

酱油概述

酱油是人们常用的一种食品调味料，营养丰富，味道鲜美。酱油以大豆或豆粕等植物蛋白质为主要原料，辅以面粉或麸皮等淀粉质原料，经微生物发酵而成，其中富含氨基酸以及多肽、维生素、糖分等，并具有特殊的色泽、香气和滋味。

酱油最早发明于我国的西周，最初由酱演变而来，至今已有3 000多年历史。酱油的种类繁多，按生产工艺的不同来分有两种：酿造酱油与配制酱油。酿造酱油是以大豆和/或脱脂大豆、小麦和/或麸皮为原料，经微生物发酵制成。在此基础上工艺微调，辅以其他配料，生产出诸如生抽、老抽、海带酱油、草菇酱油、海鲜酱油等不同的产品。配制酱油是以酿造酱油为主体，与酸水解植物蛋白调味液、食品添加剂等调制成。配制酱油中酿造酱油的含量（以全氮计）不能少于50%。

传统酱油的生产采用野生菌制曲，晒露发酵，生产周期长，原料利用率低，卫生条件差。现代酱油生产在继承传统工艺优点的基础上，在原料、工艺、设备、菌种等方面进行了很多改进，生产能力有了很大的提高，品种也日益丰富。

任务一　上游工程

一、酱油生产原料

（一）蛋白质原料

酱油酿造过程中利用微生物产生的蛋白酶的作用，将原料中的蛋白质水解成多肽、氨基酸，成为酱油的营养成分以及鲜味来源。另外，部分氨基酸的进一步反应形成酱油特有的香气、色泽。因此，蛋白质原料对酱油色、香、味、体的形成非常重要，是酱油生产的主要原料。

大豆是传统酿造酱油采用的蛋白质原料。大豆的主要成分除蛋白质、脂肪、碳水化合物、纤维素、灰分、水分外，还含有多种微量元素和维生素。大豆的氮素成分中95%是蛋白质氮，且谷氨酸含量高，酿制酱油时可产生浓厚的鲜味。大豆中的脂肪对酱油生产作用不大，为合理利用粮油资源，节约油脂，目前生产上大多使用脱脂大豆（豆粕和豆饼）作为酱油生产的蛋白质原料。

豆粕又叫豆片，是大豆经适当的热处理，用轧坯机轧扁，然后用有机溶剂以浸出法提取油脂后的片状原料。豆饼是用机榨法从大豆中提取油脂后的产物，可分为冷榨豆饼和热榨豆饼。冷榨豆饼常用于生产豆制品，热榨豆饼含水量、蛋白质含量高，质地疏松，易于粉碎，适于酿造酱油。脱脂大豆的全氮含量约为大豆的12倍，酱油产量高。豆粕与豆饼的一般成分见表9-1、表9-2。

表9-1　豆粕所含成分表

名称	水分	粗蛋白	粗脂肪	碳水化合物	灰分
含量/%	7～10	46～51	0.5～1.5	19～22	5

表9-2　豆饼所含成分表　　单位：%

名称	水分	粗蛋白	粗脂肪	碳水化合物	灰分
冷榨豆饼	12	44～47	6～7	18～21	5～6
热榨豆饼	11	45～48	3～4.6	18～21	5.5～6.5

另外，凡是蛋白质含量高且不含有毒物质、无异味的原料均可选为酿造酱油的代用原料，如蚕豆、豌豆、绿豆、花生饼、葵花籽饼、棉籽饼、脱脂蚕豆粉、鱼粉及玉米黄粉、椰子饼等。

（二）淀粉质原料

小麦是采用传统方法酿造酱油时使用的主要淀粉质原料，除含有大量的淀粉外，还含有适量的蛋白质。小麦是理想的淀粉质原料，酿制出的酱油香气、甜味、鲜味等都可以达到较好的状态。

我国从20世纪50年代开始，以麸皮取代小麦生产酱油。麸皮资源丰富、价格低廉、使用方便，加之麸皮质地疏松、表面积大，并含有多种维生素及钙、铁等无机盐，利于米曲霉的生长及产酶，适宜制曲，也利于酱醅淋油，提高出油率。麸皮中戊聚糖的含量高，它是生成酱油色素的重要前体，有助于酱油色素的形成。但麸皮中所含的淀粉较少，会影响酱油香气和甜味成分的生成量，是麸皮作为原料的不足之处。为了提高酱油质量，尤其是要改善风味，可适当补充些含淀粉较多的原料。

另外，凡含有较多淀粉且无毒、无异味的物质都可以用作生产酱油的淀粉质原料，可以根据各地情况就地取材，目前应用较为普通的原料为薯干、碎米、大麦、玉米、高粱、米糠、米糠饼、稗、小米（粟）、高粱米等。

（三）食盐

食盐是生产酱油的重要原料之一，它使酱油具有适当的咸味，并且与氨基酸共同呈鲜味，增加酱油的风味。食盐还有杀菌防腐作用，可以在发酵过程中在一定程度上减少杂菌污染，同时可以防止成品酱油的腐败。

酿造酱油对食盐的要求是：水分及夹杂物少，颜色洁白，结晶小，氯化钠含量高（最好选用氯化钠含量不低于 93%的优级盐或不低于 90%的一级盐），卤汁（氯化钾、氯化镁、硫酸钙、硫酸镁、硫酸钠等的混合物）少。食盐若含卤汁过多，会给酱油带来苦味，使品质下降。

食盐在运输和保管过程中，要防止雨淋、受潮、漏撒及杂质混入，保管的地方必须清洁干燥。

（四）水

一般井水、自来水、清洁的江河湖泊水都可以用来酿造酱油。对水质要求是：无色透明，无臭无味，符合饮用水的卫生标准。

酿造酱油用水量很大，一般生产 1t 酱油需用水 6～7t，包括蒸料用水、制曲用水、发酵用水、淋油用水、设备容器洗刷用水、锅炉用水以及卫生用水等。

二、原料的预处理

原料预处理的主要目的是使大豆蛋白质适度变性，使原料中的淀粉糊化，同时把附着在原料上的微生物杀死，以利于米曲霉的生长及原料分解。

（一）豆饼（豆粕）轧碎

豆饼坚硬而块大，必须进行轧碎处理，以便于下一步充分润水、蒸熟。豆粕一般成小片状，颗粒虽不太大，但也要适当进行破碎，使其符合颗粒大小的要求。

原料细碎度对制曲、发酵、原料利用率乃至酱油质量关系很大。颗粒过大，不容易吸足水分，因而不能蒸熟，影响制曲时菌丝繁殖，减少了曲霉繁殖的总面积和酶的分泌量，导致发酵不良，影响酱油的产量和质量。但如果原料过细，辅料比例又少，润水时易结块，制曲时通风不畅，发酵时酱醅发黏，给控温和淋油带来一定困难，反而影响酱油质量和原料利用率。因此，原料破碎细度要适当，颗粒均匀，大小为 2～3 mm，粉末量小于 20%。

豆粕粉碎设备有多种，其中锤击式粉碎机较为普遍。粉碎的原料再经过筛，便可达到细度要求。

（二）加水及润水

润水就是向破碎后的原料中加入一定量的水分，使水分充分而均匀地吸入到原料内部。其目的是使原料中蛋白质含有适量的水分，以便在蒸料时受热均匀，迅速达到蛋白质的适度变性；使原料中的淀粉吸水膨胀，易于糊化，以便溶解出米曲霉生长所需要的营养物质；供给米曲霉生长繁殖所需要的水分。

加水量的确定必须考虑到诸多因素，如原料含水量、原料性质、原料配比、季节、蒸料方法、制曲方法、曲室通风条件及卫生条件等。根据生产经验，采用通风制曲时，以豆粕数量计算加水量在 80%～100%较为合适。

可采用螺旋输送式或旋转式蒸煮锅加水润水，也可完全人工翻拌加水。一般润水时间为 1～2 h。润水要求水、料分布均匀，水分充分渗入原料颗粒内部。

（三）蒸料

蒸料的目的：一是使豆粕（或豆饼）及麸皮中的蛋白质适度变性，也就是具有立体结构的蛋白质中的氢键被破坏后，使原来绕成螺旋状的多肽链变成松散紊乱状态，这样有利于米曲霉在制曲过程中旺盛生长和米曲霉中蛋白酶水解蛋白质；二是蒸煮使原料中的淀粉吸水膨胀而糊化，以利于糖化；三是蒸煮能消灭附着在原料上的微生物，以提高制曲的安全性，给米曲霉正常生长发育创造有利条件。

通常采用旋转式蒸煮锅或刮刀式蒸煮锅蒸料。注意控制好蒸煮的温度和时间，如果蒸汽压力过高和蒸煮时间过长，会使蛋白质过度变性，导致多肽链松散紊乱、缠结一团，从而降低蛋白质的吸水能力，变成不易溶解的物质而很难被蛋白酶分解。如果温度太低或时间太短，蛋白质未适度变性，肽键未彻底暴露，则也难以被蛋白酶分解。这部分蛋白质虽能溶于酱油中，但经稀释或加热后，会生成混浊性物质或沉淀，影响成品质量。

对熟料的要求是手感松散、不扎手；呈微红色，有光泽不发黑；有甜香气味，不带有糊味、苦味和其他不良气味。原料蛋白质消化率在 80%～90%，熟料水分在 45%～50%。

三、酱油生产用菌种

目前我国酱油生产菌种以米曲霉为主，应用最广的菌株为沪酿 3.042 号米曲霉。此菌株分泌的蛋白酶和淀粉酶活力很强，本身繁殖非常快，发酵时间仅为 24 h，对杂菌有非常强的抵抗能力，不会产生黄曲霉毒素等，不易变异。此外，近年来还出现了一些性能优良的菌株，也逐渐地被酿造厂采用，如上海酿造科学研究所的 UE336，重庆市酿造科学研究所的渝酿 3.811 酱油曲霉，江南大学的 961 等。

酱油酿造是半开放式的生产过程，除人工接入的米曲霉外，环境和原料中的微生物如酵母菌、乳酸菌和其他细菌也参与了酱油的酿造。但在酱油特定的工艺条件下，只有人工接种或适合酱油生态环境的微生物才能生长繁殖，并发挥其作用。所以酱油独特的色、香、味、体是多种微生物共同发酵、综合作用的结果。

酱油生产菌种应符合以下要求：①酶的活力强，菌株分生孢子大、数量多，繁殖快；②发酵时间短；③适应能力强，对杂菌的抵抗能力强；④产品香气和滋味优良；⑤不产生黄曲霉毒素和其他有毒物质。

四、制曲

（一）霉菌的扩大培养

菌种→试管斜面培养→三角瓶培养→曲种。

1. 试管斜面菌种培养

（1）豆汁琼脂培养基　5°Bé 豆汁 100 mL，硫酸镁 0.05 g，磷酸二氢钾 0.1 g，硫酸铵 0.05 g，可溶性淀粉 2.0 g 及琼脂 2.0 g。在 0.1 MPa 蒸汽下灭菌 30 min，制成试管斜面。

5°Bé 豆汁的制备方法：选新鲜大豆，用水浸泡使其吸胀，捞出并用水清洗，然后加入 5～6 倍大豆量的清水煮沸 2～5 h，煮豆时注意补水，最后过滤即得豆汁。每 100 g 大豆可制得 5°Bé 豆汁 100 mL。

（2）操作　将菌种接入斜面，置 30℃培养箱内培养 3 d，待长出茂盛的黄绿色孢子，并检查确定无杂菌，即可作为三角瓶扩大培养的菌种。

为使菌种保持良好特性，应定期做好分纯工作，宜半年进行一次，留选生产性能好的菌株。

2. 三角瓶扩大培养

（1）培养基（曲料）　将麸皮 80 g、面粉 20 g 及水 80～90 mL 或者麸皮 85 g、豆饼粉 15 g 及水 95 mL 混合均匀，分装于经灭菌、带棉花塞的三角瓶中，曲料的厚度为1 cm左右，在0.1 MPa的蒸汽下灭菌30 min，然后趁热摇松曲料。

（2）操作　待曲料冷却后接入试管斜面菌种，摇匀，置30℃培养箱内培养18 h左右，当瓶内曲料发白并结饼，摇瓶1次，将结块摇碎，继续培养4 h，再摇瓶1次，经过2 d培养后，把三角瓶倒置，以促进底部曲霉生长，继续培养1 d，待全部长满黄绿色孢子即可使用。若需放置较长时间，应置于阴凉处或冰箱中。

（二）种曲的制备

种曲制作的流程为：豆粕粉、麦麸、水→翻拌→润水→蒸料→过筛→降温→接种→摊平→培养→翻曲→种曲。

1．原料要求及配比

曲霉繁殖时需要大量糖分作为热源，而豆粕中含淀粉较少，因此原料配比上豆粕宜占少量，麸皮占多量，同时还要加入适当的饴糖，以满足曲霉的需要。

曲霉是好气菌，为了使曲霉繁殖旺盛，大量着生孢子，曲料必须保持松散，空气要流通。如果麸皮过细影响通风，可以适当加入一些粗糠等疏松料，对改变曲料物理性质有很大的作用，也是制好种曲不可缺少的因素。

制种曲所用原料检验必须认真，发霉或气味不正的原料不能使用。因为发霉的原料含有杂菌，虽然在蒸料时能够把杂菌杀死，但是杂菌在原料中所生成的有害物质（如毒素等）却无法去除，这些微量有害物质对纯菌种的繁殖有抑制作用，会导致其在制曲过程中不能正常繁殖。

各厂制造种曲所用的原料及其配比并不一致，目前一般采用的配比有：①麸皮80 kg，面粉（或甘薯干粉）20 kg，水70 kg左右；②麸皮85 kg，豆粕粉15 kg，水90 kg；③麸皮80 kg，豆粕粉20 kg，水100 kg；④麸皮100 kg，水95～100 kg。

2．原料处理

将麸皮、豆粕粉按比例混合均匀，加水，翻拌均匀后堆积1 h，使原料充分吸水，装入蒸料锅。如采用常压蒸料，冒汽后维持1 h，再关汽焖30 min。加压蒸料一般保持0.1 MPa蒸30 min。出锅时物料柔软、呈黄褐色，过筛使之迅速冷却。各厂可根据原料及设备不同，适当改变蒸料工艺条件。

采用一次加水润水法的熟料团块较多，过筛困难，可采用两次润水方法。即在混合原料中先加40%～50%的水，蒸熟过筛后再补充清洁的冷开水30%～45%。为防止杂菌污染，可在冷开水中加入0.2%～0.3%食用级冰醋酸或0.5%～1%的醋酸钠。

3．制曲操作

如采用曲盘操作，待曲料品温降至 40℃时即可接种，接种量一般为 0.5%～1%。接种完毕，将曲料装入曲盘内，再将曲盘叠堆于曲室内，室温控制在 28～30℃，培养 16 h 左右。当品温达到 34℃时，进行第一次翻曲。翻曲后，曲盘改为品字形堆叠，控制室温在 28～30℃，4～6 h 后品温上升到 36℃，即进行第二次翻曲。每翻一盘，随之盖灭菌草帘或聚乙烯薄膜保温，控制品温在 36℃，再培养 30 h 后揭去草帘或薄膜，继续培养 24 h 左右至种曲成熟。整个种曲培养时间约 72 h。

种曲的质量要求是：孢子丛生，呈新鲜黄绿色并有光泽，菌丝整齐健壮，无夹心，无杂菌，无异味。每克种曲干基中含孢子数应在 6×10^9 个以上，孢子发芽率要求达到 90%以上。

种曲质量关系到生产用曲的质量，因此必须严格控制。如果发现种曲色泽不符，或杂菌丛生，或孢子数少，或细菌数多，或孢子发芽率偏低，必须停止使用该批种曲。同时彻底清洗一切工具与设施，并进行消毒灭菌，还应对菌种及三角瓶扩大曲进行认真检查，找出其中的原因。

（三）成曲的制备

现在国内大多采用厚层通风制曲，不仅减轻了劳动强度，便于实现机械化，提高劳动生产率，而且成曲质量稳定，制曲设备占地面积少。图 9-1 为矩形曲池通风制曲示意图。

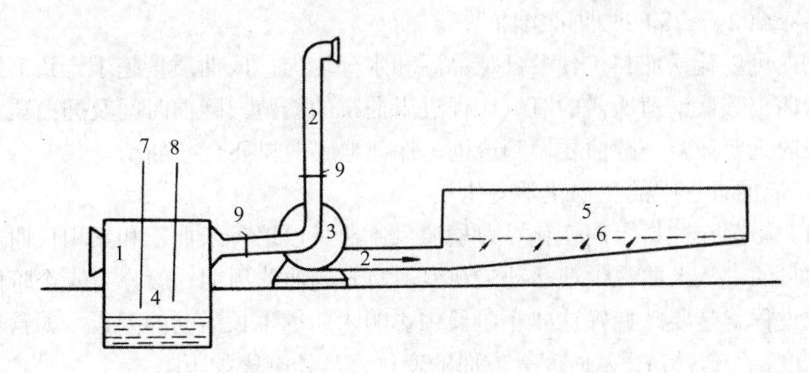

1. 温湿调节箱；2. 通风管道；3. 风机；4. 贮水池；5. 曲池；6. 通风假底；7. 水管；8. 蒸汽管；9. 闸门

图 9-1 矩形曲池通风制曲示意图

厚层通风制曲就是利用通风机供给空气，调节温度、湿度，促使米曲霉在较厚的曲料上生长繁殖和积累代谢产物，完成制曲过程。现除使用通用的简易曲池外，也有采用链箱式机械通风制曲机和旋转圆盘式自动制曲机进行厚层通风制曲，使制曲技术进一步得到提高。

1．制曲操作

制曲工艺流程为：

种曲
↓
熟料→冷却→接种→入池培养→第一次翻曲→第二次翻曲→铲曲→成曲。

原料经蒸熟出锅后应迅速冷却，并将结块打碎。出锅后可用绞龙或扬散机扬开热料，使料冷却到 40℃左右，然后接种，接种量为 0.3%～0.5%。接种时先用少量麸皮将种曲拌匀后再掺入熟料中以增加其均匀性。

接种后的曲料即可入池培养。入池时应该做到料层松、匀、平，否则通风不一致，影响制曲质量。厚度一般为 25～30 cm。接种后料层温度过高或上下品温不一致时，应及时开动鼓风机，调节温度在 30～32℃，促使米曲霉孢子发芽。静止培养 6～8 h，此时料层开始升温到 35～37℃，应立即开动风机通风降温，维持曲料温度到 35℃，不低于 30℃。曲料入池经 12 h 培养以后，品温上升较快，菌丝密集繁殖，曲料结块，通风的效果达不到控制品温作用，此时应进行第一次翻曲，使曲料疏松，保持正常品温在 34～35℃。继续培养 4～6 h 后，由于菌丝繁殖旺盛，又形成结块，应及时进行第二次翻曲，翻曲后应连续鼓风，品温以维持 30～32℃为宜。培养至 20 h 左右时，米曲霉开始产生孢子，蛋白酶活力大幅度上升。培养至 24～28 h 时即可出曲。

翻曲可以疏松曲料，使各部位品温和水分均匀，成曲质量趋于一致；还可以供给米曲霉旺盛繁殖所需的氧气，促进米曲霉的繁殖。翻曲时间及翻曲质量是通风制曲的重要环节，翻曲要做到透彻，保证池底曲料要全部翻动。

2．制曲过程中的生物化学变化

（1）霉菌在曲料上的变化　厚层通风制曲是以培养米曲霉和累积代谢产物酶为主要目的。从米曲霉生理活动来观察，24 h 制曲的周期一般分为 4 个阶段，制曲的全过程就是要掌握好这 4 个阶段中影响米曲霉生长活动的因素，如营养、水分、温度、空气、pH 及时间等方面的变化，具体阶段如下。

第一阶段孢子发芽期：曲料接种进入曲池后，米曲霉得到适当的温度和水分，开始发芽生长。此阶段的温度为 32℃，最好不低于 30℃，时间为 4～5 h。在孢子发芽阶段一般不需要供给氧气，更不需要大量地调节空气。

在此阶段，如果温度高、湿度大、时间长、空气不良，热量和湿度散发不出，就会感染杂菌，很难把曲制好。

第二阶段菌丝生长期：孢子发芽后，接着生长菌丝，当静止培养 8 h 左右时，品温已经逐渐上升至 36℃，需要进行间歇或连续通风，可起到调节品温和调换新鲜空气的作用，以利于米曲霉的生长。继续保持品温 35℃左右，培养 12 h 左右，当肉眼稍见曲料发白、菌丝体形成时，进行第一次翻曲。

第三阶段菌丝繁殖期：第一次翻曲后，菌丝发育更加旺盛，品温上升也极为迅速，需要连续通风，严格控制品温为 35℃左右，约隔 5 h 后曲料表面产生裂缝迹象，品温相应上升，进行第二次翻曲。此阶段米曲霉菌丝充分繁殖，肉眼见曲料全部发白。

第四阶段孢子着生期：第二次翻曲完成后，品温逐渐下降，但仍需连续通风维持品温 30～34℃。一般来讲，曲料接种培养 18 h 后，曲霉逐渐由菌丝的大量繁殖到开始着生孢子。培养 24 h 左右，孢子逐渐成熟，使曲料呈现淡黄色直至嫩黄绿色。在此孢子着生期中，米曲霉的蛋白酶分泌最为旺盛。

（2）制曲过程中的物理化学变化　制曲过程中由于温度升高和通风使水分大量蒸发，一般来说，每吨原料经 24 h 制曲其水分蒸发接近 0.5 t。由于粗淀粉的减少，水分的蒸发，以及菌丝体的大量繁殖，使曲料坚实，料层收缩以致发生裂缝，引起漏风或料温不均匀。

制曲过程中的化学变化主要是米曲霉进行生理活动所分泌的淀粉酶将淀粉分解成糖，又进一步将糖分解成二氧化碳、水并释放大量的热量。与此同时，米曲霉分泌的蛋白酶将蛋白质分解成氨基酸。由此可知，在制曲过程中米曲霉生长繁殖需要热量而消耗淀粉，同时也需要空气、产生热量。因此，制曲过程中认真加强曲室管理，掌握和控制好制曲过程中的通风换气、温度、湿度及翻曲和铲曲等工作。

3．成曲的质量标准

成曲外观应呈块状，手感疏松，内部菌丝丛生，孢子茂密，无灰黑或杂色夹心，具有成曲特有香味，无异味。水分含量约为 30%，蛋白酶活力在 1 500 IU/g（福林法）以上。

任务二　发酵工程

传统酱油生产的工艺流程为：

原料→粉碎→加水及润水→蒸料→制曲→发酵→淋油→灭菌→调配→灌装→成品。

原料的预处理及制曲过程在任务一及任务二中已做过介绍，这部分从发酵开始。

一、发酵

发酵在酱油酿造过程中是一个极其重要的环节。它是指在一定条件下，微生物通过自身新陈代谢所分泌的各种酶，把原料中不同的物质分解或合成为人们所需要成分的过程。

（一）酱油发酵的基本原理

1．蛋白质的分解

在发酵过程中，原料中的蛋白质经蛋白酶的催化作用，生成相对分子质量较小的胨、多肽等产物，最终分解成多种氨基酸。

有些氨基酸如谷氨酸、天门冬氨酸等构成酱油的鲜味；甘氨酸、丙氨酸和色氨酸具有甜味；酪氨酸、色氨酸和苯丙氨酸产色效果显著，能氧化生成黑色及棕色化合物。

米曲霉所分泌的蛋白酶以中性和碱性为主，因而在发酵期间要防止pH过低，否则会影响到蛋白质的分解作用，对原料蛋白质利用率及产品质量影响极大。

2．淀粉的糖化

在发酵过程中利用微生物所分泌的淀粉酶将原料中碳水化合物分解成葡萄糖、麦芽糖、糊精等。酱油色泽主要由糖分与氨基酸发生的美拉德反应构成，酒精发酵也需要糖分。淀粉糖化作用越完全，酱油的甜味越好，体态越浓厚，无盐固形物含量越高。

3．脂肪水解

原料豆饼中残存油脂在3%左右，麸皮含有粗脂肪也在3%左右，这些脂肪通过解脂酶的作用水解成甘油和脂肪酸，其中软脂酸、亚油酸与乙醇结合成的软脂酸乙酯和亚油酸乙酯是酱油香气成分的一部分。

4．纤维素的分解

原料中的纤维素在纤维素酶的催化作用下水解，分解为直链纤维素，然后再经羧甲基纤维素酶水解为可溶性的纤维二糖，又在β-葡萄糖苷酶的参与下分解为葡萄糖。葡萄糖又在细菌中的酶作用下生成乳酸、醋酸和琥珀酸等。原料中的多缩戊糖是半纤维素的主要成分，它在半纤维素酶的作用下生成戊糖。

5．色素的生成

酱油颜色是由非酶褐变和酶促褐变两种反应形成的。

非酶褐变反应：非酶褐变反应主要是美拉德反应，即氨基—羰基反应，它产生的类黑素是组成酱油颜色的重要色素。发酵过程中，原料中的蛋白质和糖类水解越好，累积的氨基酸和还原糖越多，通过美拉德反应生成的酱油颜色就越深。另外酱油原料麸皮中含有较多的多缩戊糖（五碳糖），而五碳糖褐变条件最好，故适量配用麸皮可提高酱油色泽。

酶促褐变反应：蛋白质原料经蛋白酶水解为氨基酸，其中酪氨酸在有氧条件下，在微生物产生的酚羟基酶和多酚氧化酶催化作用下，氧化生成棕色、黑色色素，参与酱油颜色的组成。该反应的条件是酪氨酸、多酚氧化酶和氧三者同时存在。

6. 酒精发酵

在制曲和发酵的过程中，从空气中落入的酵母菌可繁殖、生长。酵母菌在10℃以下不能发酵，仅能繁殖，28～35 ℃时最适合于繁殖和发酵，超过45℃以上酵母菌就自行消失。采取高温发酵法，酵母菌绝大部分被杀死，不会进行酒精发酵，因而酱油香气少、风味差。所以有些厂家采用后熟发酵来发挥酵母菌的作用，从而提高酱油的香气。

酵母菌将葡萄糖分解成酒精和二氧化碳。酒精一部分被氧化成有机酸，一部分与氨基酸及有机酸等化合而生成酯，酯对酱油的香气有重大作用。值得注意的是：在食盐含量和总酸含量较多时，酵母菌的繁殖和发酵能力显著减退。

7. 酸类的产生

在制曲过程中，一部分来自空气的细菌也得到繁殖、生长，在发酵过程中这些细菌能使部分糖类变成乳酸、醋酸和琥珀酸等有机酸。适量的有机酸可增加酱油风味。但是若控制不当，细菌大量繁殖，会造成发酵醪（醅）pH 偏低，导致原料利用率低，成品质量下降。

（二）发酵工艺

酱油发酵的方法很多，根据发酵时的加水量不同，可以分为稀醪发酵法、固态发酵法及固稀发酵法；根据加盐量的不同，可以分为高盐发酵法、低盐发酵法及无盐发酵法；根据发酵时加温情况不同，又可以分为自然发酵法和保温速酿发酵法。

目前我国普遍采用的方法为低盐固态发酵法，其次是高盐稀态发酵法。固态发酵的“醅”呈非流动状态，称之为“酱醅”；稀态发酵的“醪”呈浓稠的半流动状态，称之为“酱醪”。酱醅和酱醪由于含水量的差异，再加上含盐量及发酵温度的不同，造成在酱油发酵过程中，微生物的增殖与代谢等生化反应也有很大的差别，酱油产品的风味自然也有差别。一般来说，用高盐稀醪发酵工艺生产的酱油风味优于低盐固态发酵法。

1．低盐固态发酵法

成曲拌入一定量的盐水成为酱醅，然后在特定的条件下进行发酵，原料中的有机物在微生物酶的作用下发生复杂的生物化学变化，完成发酵的全过程。低盐固态发酵法酿造的酱油质量稳定，风味较好，发酵周期较短，设备简单、投资少，被国内大、中、小型酿造厂广泛采用。目前，用该工艺生产的酱油占我国酱油总产量的80%左右。

（1）工艺流程

成曲
↓
食盐水→加热→拌曲→酱醅发酵→成熟酱醅。

（2）工艺操作要点

①盐水的配制：配制浓度为在 12～13°Bé（氯化物含量在 11%～13%）的食盐水溶液，夏季加热到45～50℃，冬季加热到50～55℃。盐水浓度过高，会抑制酶的作用，延长发酵时间；盐水浓度过低，杂菌易于大量繁殖，导致酱醅 pH 迅速下降，从而抑制了中性、碱性蛋白酶的作用，同样影响发酵的正常进行。盐水质地一般要求为清澈无浊、不含杂物、无异味，pH 在 7 左右。

②拌曲发酵：成曲用制醅机粉碎成 2 mm 左右的颗粒，拌入盐水使酱醅水分含量为52%～55%。拌和均匀后放入发酵容器中进行发酵。

制醅时盐水的用量与酶解关系密切。大水分发酵有利于氮的分解，全氮与氨基酸态氮溶出也高，但过大水分会影响淋油速度和酱油色泽。为防止酱醅酸败和氧化层的形成，可用加盖面盐或者采用塑料薄膜封盖酱醅表面的方法来解决。

低盐固态发酵过程可分为前期水解阶段和后期发酵阶段，不同发酵时期的目的不同，发酵温度的控制也有所区别。发酵前期的目的是使原料中蛋白质在蛋白水解酶的作用下水解成氨基酸，因此，前期应把品温控制在蛋白酶作用的最适温度为40～45℃，若超过45℃，蛋白酶失活程度就会增加。在此温度下维持十余天，基本完成蛋白质和部分淀粉质的分解，发酵过程中酶活力与生成物质关系见表 9-3。后期酱醅品温可控制在45～50℃，起到糖化酶继续分解及增色的作用，酱油的风味也会有所提高。淡色酱油一般后期不提高温度。整个发酵期应在25～30 d。

表 9-3 发酵过程中酶活力与生成物质关系

项目	发酵天数/d								
	2	3	4	5	6	8	10	12	14
蛋白酶活力/U	67.86	29.02	6.43	6.43	3.16	0.90	0	0	0
淀粉酶活力/U	48.01	47.60	33.90	32.30	16.50	10.20	7.14	6.92	6.56
氨基酸量/（g/100 mL）	0.55	0.84	0.86	0.88	0.88	0.91	0.95	0.94	0.86
糖分/（g/100 mL）	6.24	9.64	9.32	8.94	8.18	8.76	8.94	8.42	7.74

③倒池：倒池又叫翻醅，通过倒池使酱醅松散，散发不良气味；并使料醅各部分的温度、盐分、水分以及酶的浓度趋于均匀；同时增加酱醅的氧含量，防止厌氧菌生长以促进有益微生物繁殖和色素生成。

当发酵周期 20 d 左右时只需在第 9～10 天倒一次池，发酵周期 25～30 d 可倒两次池。倒池的次数不易过多，过多既增加工作量，又不利于保温，还会造成淋油困难。

还可采用淋浇发酵工艺，酱醅面上不封盐，从成曲拌盐水入池第二天起，将假底下的舀汁回淋到发酵醅上，每天 2 次。4 d 后每天淋浇 1 次，发酵温度 5 d 内为 40～45℃。5 d 后逐步提高品温至 45～48℃，发酵期共 10 d。淋浇发酵可充分利用酱汁中的酶，减少氧化，提高酱油风味，但需要增加淋浇设备。

（3）成熟酱醅的质量要求　外观呈红褐色，有光泽，不发乌；手感柔软，松散，不黏；有酱香，无不良气味，味鲜美。水分含量 48%～52%，食盐含量 6%～7%，pH 4.8 以上。

2．高盐稀态发酵法

此发酵工艺所用盐水浓度 18～20°Be，且用量多，酱醪水分达 65%左右，呈流动状态，酱醪含盐量达 15%左右。

因为高盐稀醪发酵含盐量较高，对有害微生物有抑制作用，所以可以在常温条件下发酵，有利于耐盐性有益微生物繁殖发酵（如鲁氏酵母、球拟酵母和乳酸菌类），缓慢酶解生成可溶性蛋白质、氨基酸、糖分、有机酸，形成酱油独特的风味。由于稀醪发酵水分高，原料蛋白质分解较为透彻，故游离氨基酸和可溶性氮利用率较高。还可添加有益的纯种酵母和乳酸菌，强化酒精及乳酸发酵。发酵形式有通气搅拌，最后压榨制曲酱油；也可以用淋浇方式代替搅拌，最后采用原池浸出法取得酱油。

高盐稀醪发酵由于科学地利用各类有益微生物参与共同发酵，形成酱油复杂的风味成分，除理化指标中的全氮、氨基酸态氮、糖分之外，还有乙醇、戊醇、异戊醇、异丁醇、乳酸、具有酱油特有香气的4-愈创木酚、对乙基苯酚、呋喃酮、酯类、醛类等成分。低温发酵有利于不耐高温的谷氨酰胺酶转化谷氨酰胺为谷氨酸，所以低温发酵的酱油味鲜。

高盐稀态发酵法有常温发酵和保温发酵之分。常温发酵的酱醪温度随气温高低自然升降，酱醪成熟缓慢，发酵时间较长。保温发酵亦称温酿稀发酵，因采用的保温温度不同，又分为消化型、发酵型、一贯型和低温型4种。

消化型：酱醪发酵初期温度较高，一般达到42～45℃保持15 d，酱醪主要成分全氮及氨基酸生成速度基本达到高峰。然后逐步将发酵温度降低，促使耐盐酵母大量繁殖进行旺盛的酒精发酵，同时进行酱醪成熟作用。发酵周期为3个月。产品口味浓厚，酱香气较浓，色泽较其他型深。

发酵型：温度是先低后高。酱醪先经过较低温度缓慢进行酒精发酵作用，然后逐渐将发酵温度上升至42～45℃，使蛋白质分解作用和淀粉糖化作用完全，同时促使酱醪成熟。发酵周期为3个月。

一贯型：酱醪发酵温度始终保持于42℃左右。耐盐耐高温的酵母菌也会缓慢地进行酒精发酵。发酵周期一般为两个月。

低温型：酱醪发酵温度在15℃维持30 d。这阶段维持低温的目的是抑制乳酸菌的生长繁殖，同时酱醅pH保持在7左右，使碱性蛋白酶能充分发挥作用，有利于谷氨酸生成和提高蛋白质利用率。30 d后，发酵温度逐步升高开始乳酸发酵。当pH下降至5.3～5.5，品温到22～25℃时，由于酵母菌开始酒精发酵，温度升到30℃是酒精发酵最旺盛时期。下池两个月后pH降到5以下，酒精发酵基本结束，而酱醪继续保持在28～30℃4个月以上，酱醪达到成熟。

稀醪发酵法的优点是：酱油香气较好，酱醪较稀薄，便于保温、搅拌及输送，适于大规模的机械化生产。缺点是：酱油色泽较淡，发酵时间长，需要庞大的保温发酵设备，需要酱醪输送和空气搅拌设备，需要压榨设备，压榨程序复杂，劳动强度较高。

（1）工艺流程　高盐稀态发酵工艺流程如下。

成曲

↓

食盐水→加热→拌曲→酱醪发酵→成熟酱醅

（2）操作要点

①盐水调制：食盐水调制成18～20°Bé浓度。消化型和一贯型需将盐水保温，但不宜超过50℃。低温型在夏天则需降温，使其达到需要的温度。

②制醪：将成曲破碎，称量后拌和盐水，盐水用量一般约为成曲质量的250%。

③搅拌：因曲料干硬，有菌丝及孢子在外面，盐水往往不能很快浸润，而漂浮于液面，形成一个料盖，应及时搅拌。如果采用低温型发酵，开始时每隔 4 d 搅拌一次，酵母发酵开始后每隔 3 d 搅拌一次，酵母发酵完毕，一个月搅拌两次，直至酱醪成熟。如果采用消化型发酵，由于需要保持较高温度，可适当增加搅拌次数。

④保温发酵：根据各种稀醪发酵法所要求的发酵温度开启保温装置，进行保温发酵，每天检查温度 1～2 次。加强发酵管理，定期抽样检验稀醪质量直至成熟。

二、淋油

酱醅（醪）成熟后，利用浸出法将其可溶性物质最大限度地溶出，从而提高全氮利用率和获得良好的成品质量。浸出操作包括浸泡和滤油两个工序。该种方法与传统的手工或机械压榨的方法比较有很多优点：改善了劳动条件，降低了酿造工人的劳动强度；提高了劳动生产率；提高了原料的利用率等。

1．工艺流程

移池浸出工艺流程如图 9-2 所示。

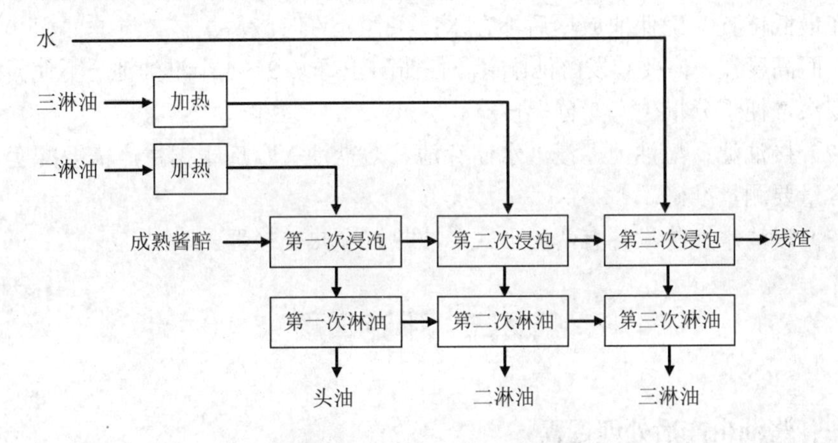

图 9-2　移池浸出工艺流程

2．浸泡和淋油工艺操作

将前批生产的二油加热至 70～80℃，注入成熟的酱醅中，加入二油的量一般为豆饼原料用量的 5 倍。加完二油，盖紧容器，保温浸提，要求品温不低于 55℃，正常情况下约经 2 h，酱醅慢慢上浮并逐渐散开。若发酵不良，则酱醅整块上浮而不散开，浸出效果较差。浸泡 20 h 后，从浸淋池底部放出头油，使热头油先流入盛有食盐的滤器，溶解食盐，再流入贮油池。头油不能放得过干，否则会因酱渣紧缩而影响第二次滤油。

向浸出头油后的酱醅即头渣中加入预热至 80～85℃的三油，浸泡 8～12 h，滤出二油，注入二油池，备下一次浸泡成熟酱醅使用。用热水或自来水浸泡二渣 2 h 左右，滤出三油。头油用来配制产品，二油和三油则用于浸醅提油，如此连锁循环生产称“三套循环淋油法”。

以上为间歇滤油法，现在很多酿造企业已经采用连续滤油法：浸泡的方式一样，但当头油将要滤完，酱渣刚露出液面时，马上加入 75℃左右的三油，浸泡 lh，滤出二油，待二油即将滤完，酱渣刚露出液面时，再加入常温自来水，放出三油。从头油到放完三油总共时间仅仅 8 h。

衡量浸出工序操作的标准是酱渣中残留酱油成分的数量，通常以残存食盐或可溶性无盐固形物的数量作为衡量指标。以豆粕（饼）：麸皮=6：4 原料配比为例，酱渣干基中食盐及可溶性无盐固形物含量均不得高于 4%。

3．浸出的主要设备

（1）根据淋油工序的特点，在建筑施工时要保证淋油池的工程质量，防止因冷热交替而破坏池壁，造成渗漏。假底的空隙可尽量小些，以免存水过多；出油口留在最低位置，确保油放尽后不存水；条件允许时应尽量扩大过滤面积，要求面积大而高度浅，但要和发酵池配套，使酱醅正好装 2～4 个淋油池，不使酱醅有剩余零头，便于分批生产、分批核算。

（2）接油池、配油池、浸淋水储存池、溶盐池等，应根据生产需要配套，对各池容量要测量准确。

（3）浸清水加热设备有两种形式：冷热缸和热交换器。

任务三　下游工程

一、酱油生产后处理过程

酱醅（醪）中淋出的酱油叫生酱油，生酱油还需经过灭菌、澄清、配制、灌装等一系列的后处理过程才能制得酱油成品。

（一）酱油的灭菌及澄清

我国多数酱油生产企业采用“加热灭菌、静置沉淀”的方法来除去酱油中的杂质。

1．酱油的加热灭菌

（1）加热的作用　通过加热，可以达到杀灭酱油中的微生物、防止生霉、长醭变质、延长贮存时间，还有调和酱油的香气和风味，改善口感，增加色泽，除去悬浮物等多种作用。

（2）灭菌条件

间歇式加热设备：控制品温在65～70℃，维持30 min。

连续式加热设备（板式或列管式杀菌设备）：控制热交换器的出口温度在80℃为宜。

超高温瞬时灭菌设备：加热温度可达115～135℃，受热时间仅3s，灭菌效果更为显著。

若通过对生酱油的检测，发现杂菌污染十分严重，细菌数在1×10^6/mL以上，或发现了芽孢杆菌的污染，则65～80℃的灭菌温度不能杀死芽孢杆菌，加热温度需提高到90～100℃，维持20～30 min，灭菌才可收效，而这样的加热灭菌温度，对酱油风味的影响是十分不利的。

另外，在夏季杂菌量大、种类多，加热温度应比冬季提高5℃。高级酱油加热温度可比普通酱油略低些，但均以能杀死产膜酵母及大肠杆菌为准则。

在加热灭菌后，应采取适当的冷却方式尽快降低酱油的品温。因为酱油在高温下放置时间过长会产生过量的色素，从而造成酱油中糖分及氨基酸的损失，还会产生酸味及焦糊味等异味，使酱油的色泽发乌。

2．酱油的澄清

生酱油加热后，随着温度的增高，酱油中的一些含氮大分子、糊精等会逐渐形成絮状凝结物，然后与悬浮物、微生物菌体等杂质结合，这样生成的混浊沉淀会缓慢地沉降在酱油缸的底部，形成泥状的“酱油浑脚”。自然静置沉降的速度缓慢，一般需4～7 d才可完成。留于容器底部的“酱油浑脚”，含有较多的酱油，可将这些较浓的浑脚装入布袋内进行压滤回收部分酱油。

“加热沉淀”澄清法投资少，操作简便易行，但也存在许多缺点：难以除去全部微粒悬浮物，酱油透明度差，货架期内产生瓶颈污垢圈及瓶底沉淀泥，影响产品的形象。近年来，国内对高档酱油产品使用硅藻土过滤或超滤膜过滤技术，取得很好的效果。

（二）酱油的配制

酱油因生产周期长，影响产品质量的因素多，造成每批生产的酱油质量并不稳定一致，各项指标每批产品均有差异。为使酱油成品质量标准化，必须对每批生产的酱油进行适当的配制，主要是控制三项理化指标：全氮、氨基酸态氮、无盐固形物，最终达到感官、理化、卫生标准的全面合格。配兑得当不仅可以保证产品质量符合标准要求，还可以起到降低成本、节约原料、提高出品率的作用。

由于各地风俗习惯不同、口味不同，还可以在原来酱油的基础上，分别调配助鲜剂、甜味剂以及某些香辛料等以增加酱油的花色品种。常用的助鲜剂有谷氨酸纳（味精），强助鲜剂有肌苷酸、鸟苷酸，甜味剂有砂糖、饴糖和甘草，香辛料有花椒、丁香、豆寇、桂皮、大茴香、小茴香等。

酱油的配制是一项十分细致的工作，不但要有严格的技术管理制度，而且还要有生产批次、数量、质量、储存情况的详细记录，把酱油配兑成符合质量标准要求后还要再经复验才可出厂。

（三）酱油的包装及贮存

成品包装要求清洁、卫生、计量准确。

目前市场上酱油的包装形式有瓶装、塑料袋装和塑料桶装等几种包装形式。包装好的产品要存放于阴凉、干燥、通风的专用仓库内，避免阳光直射或雨淋。出货时要按照“先入先出”的原则。瓶装产品的保质期不应低于 12 个月，袋装产品的保质期不应低于 6 个月。

二、酱油生产防霉控制

酱油是耐盐微生物的天然培养基，未经灭菌或灭菌后的成品酱油在气温较高的地区和季节里，酱油表面往往会产生白色的斑点，随着时间的延长，逐步形成白色的皮膜，继而加厚变皱，颜色也由嫩白逐渐变成黄褐色，这种现象俗称酱油生花或长白。

酱油生霉是由于微生物特别是一些产膜酵母生长繁殖导致的，这些微生物主要有：粉状毕赤氏酵母、盐生接合酵母、日本结合酵母、醭酵母等需氧耐盐产膜酵母。这些产膜酵母最适繁殖温度为 25～30℃，加热到 60℃数分钟就可以杀灭。酱油虽经加热灭菌，但由于整个生产和销售过程常在接触空气的情况下进行，而空气本身就含有这些微生物，因此在适当的温度条件下，它们就会在酱油中发酵繁殖，使酱油生霉发白，因此从生产到销售的全过程均需重视酱油的防腐。

（一）酱油生霉（长白）的原因

1．内因方面

与酱油本身质量有关。酱油质量好，盐分大，含有较多的脂肪酸和醇类、醛类、酯类等成分，对杂菌有一定的抑制作用；相反，如果酱油的质量不好，本身抵抗杂菌的性能差，就容易生霉。另外生产中发酵不成熟，灭菌不彻底或防腐剂添加量不足、未全部溶解或搅拌不匀等，均会导致此现象的发生。

2．外因方面

在温度高、潮湿的地方容易生白，或因为包装容器不清洁、容器里有生水。另外在储存运输过程中，因雨淋或混入生水而被产膜酵母污染等都可以引起发霉。

（二）酱油生霉造成的危害

生霉后的酱油，表面形成令人厌恶的菌膜，香气减少，口味变淡而发苦，酸味增强，甜味和鲜味减少，有时甚至产生臭味。其营养成分被杂菌所消耗，从而也降低了食用价值。个别产品除发白以外，甚至还会再发酵，生成酒精或二氧化碳，产生泡沫，降低风味。

（三）酱油防霉措施

1．提高酱油质量，保证一定的含盐量

如前所述高质量酱油本身具有较高的防腐能力，因此应尽可能生产优质酱油。

2．加强生产卫生管理

酱油生产的每个环节中，工具、用具、生产设备等都应有严格的卫生制度，要及时清洗消毒。操作人员的个人卫生也应予以高度重视，以确保淋出的酱油含杂菌较少。贮油容器和包装容器应洗刷干净，保持干燥，不可存有洗刷水、生水。运输储存过程中防止雨淋或生水污染。

3．加强灭菌处理

成品酱油按加热要求进行灭菌，杀灭酱油中的微生物和酶类，从而在一定程度上减缓或抑制发白现象的产生。

4．正确使用防腐剂

合理正确地添加允许使用的防腐剂，是防止发霉的一项有效措施。酱油生产中常使用的防腐剂有苯甲酸及苯甲酸钠、山梨酸及山梨酸钾等，其使用量详见国家标准。

三、酱油产品质量标准

（一）酿造酱油国家标准（GB 18186—2000）

1．定义

以大豆和/或脱脂大豆、小麦和/或麸皮为原料，经微生物发酵制成的具有特殊色、香、味的液体调味品。

2．产品分类

按发酵工艺分为两类：

（1）高盐稀态发酵酱油（含固稀发酵酱油）：以大豆和/或脱脂大豆、小麦和/或小麦粉为原料，经蒸煮、曲霉菌制曲后与盐水混合成稀醪，再经发酵制成的酱油。

（2）低盐固态发酵酱油：以脱脂大豆及麦麸为原料，经蒸煮、曲霉菌制曲后与盐水混合成固态酱醅，再经发酵制成的酱油。

3．技术要求

（1）感官特性　感官特性应符合表 9-4 的规定。

表 9-4　低盐固态发酵酱油、高盐稀态发酵酱油感官特性

项目	要求							
	高盐稀态发酵酱油（含固稀发酵酱油）				低盐固态发酵酱油			
	特级	一级	二级	三级	特级	一级	二级	三级
色泽	红褐色或浅红褐色，色泽鲜艳，有光泽		红褐色或浅红褐色		鲜艳的深红褐色，有光泽	红褐色或棕褐色，有光泽	红褐色或棕褐色	棕褐色
香气	浓郁的酱香及酯香气	较浓郁的酱香及酯香气	有酱香及酯香气		酱香浓郁，无不良气味	酱香较浓，无不良气味	有酱香，无不良气味	微有酱香，无不良气味
滋味	味鲜美、醇厚、鲜、咸、甜适口		味鲜，咸甜适口	鲜咸适口	味鲜美、醇厚、咸味适口	味鲜美，咸味适口	味较鲜，咸味适口	鲜咸适口
体态	澄清							

（2）理化标准　可溶性无盐固形物、全氮、氨基酸态氮应符合表 9-5 的规定。

表 9-5　低盐固态发酵酱油、高盐稀态发酵酱油理化指标

项目	指标							
	高盐稀态发酵酱油（含固稀发酵酱油）				低盐固态发酵酱油			
	特级	一级	二级	三级	特级	一级	二级	三级
可溶性无盐固形物，g/100 mL　≥	15.00	13.00	10.00	8.00	20.00	18.00	15.00	10.00
全氮（以氮计），g/100 mL　≥	1.50	1.30	1.00	0.70	1.60	1.40	1.20	0.80
氨基酸态氮（以氮计），g/100 mL　≥	0.80	0.70	0.55	0.40	0.80	0.70	0.60	0.40

（3）卫生标准　卫生指标应符合 GB 2717《酱油卫生标准》的规定。

（4）铵盐　铵盐（以氮计）的含量不得超过氨基酸态氮含量的 30%。

（5）标签　标签标注内容应符合 GB 7718《食品标签通用标准》的规定。产品名称应标明“酿造酱油”，还应标明氨基酸态氮的含量、质量等级、用于“佐餐和/或烹调”。

（二）配制酱油行业标准（SB 10336—2000）

1．定义

以酿造酱油为主体，与酸水解植物蛋白调味液、食品添加剂等配制而成的液体调味品。

2．技术要求

（1）主要原料及辅料　酿造酱油应符合 GB 18186《酿造酱油》的规定。酸水解植物蛋白调味液应符合 SB 10338《酸水解植物蛋白调味液》的规定。食品添加剂应选用 GB 2760《食品添加剂使用卫生标准》中允许使用的食品添加剂，还应符合相应的食品添加剂的产品标准。

（2）感官特性　感官特性应符合表 9-6 的规定。

表 9-6　配制酱油感官特性

项　目	要　求	项　目	要　求
色泽	棕红色或红褐色	滋味	鲜咸适口
香气	有酱香气，无不良气味	体态	澄清

（3）理化指标　可溶性无盐固形物、全氮、氨基酸态氮应符合表 9-7 的规定。

表 9-7　配制酱油理化指标

项目		指标
可溶性无盐固形物，g/100 mL	≥	8.00
全氮（以氮计），g/100 mL	≥	0.70
氨基酸态氮（以氮计），g/100 mL	≥	0.40

（4）卫生指标　卫生指标应符合 GB 2717《酱油卫生标准》的规定。

（5）铵盐　铵盐的含量不得超过氨基酸态氮含量的 30%。

（6）其他要求

①配制酱油中酿造酱油的比例（以全氮计）不得少于 50%。

②配制酱油不得添加味精废液、胱氨酸废液、用非食品原料生产的氨基酸液。

（7）标签

①标签标注内容应符合 GB 7718《食品标签通用标准》的规定。产品名称应标为“配制酱油”，还应标明氨基酸态氮的含量。

②不得将“配制酱油”标注为“酿造酱油”。

（三）酱油国家卫生标准（GB 2717—1996）

1．定义

（1）酱油　以粮食和其副产品为原料，经过酿造工艺制成的具有特殊色、香、味的产品。

（2）烹调酱油　不直接食用的，适用于烹调加工的酱油。

（3）餐桌酱油　既可直接食用，又可用于烹调加工的酱油。

2．卫生要求

（1）感官特征　具有正常酿造酱油的色泽、气味和滋味，无不良气味，不得有酸、苦、涩等异味和霉味，不混浊，无沉淀，无异物，无霉花浮膜。

（2）理化指标　理化指标应符合表 9-8 的规定。

表 9-8　理化指标

项目		指标
氨基酸态氮/（g/100 mL）	≥	0.4
总酸[a]（以乳酸计）/（g/100 mL）	≤	2.5
砷含量（以 As 计）/（mg/L）	≤	0.5
铅含量（以 Pb 计）/（mg/L）	≤	1
黄曲霉毒素 B_1 含量（μg/L）	≤	5

[a] 仅适用于烹调酱油

（3）微生物指标　微生物指标应符合表 9-9 的规定。

表 9-9　微生物指标

项目		指标
菌落总数[a]/（cfu/mL）	≤	30 000
大肠菌群/（MPN/100 mL）	≤	30
致病菌（沙门氏菌、志贺氏菌、金黄色葡萄球菌）		不得检出

[a] 仅适用于餐桌酱油

（4）标识　定型包装的标识应符合有关规定。同时在产品的包装标识上必须醒目标出“酿造酱油”或“配制酱油”以及“直接佐餐食用”或“用于烹调”，散装产品亦应在大包装上标明上述内容。

项目十　醋生产工艺

食醋概述

食醋是我国劳动人民在长期的生产实践中制造出来的一种酸性调味品。我国酿醋已有 2000 多年的历史。我国历来就有“开门七件事，柴米油盐酱醋茶”，可见食醋是人们饮食生活中不可缺少的调味品。

我国食醋的品种很多，著名的山西陈醋、镇江香醋、四川麸曲醋、东北白醋、上海米醋、福建红曲醋等是食醋的代表品种。这些食醋风味各异，行销国内外市场，受到很多消费者欢迎。

醋是用粮食等淀粉质为原料，经微生物制曲、糖化、酒精发酵、醋酸发酵等阶段酿制而成的。其主要成分除醋酸（3%～5%）外，还含有各种氨基酸、有机酸、糖类、维生素、醇和酯类等营养成分及风味成分，具有独特的色、香、味。它不仅是调味佳品，长期食用对身体健康也十分有益，因此其产量每年都有较大的增加。

任务一　上游工程

一、原料种类

食醋原料一般包括主料、辅料、填充料及添加剂。

（一）主料

凡是含有淀粉、糖类、酒精等成分的物质，均可作为食醋的原料，一般以含淀粉多的粮食为基本原料，也称之为主料。目前制醋采用的主要原料如下。

1．粮谷类

高粱、大米、糯米、玉米、小米、小麦、大麦、青稞等，粮食加工下脚料如碎米、麸皮、脱脂米糠、细谷糠、高粱糠等。长江以南以糯米和大米（粳米）为主，长江以北以高粱和小米为主。

2．薯类

甘薯、马铃薯、薯干等。

3．果蔬类

柿子、梨、枣、葡萄、番茄、菠萝、荔枝、苹果等。

4．糖类

饴糖、废糖蜜等。

5．酒类

白酒、酒精、黄酒、果酒等。

6．野生植物

酸枣、野果、桑葚等。

（二）辅料

在发酵制醋时需要辅助原料，一般采用细谷糠、麸皮、玉米皮及豆粕等。一方面是提供微生物活动所需要的营养物质及生长繁殖条件，增加食醋质量和风味物质，提高食醋的质量，辅料直接或间接地与产品的色、香、味的形成有密切关系。另一方面辅料还能改善发酵过程的物理结构状态，对醋醅起到疏松作用。

（三）填充料

制醋时还需要填充料，常用的有谷糠、小米壳、高粱壳、玉米芯、玉米秸等。其本身的化学成分以纤维素为主，可供微生物利用的成分较少。填充料的作用主要是为了保持一定的空隙，使醋醅疏松，空气便于流通，以利于醋酸菌好气发酵。

（四）添加剂

为了提高食醋的质量风味，改善食醋的色泽，在制醋过程中使用一些添加剂，常用的添加剂有以下几种。

1．食盐

能抑制醋酸菌等不耐盐细菌的活动，防止醋酸菌过氧化，同时还可以调和食醋风味。

2．食糖

以饴糖较好，可增加食醋甜味，调和风味。

3．味精

增加鲜味和风味。

4．增色剂

常用的有酱色、炒米色。炒米色主要起增加色泽和香气作用，镇江香醋使用。酱色用于大多数食醋，用于增加色泽。

5．香辛料

有芝麻、花椒、大料、桂皮、生姜、蒜、茴香等，赋予醋特殊的风味。如福建红曲老醋，芝麻用量达醋液的 4%。

6．防腐剂

经常用的有苯甲酸钠、山梨酸钾，防止食醋腐败变质。

（五）原料的选择标准

1．淀粉（或糖或酒精）含量高。

2．价格低廉，使用方便。

3．资源丰富，产地离工厂近，易储运、贮藏。

4．无霉烂变质，符合食品卫生要求。

二、常用原料的化学成分

常用原料的化学成分对制醋有很大影响，了解并掌握各种原料的化学组成及在酿造过程中的变化，对改进食醋质量风味、提高原料的利用率奠定基础。

1．碳水化合物

碳水化合物是食醋的主要成分，包括原料中的淀粉、麦芽糖、蔗糖、果糖及葡萄糖等，这些物质都可以发酵成酒精，再经醋酸发酵产生各种有机酸。原料中含这些物质越多，那么生成醋的主成分就越多，它和食醋的产率有密切关系。

2．脂肪

如果原料中脂肪含量高，生成酸的速度快，会抑制酵母菌的活动，对酒精发酵有影响。一般制醋原料其脂肪含量越少越好。

3．蛋白质

原料中的蛋白质主要是为酵母提供营养，也是食醋中各种氨基酸的主要来源，可增加食醋的色泽和风味。一般情况下豆类原料的蛋白质含量大于谷物原料，谷物原料又大于薯类原料。

4．矿物质

主要包括硫、钙、钾、镁等元素，为微生物的生长提供无机盐。一般原料中含有丰富的矿物质，不必另外添加。

三、原料的处理

（一）处理的目的

进厂的原料含有各种杂质，如泥土、金属、石沙等杂质，必须预先去除干净，不然会堵塞管道，损坏机械设备。原料进厂前还要经过检验工序，霉烂变质的原料不能用于生产。

（二）常用的处理方法

1. 除去泥沙

在投料之前，采用分选机和振动筛，分别除去原料中的尘土、轻质杂质，并将谷粒筛选出来。带泥土原料用水清洗。

2. 粉碎与水磨

制醋所用的原料通常外面有皮层包裹，不能为微生物所充分利用。为了扩大原料与糖化曲的接触面积，充分利用有效成分，在大多数情况下原料需先粉碎，然后再进行蒸煮糖化。在利用酶法液化糖化制醋时，为了使淀粉更易被酶水解，需先将原料加水磨碎，加水比例控制在 1∶（1.5～2）。原料粉碎常用的设备是锤击式粉碎机。

3. 原料蒸煮

（1）蒸煮目的　淀粉质原料吸水后进行蒸煮，可使植物组织和细胞彻底破裂，有利于淀粉糊化，同时，由于颗粒吸水膨胀，在糖化时有利于水解酶的作用，使淀粉水解成可发酵性糖。另外，通过高温高压蒸煮，可将原料中所含的一些有害物质除去，并杀死原料表面附着的微生物，减少酿醋过程中杂菌的污染。

为使淀粉完全释放，并达到杀菌的目的，生产上一般采用的蒸煮温度都在100℃或 100℃以上。

（2）蒸煮方法　蒸煮方法随制醋工艺不同而不同，一般分为煮料发酵法和蒸料发酵法。

蒸料发酵法在固态发酵酿醋中应用较广泛，为利于下一步糖化发酵，需进行润料，在原料中加入一定量的水，水量依原料种类而定，然后搅拌均匀，再进行蒸料。食醋蒸料一般在常压下进行，现在很多生产厂采用加压蒸料方法，既可缩短蒸料时间又不至于焦化。如制造麸曲时将麸皮、豆粕及水搅拌后在旋转加压蒸锅内 30 min 即可达到蒸料要求。

煮料发酵法是先将主料浸泡于水中一段时间，然后蒸熟，冷却后进行糖化等操作。

（3）蒸煮过程中原料组分的变化

①淀粉：淀粉在蒸煮时先吸水膨胀，当温度达到60℃以上时发生糊化，颗粒体积扩大，黏度增加。随着温度继续上升，至 100℃以上时，黏度下降，冷却至60～70℃，能有效地被淀粉酶糖化。

②蛋白质：在常压蒸煮时，蛋白质易凝固变性，不易分解。

③单宁：在蒸煮过程中形成香草醛、丁香酸等芳香成分的前提物质，赋予食醋特殊的芳香。

④脂肪：在常压下变化较小，在高压下产生游离脂肪酸，产生酸败味。

四、食醋酿造常用微生物

目前，食醋工业常用的微生物有：

1．霉菌类微生物

主要作为糖化菌使用。常用的菌株有：米曲霉泸酿 3.042、3.040、AS 3.683，发酵最适温度为 37℃，pH 为 5.5～6.0，它的液化力与蛋白质分解力较强；黄曲霉 AS 3.800；甘薯曲霉 AS 3.324，适用于甘薯原料，其糖化最适 pH 为 4～4.6，最适温度为 60～65℃；黑曲霉 AS 3.4309；红曲霉 AS 3.978。在工厂中常用的是黑曲霉 AS 3.4309，发酵最适温度为 37～38℃，最适 pH 为 4.5～5.0，适用于固体和液体法制曲。

2．酵母菌

在食醋酿造过程中，酵母菌主要是作用于葡萄糖发酵生成酒精和 CO_2，酵母菌培养和发酵的最适温度为 25～30℃。常用于酿醋的酵母菌有南阳混合酵母（1308 酵母），AS 2.399 及 AS 2.109。

3．醋酸菌

主要是氧化乙醇生成醋酸。常用的醋酸菌有 AS 1.41 醋酸菌和泸酿 1.01 醋酸菌。

五、糖化

经过蒸煮的糊化淀粉，加入一定量的糖化剂（曲或酶），使其转化为可发酵性糖的过程，称为淀粉的糖化。

（一）食醋生产常用的糖化剂

淀粉质原料制醋必须经过糖化、酒精发酵、醋酸发酵 3 个阶段。把淀粉转变成可发酵性糖，所使用的催化剂称为糖化剂。食醋生产所采用的糖化剂，基本有以下 5 个类型。

1. 大曲

大曲为我国古老曲种之一，是固体发酵制醋传统工艺的主要糖化发酵剂。大曲是采用小麦、大麦及豌豆等为原料，经粉碎加水压成砖状曲坯，自然发酵而成。它含有多种微生物，以毛霉、曲霉、根霉及酵母为主，并有大量野生菌存在。该曲的优点是所含微生物种类多，酿成的食醋风味好；缺点是糖化力弱，淀粉利用率较低，生产周期长，因此，目前只有少数名牌醋应用，如山西老陈醋。

（1）大曲生产工艺流程

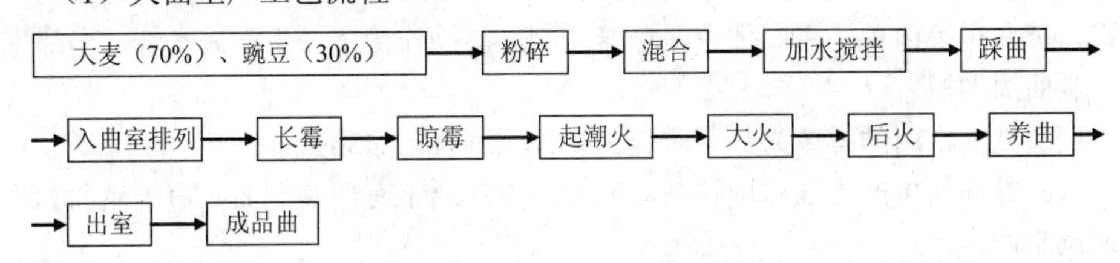

图 10-1 大曲生产工艺流程

（2）生产工艺

①原料粉碎：将两者原料按比例混合后粉碎。冬季粗料∶细料为 40∶60；夏季粗料∶细料为 45∶55。

②拌料踩曲：拌料加水按每 100 kg 混合料加温水 50 kg 拌匀。传统方法人工踩实，现在不少厂家采用机械制曲机制曲。每块曲重 3.5 kg 左右，区块要求：外形平整，厚薄均匀，结实坚固。

③曲室培养：制好的曲醅应送入曲室培养。将曲摆成 2 层，地面铺谷糠，两层间用苇秆间隔并撒谷糠，曲间间隔距离 15 mm 左右，四周用席蒙盖，冬天用 2 层席，夏天 1 层，蒙盖时将席用水喷湿。曲室温度冬天为 13～15℃，夏天为 25～26℃。

④上霉：保持室内暖和，待品温升至 40～41℃时上霉较好，然后揭去席片晾霉。冬天上霉需要 4～5 d，夏天 2 d。

⑤晾霉：晾霉时间 12 h 左右，冬季晾至 23～25℃，夏季晾至 32～33℃，然后翻曲成 3 层，曲间距 40 mm，继续培养，使品温上升至 36～37℃，历时 2 d。

⑥起潮火：晾霉 2 d 后，将曲块由 3 层翻至 4 层，曲间距 50 mm，品温上升至 43～44℃再翻曲一次，曲块由 4 层翻至 5 层，品温继续上升至 46～47℃，历时 3～4 d。

⑦大火：进入大火时应拉去苇秆，翻曲成 6 层，曲块间距 105 mm，使品温继续上升至 47～48℃，再晾霉至 37～38℃，反复 3 个轮回，翻曲 3～4 次，大火时间为 7～8 d，这时曲的水分基本排除。

⑧后火：待品温下降至 36～37℃翻曲为 7 层，上下内外调整曲块，曲间距调为 50 mm，需要 2～3 d 左右。

⑨养曲：在养曲室，品温保持在 34～35℃，时间为 2～3 d。

⑩出曲：成曲出曲室后，为了使水气散尽以利于贮存，需要放于阴凉通风处。

2. 麸曲

麸曲是酿醋厂普遍采用的糖化剂，它以麸皮为主要原料，接入糖化力强的黑曲霉、黄曲霉等菌种，用固体表面培养法制成。操作简单，生产成本低，出醋率高，制曲周期短。

制造麸曲常用的霉菌为甘薯曲霉 3.324，黑曲霉 3.4309。

（1）麸曲的生产方法　固体麸曲的生产方法通常有曲盒制曲、帘子制曲和机械通风制曲。

制盒曲、帘子曲劳动强度大，目前在大生产中已被淘汰，只有制作种曲时或小厂使用。机械通风制曲，曲料入箱后通入一定温度、湿度的空气，为曲霉的生长提供适宜的条件，以便得到优质、高产及降低劳动强度的目的。

（2）麸曲生产工艺流程如图 10-2 所示。

①试管菌种培养（以龙门醋厂为例）：称大米 50 g，洗干净，加水 350 mL 煮成饭状，降温至 50～55℃时接入黑曲霉 20 g，放入 500 mL 三角瓶中并盖上棉塞，放入 50～55℃水浴锅内保温糖化 4 h，取出后用脱脂棉过滤，再用滤纸过滤一次即为糖化液，100 mL 糖化液加入琼脂 2～3 g，溶化后装入试管，灭菌，取出摆斜面。在无菌条件下接种，置于 30℃恒温箱保温 72 h 后，待长满黑褐色孢子即可应用。

②三角瓶培养：麸皮 100 g，稻壳 5 g，加水 75～80 mL，拌匀装入经干热灭菌的 1 L 三角瓶中，加棉塞包好，灭菌，取出冷却至 30℃，将试管中黑曲霉移接在三角瓶中，置于 30℃恒温箱中培养，观察其生长情况，当布满白色菌丝时即可扣瓶。将三角瓶倒扣在保温箱中，等长满黑褐色孢子即可。

③木盒种曲培养：50 g 麸皮加水 50～55 kg 拌匀，装锅冒汽后 40 mim 取出，等品温降至 35℃左右，接种曲 0.3%～0.5%。接种后品温降至 30～32℃，堆积 1～2 h，再装入灭菌的曲盒内，当品温升至 34～35℃时倒盒，等长满菌丝后将盒内曲料分成小块，即划盒。划盒后将曲料摊平盖上灭过菌的湿草帘。中期室温保持在 26℃，待曲料布满黑褐色孢子即种曲成熟。后期室温控制在 30℃，种曲存放在阴凉、干燥处备用。

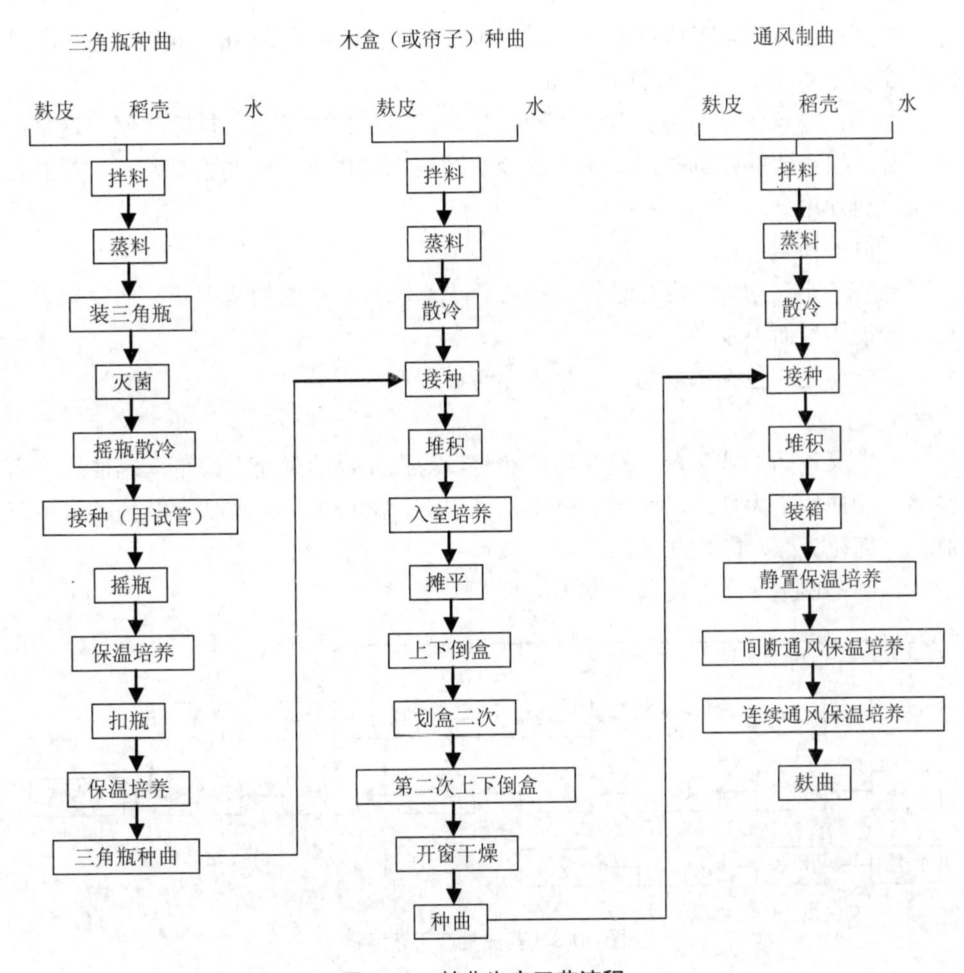

图 10-2 麸曲生产工艺流程

④通风制曲：每 50 kg 麸皮加入稻壳 4～5 kg，加水 30～32.5 kg 拌均匀，装锅冒汽后 30 mim 取出，将结块打碎，当温度降至 32～35℃时接种 0.3%～0.5%，装入曲池内，室温保持 28℃左右，品温上升至 34℃时开始通风，降至 30℃时停止通风，待曲块形成翻曲 1 次，控制品温并连续通风，经 28～30 h，菌丝大量结块即成麸曲，出曲室摊开阴干，备用。

⑤注意事项：装曲料入池时要松散，有利于种曲发芽和通风，曲种菌丝形成后，如妨碍通风时要及时翻曲；注意保湿，如水分排除过速，菌丝生长不健壮，酶活力降低，所以开始通风时风量易小，随着品温上升，逐步加大通风量，做到保湿保温兼顾。

中期：菌丝大量形成并产生大量热量，控制品温不高于 36～38℃。在夏季品温往往超过 40℃，必要时打开门窗。

后期：菌丝生长衰退，呼吸不再旺盛，此时可提高室温以排除潮气，这是制曲过程中很重要的排潮阶段。出曲水分控制在 25%以下。成曲不易贮存，最好是边生产边使用。

⑥麸曲质量标准

感官鉴定：菌丝粗壮浓密，无夹心、无怪味，有黑曲的清香味，曲块结实，以手轻捏松散而不发硬。

化学鉴定：包括糖化力，液化力，污染程度等。

3. 小曲

小曲又称药曲或酒药，是含霉菌和酵母等微生物的糖化发酵剂，因曲坯小而得名。制曲原料为糯米、大米、高粱，以根霉、酵母为主，添加中草药、野生菌制曲。糖化力强，醋风味纯净。

（1）药曲生产工艺流程（图 10-3）

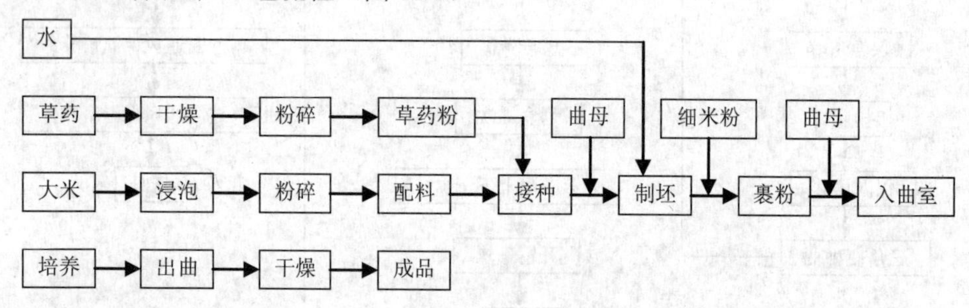

图 10-3 药曲生产工艺流程

（2）生产工艺

①浸泡：大米用水浸泡，夏季为 2～3 h，冬季约为 6 h，浸后把水沥干。

②粉碎：用粉碎机把大米粉碎。

③制坯：每坯用米 15 kg，添加草药粉 13%，曲母 2%，水 60%左右，混合均匀，制成饼团，然后压平，用刀切成 2 ㎝大小的粒状，制成酒药坯。

④裹粉：先将 5 kg 细米粉加 0.2 kg 曲母粉混合均匀，在酒药坯上第一次洒水，裹粉，再洒水，再裹粉，直至裹完粉为止。裹完粉后入曲室培养。

⑤培养：室温保持在 28～31℃，20 h 以后，霉菌菌丝倒下，酒药坯表面起白泡，这时品温一般为 33～34℃，最高不得超过 37℃。24 h 后，酵母菌开始大量繁殖，室温控制在 28～30℃，保持 24 h。进入后期品温逐渐下降，曲子成熟，即可

出曲。

⑥出曲：曲子出曲后立即烘干或晾干，贮藏备用。

4．液体曲

一般把霉菌经发酵罐深层培养，得到液体的曲子，可代替固体曲用于制醋。液体曲机械化程度高，可节约劳动力，但设备投资大，技术要求较高。

5．酶制剂

主要是从深层培养发酵生产中提取酶制剂，如用于淀粉液化的α-淀粉酶及用于糖化的葡萄糖淀粉酶都属于酶制剂。

在固体发酵时可用酶代替曲；在间歇糖化时，固体或液体糖化酶可直接加入糖化锅，不用稀释；在连续糖化时，先用30℃温水稀释后加入。

（二）几种糖化工艺

糖化工艺一般分为连续糖化和间歇糖化。连续糖化是把几个糖化锅串联，流加糖化酶。间歇糖化采用单个糖化锅，待醪液温度符合时加糖化酶，维持 30～60 min，进入发酵工序。

1．传统糖化工艺

传统的制醋方法，糖化时其共同特点如下。

（1）不采用人工糖化菌，采用自然菌种进行糖化，因此糖化产物较多，为各种食醋独特风味的形成奠定了基础。

（2）糖化和发酵同时进行，即双边发酵，边糖化边发酵；甚至有的工艺进行三边发酵，边糖化、边酒精发酵、边醋酸发酵。

（3）糖化在微生物生长繁殖的适宜温度下进行。

（4）糖化时间长，一般为 5～7 d。目前各地对传统工艺都有所改进，现多采用纯种培养菌进行糖化，有利于提高糖化率。

2．高温糖化法

先以α-淀粉酶制剂在 85～90℃对原料淀粉进行液化，然后再用液体曲或麸曲在 65℃进行糖化，液化和糖化都在高温下进行，所以称为高温糖化法。这种糖化法的优点是糖化快、淀粉利用率高。

（1）液化工艺　由于淀粉的液化是在 85～90℃的高温下进行，多采用耐高温的枯草杆菌α-淀粉酶，其在 65℃下处理 15 min 仍然可保持 100%活性，只有当温度超过 90℃才失活。Ca^{2+}可提高该酶的热稳定性，这对液化有利。

液化时时间一般为 10～15 min，DE 值（表示淀粉的水解程度或糖化程度）为 15 左右，过高或过低都不利于糖化作用。

（2）糖化工艺　糖化用曲包括液体曲和固体曲两种。液体曲酶系纯，酸度小。固体曲酶系复杂，易染菌，但食醋风味好。

糖化时间不必过长，也不用要求过高的糖化率。如果在60℃以上高温糖化时间过久，会严重影响酶活力，使其不能进行后糖化作用，造成淀粉利用率低。

3．生料糖化法

真菌葡萄糖淀粉酶对生淀粉有降解作用，在生料制醋中，生淀粉不经过蒸煮而直接糖化、酒精发酵、醋酸发酵，这是对制酒制醋工艺改革的一种新尝试。目前，此法已在山东、北京、天津、河北、河南、东北等地应用。

（三）糖化过程中的物质变化

1．糖类

淀粉糖化是淀粉酶将淀粉水解为可发酵性糖的过程。除了可溶性糖之外，液化液中还含有少量的麦芽糖和其他糖分。

2．含氮物质

蛋白质在蛋白酶作用下水解生成可溶性氮作为酵母的营养物质，有利于酒精发酵。

3．酸度

糖化时有机含磷化合物在酶作用下分解，会导致酸度增加。

（四）影响糖化的主要因素

1．温度

淀粉酶作用于淀粉进行糖化作用时，在一定温度范围内，随着温度升高反应速度加快，但温度过高易造成酶的失活。因此在液化和糖化时应严格控制其温度，避免偏高或偏低。

在传统糖化工艺中，糖化的温度为微生物生长的适宜温度，一般在33～35℃，最高不超过37℃。

2．pH

酶作用时都有一个最适的pH范围，低于或高于此范围会使酶活力大大降低。黄曲霉对淀粉糖化的最适pH为5.0～5.8，黑曲霉为4.0～4.6。

3．糖化时间

高温法糖化时，液化应在90℃左右维持10～15 min，以利于液化。糖化应在60～65℃下约30 min，不宜过长，过长会影响后糖化，降低淀粉利用率。

4．糖化剂用量

不论采用何种糖化方法，都应保持一定的酶单位，糖化剂酶单位过少，会影响原料利用率，造成酒精发酵和醋酸发酵的困难。

任务二 发酵工程

一、酒精发酵

（一）制醋工业常用的酵母菌

1．拉斯 2 号（RasseⅡ）酵母

又名德国二号酵母，是 1989 年林特奈从发酵醪中分离出来的一株酵母菌。能发酵葡萄糖、蔗糖、麦芽糖，不能发酵乳糖。该菌适用于淀粉质原料发酵生产酒醋类，在发酵过程中易产生泡沫。

2．拉斯 12 号（RasseⅫ）酵母

又名德国 12 号酵母，是马丹上（Macthes）于 1902 年从德国压榨酵母中分离出来的。能发酵葡萄糖、果糖、蔗糖、麦芽糖、半乳糖及 1/3 棉子糖，不能发酵乳糖，常用于酒精、白酒及食醋的生产。

3．K 字酵母

是从日本引进的菌种。适用于高粱、薯干、大米原料生产酒精、食醋。

4．南阳五号酵母（1300）

能发酵蔗糖、麦芽糖和 1/3 棉子糖，不能发酵乳糖、蜜二糖。

5．产酯酵母

又称产香酵母，能增加酒醋的的香味成分。

（二）酒母的制备

酵母菌是使糖液或糖化醪进行酒精发酵的原动力。将酵母菌经过扩大培养，制成有大量酵母菌繁殖的酵母液，这种酵母培养液称为酒母。

在传统制醋的酒精发酵中，主要是依靠各种曲子及从空气中落入的酵母菌繁殖的，也有的用上一批优良的“酵子”留一部分作“引子”进行酒精发酵。由于依靠自然菌种，质量不是太稳定。采用人工培育的酵母，出酒出醋率不仅高而且稳定，但食醋风味不如传统法。

酵母菌是兼性好氧菌，如不通气，细胞增殖缓慢，培养 3 h 后，酵母数只增加 30%左右，但酵母菌的酒精发酵力比较强；在通气条件下，培养 3 h 后，酵母细胞数可增加近 1 倍，酵母菌的酒精发酵力较弱。因此在酒精发酵的生产过程中，发酵初期应适当通气，使酵母菌细胞大量繁殖，然后再停止通气，使大量活跃细胞进行旺盛的发酵作用。

1．酒母扩大培养

（1）工艺流程（图 10-4）

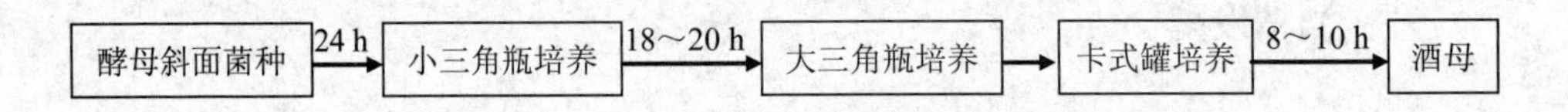

图 10-4　酒母扩大培养工艺流程

（2）操作要点

①试管斜面培养：用麦芽汁制成斜面培养基，在无菌条件下接入酵母原菌，于 28℃培养 3 d。保存于 4℃冰箱中备用。如暂时不用，1～3 个月移接一次。

②小三角瓶扩大培养：于 250 mL 三角瓶中装入 150 mL 7°Bé麦芽汁，灭菌冷却后，接入斜面菌种 1～2 环，摇匀后于 28℃下培养 24 h。

③大三角瓶培养：1 000 mL 三角瓶装入麦芽汁 500 mL，灭菌并冷却至 30℃左右，再接入小三角瓶中的酒母约 25 mL，在 28℃下培养 16～20 h。

④卡式罐培养：15 L 的不锈钢卡式罐，接入稀释到 14%～16%的经硫酸调至 pH4.1～4.4 的糖化醪，灭菌后冷却至 25～30℃，再接入大三角瓶中的酒母 500 mL，于 28℃条件下培养 10～18 h。

⑤酒母罐扩大培养：按实际生产需要，一般可用大缸或发酵罐，培养基同卡式罐，消毒灭菌后接入卡式罐酵母，保持 28～30℃，中间经常搅拌，培养 8～9 h 即可使用。

2．固体酵母的培养

在生产中除了应用液体酵母外，还有固态法生产的酵母。其培养基配方为：麸皮 50 kg，稻壳 5 kg，水 31 kg 左右。拌匀后放入蒸锅冒汽后 30 min 出锅，打碎结块并冷却，取出一部分与大三角瓶液体酵母拌匀，另外加入 3‰～5‰的根霉拌匀，再与其余料拌在一起，品温控制在 31～33℃，堆积 2～3 h 后入池，室温控制在 28℃，当品温上升到 36℃时通风使温度降至 32℃停风，稳定后连续通风，经过 32 h 左右，待曲料结块即可出曲室。

（三）酒精发酵3个阶段

酒精发酵是可发酵性糖在酵母菌的作用下，生成酒精和二氧化碳，然后通过细胞膜将这些产物排出体外。在此过程中同时还伴随产生几十种发酵副产物，主要包括醇、醛、酸、酯四大类。

酒精发酵过程主要经过3个阶段，即前发酵、主发酵和后发酵。

1．前发酵期

把酒母与糖化醪加入发酵罐后，酵母菌利用醪液中的营养物质迅速进行繁殖，发酵醪中酵母细胞繁殖到一定数量。在这一时期，醪液中的糊精被酶作用生成糖，此过程称为糖化作用，此过程较缓慢。

从外观来看，发酵醪的表面比较平静，其原因是醪液中酵母数不多，发酵作用不强，酒精和二氧化碳产生很少。

前发酵期温度控制在26～28℃，一般不超过30℃。如果温度过高会导致酵母早期衰老，如果过低又会使酵母生长缓慢。发酵时间的长短与酵母接种量有关，如果接种量大，则前发酵期短，反之则长。在前发酵期间应注意杂菌污染，应加强卫生管理。

2．主发酵期

主发酵阶段，由于发酵醪中的氧气已消耗完毕，酵母菌基本上停止繁殖而进行酒精发酵。此时醪液中糖分迅速下降，酒精含量增多。发酵醪液表面有二氧化碳气泡冒出。发酵醪的温度上升也较快，在此阶段应注意降温，其温度最好控制在30～34℃，如果温度太高，容易导致酵母早期衰老。主发酵的时间取决于醪液中的成分，如果醪液中糖分含量高，则主发酵时间长，反之则短。主发酵时间一般为12 h左右。

3．后发酵期

后发酵阶段，醪液中的糖分已基本上被酵母菌消耗掉，所以此阶段发酵作用进行的十分缓慢，而且酒精和二氧化碳产生的也很少，产生的热量也不多，发酵醪的温度逐渐下降。此时醪液温度应控制在30～32℃，如果温度过低将导致发酵时间的延长。一般此阶段需要40 h左右才能完成。

以上3个阶段是相互联系的，不能截然分开。整个发酵过程的时间长短与很多因素有关，如糖化剂的种类、酵母的接种量、酵母菌的性能、发酵方式及发酵温度等。因此，一般发酵总时间大多控制在60～72 h。

二、醋酸发酵

醋酸发酵主要是利用醋酸菌氧化酒精为醋酸，同时葡萄糖氧化成葡萄糖酸，形成食醋的风味。传统制醋主要是依靠空气中和曲上自然附着的醋酸菌，所以发酵周期长，出醋率较低。现我国多数食醋企业制醋是使用人工培养的优良醋酸菌，并控制其发酵条件，得到优质高产的醋。

（一）制醋工业常用的醋酸菌

在实际工厂生产中，主要采用的是人工培养的纯种醋酸菌，主要是为了提高食醋的产量和质量，避免杂菌污染。在选择醋酸菌时一般选择氧化酒精速度快、耐酸性强、不分解醋酸、产品风味好的菌种。目前在制醋中常用的醋酸菌如下。

1. 许氏醋酸杆菌

许氏醋酸杆菌是目前酿醋工业中较为重要的菌种之一，最适生长温度为25～27.5℃，37℃时不再产酸。产酸可高达115 g/L（以醋酸计）。

2. 泸酿1.01醋酸菌

1972年从丹东速酿醋中分离而得，现被全国许多醋厂用于液体醋生产。主要作用是氧化酒精为醋酸，并氧化醋酸为二氧化碳和水。繁殖最适温度为30℃，发酵最适温度为33℃左右。

3. 奥尔兰醋酸杆菌

它产醋酸的能力弱，耐酸性较强，能发酵葡萄酒生产葡萄醋。

4. 中科AS1.41醋酸菌

专性好氧菌，能氧化酒精为醋酸，也能氧化醋酸为二氧化碳和水，发酵温度一般控制在36℃左右。

（二）醋母的制备

醋酸种子培养可分为固态培养法及液态培养法两种。

1. 固态培养

试管斜面原菌→试管液体菌→三角瓶扩大培养→大缸固态培养

（1）试管斜面原菌　试管培养基有两种配方，可任选其一。

①6%（体积分数）酒液100 mL、葡萄糖0.3 g、碳酸钙1 g、酵母膏1 g、琼脂2.5 g。

②95%（体积分数）酒液2 mL、葡萄糖1 g、碳酸钙1 g、酵母膏1 g、琼脂2.5 g、水100 mL。

接种后置于30～31℃培养箱中培养48 h。

（2）三角瓶扩大培养　称取酵母膏 1%、葡萄糖 0.3%，用水溶解后装入1 000 mL的三角瓶中，每瓶装液量为100 mL，加棉塞，灭菌，冷却后在无菌条件下加入4%酒精，每瓶接入斜面菌种（每支试管原菌接2～3瓶），摇匀。于30℃恒温培养箱中静置培养 5～7 d。当嗅之有醋酸的清香即培养成熟。一般酸度为1.5～2 g/100 mL（以醋酸计）。

（3）大缸固态培养　取生产上配制的新鲜醋醅置于有假底下面开洞加塞的大缸中，接入培养成熟的三角瓶中的醋酸菌种拌入醋醅面上，使之均匀。接种量为原料的2%～3%，加盖使醋酸菌生长繁殖，培养时室温要求在32℃，待1～2 d后品温升高，采用回流法降温，即将罐底醋汁放出回浇到醋醅上，控制品温在38℃以下，继续培养。4～5 d后，当醋汁酸度为4 g/100 mL时，说明醋酸菌已大量繁殖，经镜检无杂菌后即可用于生产。

2．液态培养

试管斜面原菌→试管液体菌→三角瓶（一级种子）→种子缸（二级种子）

（1）三角瓶培养（一级种子）　菌种：AS1.41醋酸菌。

米曲汁6°Bé，酒精（酒精体积分数为95%）3%～3.5%，500 mL三角瓶中装入100 mL，封口，灭菌，然后冷却，在无菌条件下加入0.03%（酒精体积分数为95%）酒精振荡培养，31℃下培养22～24 h。

（2）种子缸（二级种子）　往种子缸内抽酒精含量为 4%～5%的酒醪，定容至70%～75%，加热使品温升到80℃，灭菌，然后冷却至32℃，按接种量10%接入一级醋酸菌。于30℃通气培养，培养时间为22～24 h。

三、后熟与陈酿

食醋品质的优劣取决于色、香、味三要素，除发酵过程中形成的风味外，很大一部分还与后熟陈酿有关。如山西老陈醋发酵成熟淋出的新醋风味一般，但经过夏日晒、冬捞冰，长期陈酿后品质大为改善，产品色泽黑紫、质地浓稠、酸味醇厚，并具有特殊的醋香味。

后熟陈酿工艺有3种。

1．醋醅陈酿

将加盐后熟的醋醅移出发酵室外，装入缸内砸实，盖上缸盖防雨淋，晴天日晒可放置1～3个月，中间倒醅。

2．生醋陈酿

将淋出的生醋经夏日晒、冬捞冰，陈酿9～12个月。

3．成品醋灌装封坛陈酿。

四、常用的制醋工艺

（一）固态发酵法制醋

固态发酵法制醋是我国食醋酿造的传统工艺。自 20 世纪 50 年代起进行了一系列的改革，改革后的固态发酵法具有出醋率高、生产成本较低、生产周期短的优点。

1．工艺流程（图 10-5）

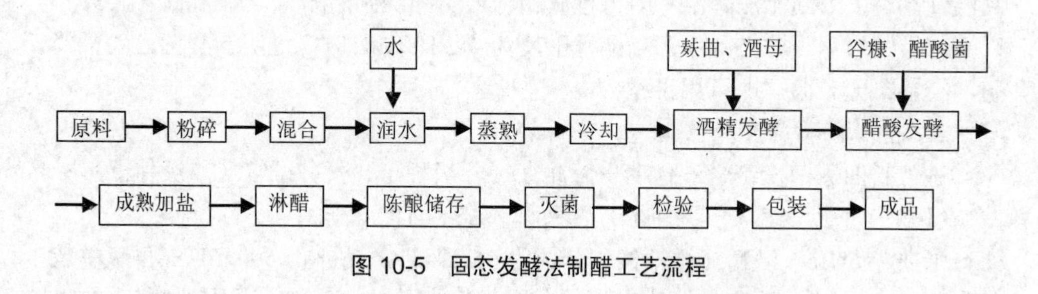

图 10-5　固态发酵法制醋工艺流程

2．工艺要点

（1）原料处理　将原料甘薯、高粱、碎米等用前先粉碎备用。再将粉碎好的原料和麸皮、谷糠混合均匀，每 100 kg 主料，加谷糠 80 kg、麸皮 120 kg，加水 275 kg 润料。润水后的生料装锅，注意疏松。采用常压蒸料设备，蒸 1.5～2 h，再焖 1 h 出锅。如果采用加压设备蒸料，蒸 1 h，再焖 15 min 出料。生料经过蒸煮过程以后会出现结块现象，出锅时要打碎，然后进行冷却至 30～40℃。

（2）发酵　蒸煮冷却的原料添加麸曲 50 kg、酒母 40 kg，补水大概 180 kg，使醅料含水在 60%～62%，冬季可适当增加水，醅含水量可达 64%左右。拌匀放入缸内或发酵池，起始温度夏季 24℃左右，冬季 28℃左右，缸口加草盖，保持室温 24～29℃。

24 h 后当品温上升到 38～40℃，应进行第 1 次翻醅，然后将醅摊平压实，加盖塑料薄膜和草盖封闭，保持醅温在 30～35℃，进行双边发酵（边淀粉糖化边酒精发酵）。发酵时间自入缸算起 5 d，冬季 7 d，双边发酵即可基本结束。此时开缸检验醅中的酒精度数，发酵正常的酒醅酒精含量一般在 6%～9%。

在每缸拌入谷糠约 50 kg 和醋酸菌种子约 38 kg，翻醅使其混合均匀。醋酸发酵是氧化发酵，醋醅内须有足够的空气，每天翻醅倒缸一次，保持品温在 37～

40℃，温度不能太高，否则造成高温烧醅，使产量、质量受影响。约经过 12 d 品温下降，醅中醋酸含量达 7%～7.5%，醋酸发酵基本结束。再经约 2 d 后熟即可结束发酵过程。

（3）加盐后熟　醋酸发酵结束时，要及时加盐翻醅，防止醋醅氧化过度。通常加盐量为醋醅的 1.5%～2%，夏季稍多，冬季稍少。

（4）淋醋　淋醋设备，小型厂用缸，大型厂用池。

淋醋采用三套循环法工艺流程，如图 10-6 所示。

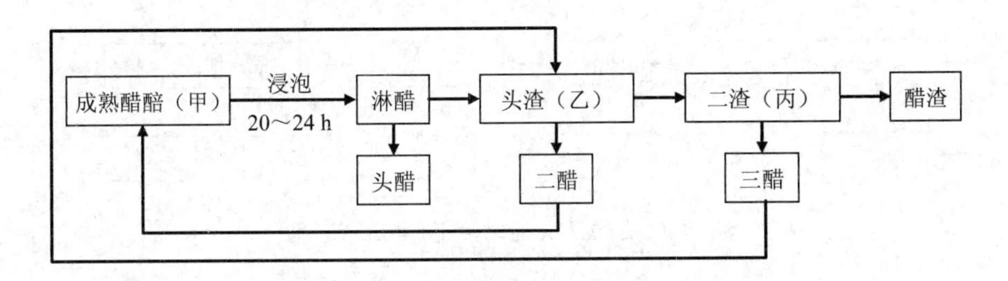

图 10-6　淋醋工艺流程

甲组醋缸放入成熟醋醅，用二醋浸泡 20～24 h，淋出的醋称为头醋（半成品）；乙组醋缸内的醋渣是淋过头醋的渣子，用三醋浸泡，淋出的醋称为二醋；丙组缸内的醋渣是淋过二醋的二渣，用清水浸泡，淋出的醋称为三醋。淋完丙组缸的醋渣，可用作饲料。

（5）陈酿储存　醋陈酿有两种方法：一是将成熟醋醅移入院中缸内砸实，上盖一层食盐，15～20 d 倒醅一次再封缸，陈酿数月后淋醋；二是淋出的醋液贮存在大缸中 1～2 月即可。陈酿时间根据醋中总酸含量而定，如果总酸含量低于 5 g/100 mL，易变质不易陈酿。经陈酿的食醋质量有明显提高，色泽鲜艳，香味醇厚，澄清透明。

（6）灭菌和配制成品　陈酿的醋或新淋出的头醋通常称为半成品，在出厂之前需按质量标准进行配兑，一级食醋（总酸含量＞5%）不需添加防腐剂，一般食醋均应在加热时加入 0.06%～0.1%的苯甲酸钠作为防腐剂。灭菌温度为 80℃以上，最后定量包装即为成品。

（二）酶法液化通风回流制醋

酶法液化通风回流制醋，利用自然通风和醋汁回流代替倒醅。该工艺利用醋汁与醋醅的温度差，调节发酵温度，同时应用酶法将原料液化处理，以提高原料的利用率。

其特点有：①与旧工艺相比，降低了劳动强度，减少工序，节约能源等优点。②用酶量小，淀粉利用率提高，直接降低生产成本，产品质量稳定。

1．工艺流程（图 10-7）

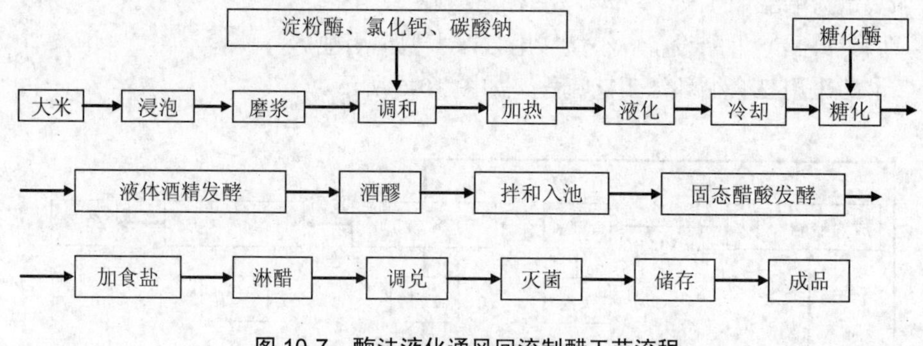

图 10-7　酶法液化通风回流制醋工艺流程

2．工艺操作

（1）淀粉液化、糖化

①磨浆：先将碎米用水浸泡 4～8 h，使米粒充分膨胀，浸泡时间根据不同季节确定，一般冬季长些，夏季短些。然后将米与水按 1∶2 混合送入磨浆机，磨成 70 目以上细度的粉浆。

②调浆：将粉浆送入粉浆桶内调浆，加入 Na_2CO_3 将 pH 调为 6.2～6.4，再加入 $CaCl_2$，钙离子可增强酶的热稳定性。然后加入α-淀粉酶，充分搅拌，使加入的上述 3 种物质混匀，不得有块状物出现。打开浆桶的出料阀，缓缓放入液化桶内连续液化。

③淀粉液化：先将液化桶冲洗消毒，然后往液化桶内加水至与蒸汽管相平，打开蒸汽加热使水温升至 90℃时，开动搅拌器，不停地搅拌，将粉浆缓慢地放入，如温度过低，可降低浆液进罐速度。待粉浆全部送入液化桶后，保持液化温度在 92℃左右。开始计时，维持 15 min，测粉浆。以液化醪遇碘液反应成棕黄色即说明液化完全。液化完全后再升温至 100℃，维持 10 min，达到灭酶的目的，再降温至 65℃。

④淀粉糖化：液化完毕后，将液化醪送入糖化锅内，加入糖化酶，其主要目的是α-淀粉酶不能将淀粉分解为可发酵性糖，因此淀粉液化后需要加入糖化酶，将液化产物糊精进一步水解为葡萄糖等可发酵性糖。糖化大概需要 6 h，待糖化醪冷却到 27℃后，用泵送入酒精发酵罐内。

在淀粉液化、糖化时，认真做好记录，包括时间、酶的用量、温度等；另外在整个液化、糖化过程中要注意卫生，在打浆前开蒸汽灭菌。

（2）酒精发酵　将糖化醪泵入酒精发酵罐中，接入培养成熟的酵母种子液，在无氧条件下，经过细胞内酶的作用，使葡萄糖降解为酒精和二氧化碳，这一过程称为酒精发酵。

①空罐消毒：酒精发酵罐在使用之前，先用水冲洗罐内的各个部分，再开蒸汽消毒 15 min，以减少杂菌污染的概率。

②接种：当酒精发酵罐内糖液温度降到 28～30℃，将培养好的酒精酵母菌接入发酵罐内，充分搅拌，使酵母均匀地分布在糖液中。

③发酵：酒精发酵温度一般控制在 31℃左右，当温度达 35℃时，应开启发酵罐的冷却管及时降温。发酵周期一般为 64 h 左右，酒精发酵结束，酒醪的酒精体积分数为 8.5%左右，酸度 0.3%～0.4%，再将酒醪送至醋酸发酵池。

（3）醋酸发酵　醋酸发酵过程中，利用醋酸菌，将酒精氧化生成醋酸。

①进池：将麸皮、稻壳、醋酸菌种子及酒醪先经拌料机混合均匀，送入醋酸发酵池内。表面醋酸菌种子的接种量要多一些，拌料一般分为“上、中、下”3 层，所用的酒液和菌种是“多、中、少”。然后耙平，盖上塑料布，开始醋酸发酵。进池温度一般控制在 35～38℃最好。

②松醅：醋醅上层的醋酸菌生长繁殖快，升温快，但中间温度较低，所以要松醅，即用铁耙将上面和中间的醋醅尽可能疏松均匀，使 3 层醋醅的温度尽可能的一致。松醅后将醋醅摊平，盖好塑料布。

③回流：在醋酸发酵过程中当发酵温度达 40℃时要及时回流。即由缸底放出汁液浇在醋醅表面上，使醋醅温度降低。醋醅发酵温度前期要求控制在 36～38℃，中期要求在 38～39℃，后期一般控制在 35～37℃。由于醋酸菌在生长过程中伴随有热量产生，尤其是当醋酸菌处于生长旺盛期时产生大量的热量，使醋醅温度不断上升，这时回流量就要加大，必要时可增加回流次数。回流一般每天淋浇 6～7 次，每次放出醋汁 100～200 kg，一般回流 120～130 次后醋醅即可成熟，时间在 25 d 左右。

④加食盐：醋酸发酵结束后，成熟醋醅的醋汁酸度已达到 60～70 g/L，此时酒精含量很少，而且已不再转酸，但为了避免醋酸继续氧化分解成二氧化碳和水，可按产醋的 1%～1.5%及时加入食盐。加入方法为：将食盐均匀地撒在醋醅表面，再用醋汁回流使其全部溶解。加盐后的醋醅不宜久放，可立即淋醋。

⑤淋醋：仍然在醋酸发酵水泥池进行，浸泡回流浇淋出醋。先打开醋汁管阀门，用上批所放二醋汁分次浇在醋醅面层，进行浸泡浇淋醋醅，从醋汁管收集头

醋。当醋酸含量达 50 g/L 时停止淋浇，放入头醋池内，所得头醋一般可配制成品。头醋收集完毕，再在上面分次浇三醋水，下面收集的为二醋水。最后再在上面浇淋清水，下面收集的为三醋水。淋出的二醋水和三醋水，可供下批醋醅浇淋循环使用。

⑥配制成品：头醋放足数量后，搅拌均匀，并调整质量标准。配兑后的醋，如长期存放需加入防腐剂。生醋用板式灭菌器加热进行灭菌消毒。最后定量装坛封泥，即为成品。

（三）液体深层发酵制醋

在液态状态下进行的醋酸发酵称为液态发酵法制醋。液态深层发酵制醋是一项先进的工艺技术。其特点是占地面积小，发酵周期短，机械化程度高，能显著减轻劳动强度。液态深层发酵制醋工艺的出现使我国古老的制醋行业朝着机械化生产前进了一大步。

液态深层发酵制醋设备可用标准发酵罐或自吸式发酵罐。自吸式发酵罐于 20 世纪 50 年代初首先在联邦德国（前西德）用于制醋工业，以后在日本、欧洲等国先后被采用，上海酿醋厂于 1973 年对自吸式发酵罐进行了研究，并成功地用于制醋生产，使我国制醋工艺设备也进入了国际先进行列。目前，济南、郑州、大连、石家庄等地酿醋厂也相继使用。

现以上海醋厂自吸式发酵罐生产为例介绍其工艺。

1．工艺流程（图 10-8）

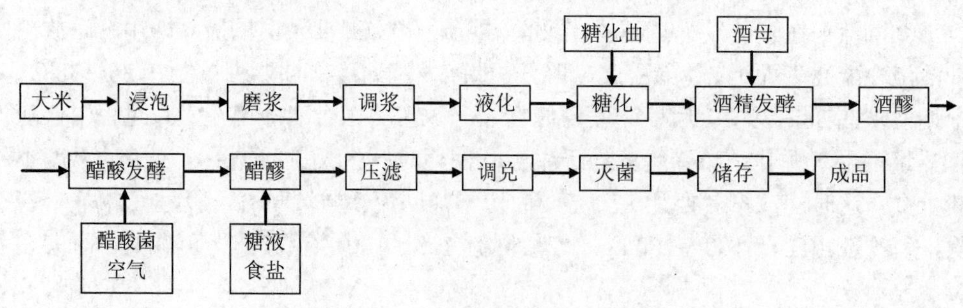

图 10-8 液态发酵法酿醋工艺流程

2．工艺要点

（1）原料的处理、液化与糖化、酒精发酵工艺参阅“酶法通风回流制醋”。

（2）醋酸发酵

①灭菌：先将发酵罐洗净，然后进行空罐灭菌。

②进料：将酒醪和蛋白水解液混合用泵送入发酵罐，保持温度在32℃左右，接入醋酸菌种子。

③接种：醋酸菌种子按10%接种量逐级扩大，培养液均用酒液，种龄为24 h。

④发酵：在醋酸发酵阶段温度一般控制在32～35℃，前期通风量为1∶0.07，中后期为1∶0.1，每小时记录罐温及通风量。后期每隔1～2 h测一次总酸度，待酒精氧化完毕、酸度不再上升时即可。一般发酵时间为65～72 h。

液体深层发酵制醋也可采用分割法制醋。当醋发酵成熟时放出醋醪1/3，同时加入酒醪1/3，继续进行醋酸发酵。然后每隔20～22 h取醋一次。如果醋酸发酵正常，可一直分隔下去。但是当出现菌种老化，酒精转酸率降低等现象时，应及时换菌种。采用分割法连续发酵时，由于醋酸发酵呈酸性，可以防止杂菌污染。目前生产中大多采用此方法。但采用此方法时应注意的问题是，在取醋和补充酒液的同时，要不断地进行搅拌通气，主要是因为醋酸菌属于好气性微生物，一旦通风中断会导致醋酸菌大量死亡，发酵时间延长，造成产量、质量大幅度下降。

（3）压滤　醋酸发酵结束后在醋醪里面加入一定数量的糖以提高食醋糖分，达到出厂质量标准。混合均匀后进行压滤。

（4）配兑、灭菌　醋液压滤后加盐配兑，然后进行灭菌，最后输入成品贮存罐，到期进行包装。

（5）贮存　在贮存的过程中食醋所含有的糖、有机酸、甘油、氨基酸等成分，通过氧化还原反应，能促进香气和色素的形成，有利于提高食醋的风味。经过陈酿的食醋与新醋相比，入口酸而醇和，有香气，色深而澄清。因此，适当地贮存对提高食醋质量有很大作用。

（6）出醋率　一般1 kg原料能生产出含酸5 g/100 mL食醋6.8～6.9 kg。

3．提高液体深层发酵醋质量的措施

深层发酵醋的风味及色泽较差，各厂都在设法改进，主要有以下几点。

（1）添加蛋白质水解液　采用此法制出的醋中氨基酸含量较低，因此可增加蛋白质原料，如在原料配方当中适当加入一定量的豆粕，以补充氮源。添加蛋白质水解酒液，再经醋酸菌发酵，可使食醋色泽鲜艳，口味鲜甜，氨基酸含量可达0.1%以上。

（2）乳酸菌和酵母菌共同发酵　用乳酸菌与酵母菌混合发酵能增加液体深层发酵醋中的乳酸含量，为形成食醋香气主要成分乳酸乙酯提供有利条件。乳酸乙酯固态发酵醋中可达4.62 mg/100 mL，而液体深层发酵醋中则检测不到，由此导致液体醋挥发性酸味太重。经过乳酸菌和酵母菌共同发酵的酒液，再经醋酸菌发酵后，不挥发酸和酯的含量均有所提高，食醋风味比原来有显著提高。

（3）熏色串香　其主要目的是调整食醋的色泽和风味，以弥补液体深层发酵醋风味及色泽的不足。具体做法是：用醋渣拌以 20%的糠、0.15%的花椒、0.1%的大料、10%的麸皮、0.2%的小茴香，用水浴加热至 80～90℃，保温 1 周左右，加水浸淋，兑制于液体醋中，使食醋具有熏香味，并增加食醋的色泽。

4．成品质量

①感官指标：

色泽：红棕色。

香气：具有食醋特有的香气，无其他不良气味。

口味：酸味柔和，不涩，稍有甜感，无其他异味。

体态：澄清，无悬浮物和沉淀物。

②理化指标：

总酸（以醋酸计）含量/g・100 mL^{-1}≥3.5。

无盐固形物。

粮食醋含量/g・100 mL^{-1}≥1.5。

其他醋含量/g・100 mL^{-1}≥1.0。

（四）生料制醋

生料制醋是近 30 年发展起来的一项新工艺，它与一般的酿醋方法不同之处是原料不经蒸煮处理，醅料经粉碎加水后直接进行糖化及发酵。生料制醋新工艺与一般的传统工艺相比，具有许多优点。一是简化工艺，省去了润料、蒸煮、冷却等操作，减少了设备；二是节约能源，由于不用蒸煮可使用煤量降低 30%，用电量降低 19.5%；三是出醋率及产品质量有所提高，并保持原有醋的特有风味。目前这一工艺已被多家食醋酿造厂使用。

1．工艺流程（图 10-9）

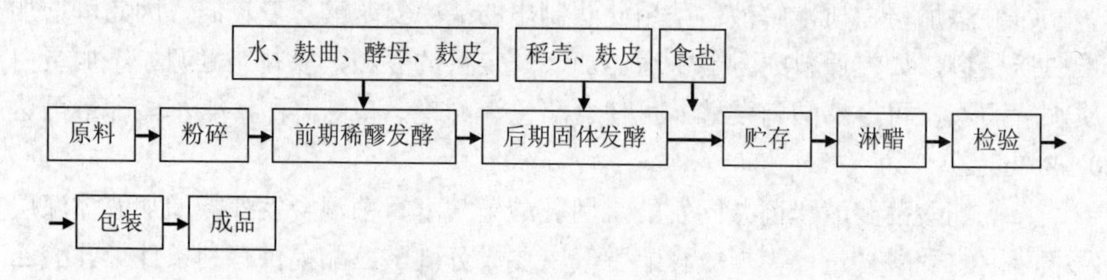

图 10-9　生料制醋工艺流程

2．工艺要点

（1）原料　生料制醋时所用原料一般是高粱、大米、玉米，用前先用磨粉机进行粉碎，原料粉碎的越细越好，高粱使用40目筛，大米用50目筛。

（2）拌料入池　原料配比：按生米粉计算，每100 kg原料加麸曲（AS 3.785）50 kg，酵母（AS 2.339）10 kg，麸皮140 kg，稻壳130 kg，水630 kg左右。由于生料不经过高温蒸煮，原料淀粉颗粒不能大量吸水膨胀，而且生料制醋所用原料缺乏淀粉酶，不能自我糖化，因此在糖化时有一定的困难。鉴于这一点，在配料时加大麸皮用量，为主料的140%～150%，另外麸曲的用量占主料的50%～60%。辅料要粗细搭配，不能过粗也不能过细，要求醋醅既膨松又可容纳一定水分及空气。原料按比例入池后，要翻拌混合均匀。

（3）前期稀醪发酵　生料制醋法的糖化、酒精发酵和醋酸发酵3个阶段不能截然分开，其生化反应过程是边糖化、边酒精发酵、边醋酸发酵，多种酶同时起作用。

生料的糖化和酒精发酵在稀醪大池发酵内进行。把主料、麸皮、麸曲、酵母一并倒入生产池内，翻醅均匀，曲块打碎，然后加入水，24 h后把发酵醪表层浮起的曲料翻到1次，其目的是防止表层曲料杂菌生长，有利于酶的作用。待酒醪发起后，每日打耙2～3次。一般发酵5～7 d，酒醪开始沉淀。

酵母液的接种量一般为10%，发酵的最适合温度为27～33℃，在此范围内温度越高发酵越快。当温度超过适当温度时应及时降温。

稀醪发酵结束后其颜色呈浅棕黄色，酒液澄清无白膜，品尝微涩不苦、不黏、无异味。酒精含量在4%～5%（体积分数），总酸在2%以下。

（4）后期固态发酵　前期发酵结束后，按照一定比例加入辅料，然后焖24～48 h，将料搅拌均匀，即为醋醅。用塑料布盖严，过1～2 d后翻醅，每天翻醅1次。用竹竿将塑料布撑起，给以定量的空气。第一周品温控制在40℃左右，不易超过46℃，这一阶段为乳酸菌生长最旺盛阶段。此阶段温度掌握好可提高食醋的色、香、味和澄清程度。醋酸发酵后期品温开始下降，品温最好控制在34～37℃。

固态发酵结束后其醋醅的颜色上下一致，棕褐色，醋汁清亮，不浑浊，有醋香味，无不良气味。总酸在60～65 g/L。

当酒精含量降到很少时即可按主料的10%加入食盐，抑制醋酸过度氧化。加盐后再翻1～2 d即可将醋醅移出生产室，存在缸内或淋醋。

（5）淋醋　把成熟的醋醅放入淋池内，放水浸泡，需泡透，短则3～4 h，长则12 h，即可开始淋醋。

任务三　果醋生产工艺

目前果醋发酵的方法有固态发酵法、液态发酵法和固—液发酵法。具体采用哪种方法依水果的种类及品种而定。一般水果含水量多，易榨汁的水果选用液态发酵法，如葡萄、苹果、梨等；以含水量少，不易榨汁的果实为原料时，选用固态发酵法，如山楂、枣等；固液发酵法的果实介于两者之间。

一、果醋生产工艺

（一）固态发酵制醋

固态发酵酿醋是以粮食为主要原料，某些水果（果皮渣、残果等）为辅料，处理后接入酵母菌、醋酸菌发酵制得。该法生产的产品风味好，但存在劳动强度大、原料利用率低、发酵周期长等缺点。

1．果醋固态发酵工艺流程（图 10-10）

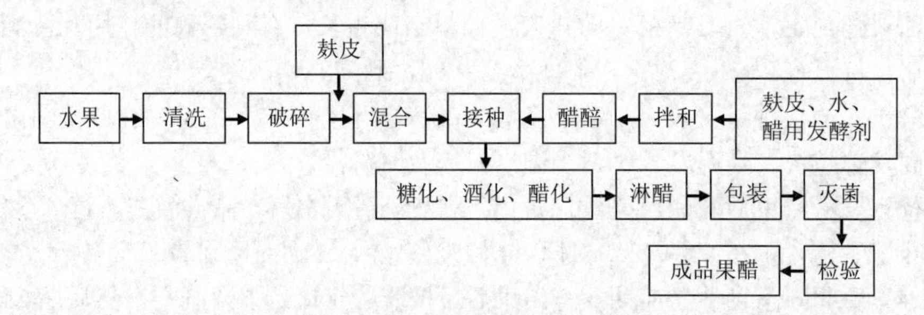

图 10-10　果醋固态发酵工艺流程

2．操作要点

（1）酒精发酵　取果品洗净，破碎，接入 3%～5%酵母液，进行酒精发酵，经 6 d 左右发酵结束。

（2）制醋醅　在酒精发酵的果品中，加入原料量 50%～60%的麸皮、米糠等，再接入醋用发酵剂 10%～20%，充分搅拌均匀，放入缸内，缸上用席盖好，使其自然发热。一般经 24～36 h 后，缸中温度就会升到 40℃。即用铲子将缸中物料翻拌散热。这样继续 4～5 d，并随时注意缸中温度变化，每隔 4～5 h 翻拌散热，不使温度超过 40℃，4～5 d 后温度开始下降，这时加入食盐 2%～3%，放入缸内，搅拌均匀，即成醋醅。

(3) 淋醋　在陶瓷缸靠近底部的侧面，开一直径为 3 ㎝的小孔，距缸底 4～6 ㎝处放置滤板，铺上滤布。从上面徐徐淋入约与醋坯量相等的冷却沸水，醋液即从缸底小孔流出，淋过的醋坯，再加水淋一次，下次淋醋时用。

(4) 陈酿及保藏　陈酿时将果醋装入桶或坛中，装满、密封、静置 1～2 个月即完成陈酿过程。通过陈酿，果醋变得澄清，风味更加纯正，香气更加浓郁。陈酿后的醋再进行精滤，灭菌，即可装瓶保藏。

(二) 液态酿造法

1．果醋液态发酵工艺流程（图 10-11）

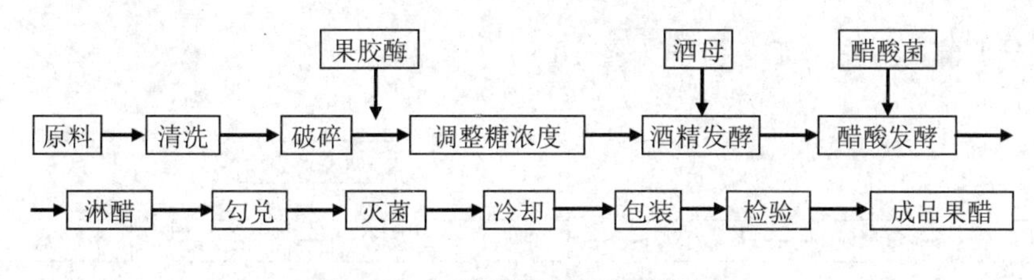

图 10-11　果醋液态发酵工艺流程

2．静置表面发酵法

(1) 清洗　将水果用清水洗涤干净，拣去腐烂水果，取出沥干。

(2) 去皮榨汁　将水果去皮、去核后榨汁，一般果汁得率在 65%～80%。

(3) 澄清过滤　将果汁放入桶中加热至 95～98℃，冷却到 50℃，加入 0.01% 的果胶酶，保持温度在 40～50℃，时间 1～2 h。再经过过滤使果汁澄清。

(4) 酒精发酵　果汁温度在 30℃时接入酵母 10%，维持温度在 30～34℃，发酵 4～5 d。

(5) 醋酸发酵　将果酒加水稀释至 5%～6%，接入醋酸菌 5%～10%，搅拌，控制温度在 28～30℃，进行静置发酵，30 d 后基本成熟。此法发酵效率比液态深层发酵低。一般现在有条件的工厂都采用液态深层发酵法。

(三) 固态—液态酿造法 (图 10-12)

有些醋厂在酿醋时采用固态和液态混合发酵的方法，如前液后固，前固后液两种方法。该法与传统的固态发酵法相比，发酵周期缩短，原料利用率得到提高，减少了劳动的强度。

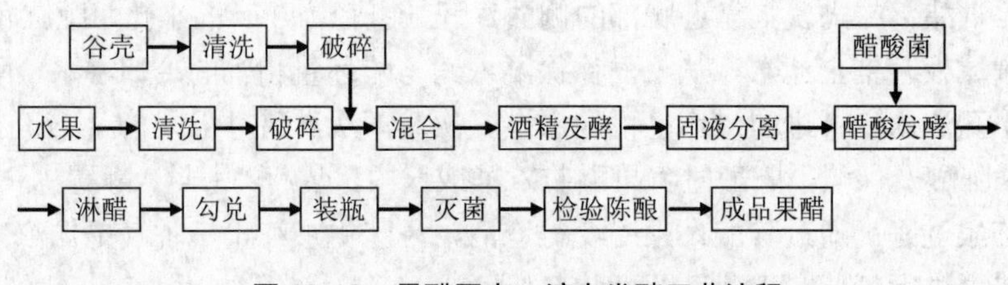

图 10-12　果醋固态—液态发酵工艺流程

二、葡萄醋的生产

（一）葡萄醋生产工艺流程（图 10-13）

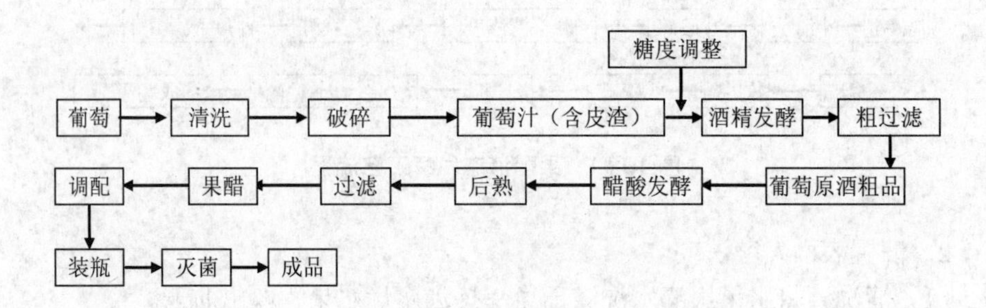

图 10-13　葡萄醋生产工艺流程

（二）操作要点

1．原料预处理

选择质量上乘的葡萄，剔除病虫害和腐烂的果实，避免影响果醋的质量。用流动水清洗，将附着在葡萄上的泥土、微生物及农药洗净，然后用打浆机破碎。

2．成分调整

根据葡萄浆的成分及成品所要求达到的酒精度进行调整，主要是补加糖、酸等。

3．酒精发酵

将活化之后的酵母接入葡萄浆中，接种量为 0.9%，发酵初始 pH 为 4.0，温度控制在 28～30℃，发酵过程中经常检查发酵液的温度，糖及酒精含量等。发酵时间大概为 4 d 左右，待残糖降至 0.4%以下时发酵结束。

4．醋酸发酵

在酒精发酵醪中接入 11%的醋酸杆菌，发酵温度为 32～34℃，时间为 3 d 左右，发酵过程中经常检查发酵液的温度，酒精及醋酸含量等，至醋酸含量不再上升时为止。

5．陈酿、后熟

将发酵成熟的醋液泵入后酵罐中陈酿 1～3 个月。

6．澄清

为了提高葡萄醋的透明度，添加 0.3 g/L 的壳聚糖进行澄清，然后再用过滤机进行过滤。

7．杀菌

将调配、装瓶后的葡萄醋在 93～95℃的条件下杀菌，然后冷却即为成品。

三、苹果醋的生产

（一）苹果醋生产工艺流程（图 10-14）

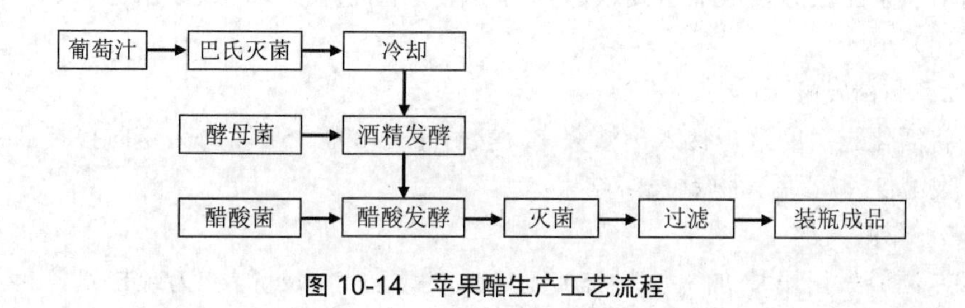

图 10-14 苹果醋生产工艺流程

（二）操作要点

苹果醋生产采用苹果汁为原料，首先调整苹果汁的糖度，使其还原糖（以葡萄糖计）为 28%，灭菌冷却后添加 1%的葡萄酒干酵母，在 30～33℃的条件下发酵 3 d 左右，使酒精含量达到 5%左右。然后接入醋酸菌，在 30℃的条件下发酵 3 d，至酸度不再上升为止。最后进行杀菌、装瓶即为成品。

四、山楂醋的生产

（一）山楂醋生产工艺流程（图 10-15）

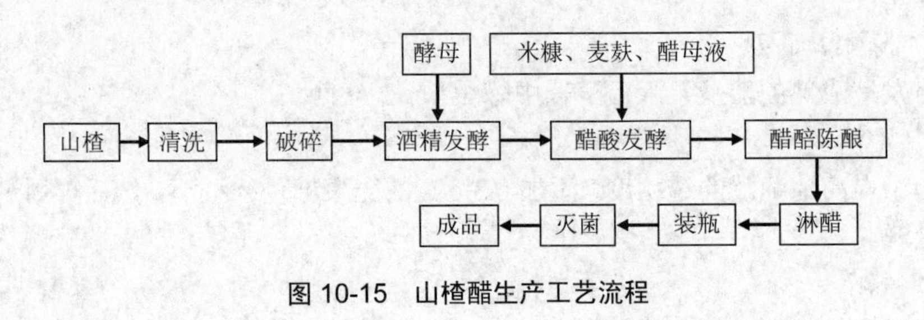

图 10-15 山楂醋生产工艺流程

（二）操作要点

1．原料处理

选用质量好的果实，同时剔除病害果及腐烂果，用流动水清洗干净，破碎。根据山楂浆的成分及成品所要求达到的酒精度进行调整，使还原糖达 78%（以葡萄糖计）。

2．酒精发酵

将活化之后的酵母接入山楂浆中，接种量为 3%～5%，每天定时搅拌 3 次左右，发酵 5～7 d 后，酒精发酵结束。

3．醋酸发酵

在酒精发酵醪中加入原料 50%～60%的麦麸、米糠等作为疏松剂，再加入 10%～20%的醋母液，搅拌均匀后装入醋化罐中进行醋酸发酵。其温度控制在 30～35℃，若温度升高至 35℃以上时，则需通风降温。每天定时搅拌 1～2 次，并将通风量增大，以增加供氧量，加速醋化。经 7～8 d 后，将通风量降低。待醋化旺盛期将过时，加入 2%～3%的食盐，搅拌均匀，制成醋醅。将醋醅压实，加盖封严，经 5～6 d 的陈酿后熟，即可淋醋。

4．淋醋

将后熟的醋醅放入淋醋缸内，从上面徐徐淋入约与醋坯量相等的冷却沸水，醋液即从缸底小孔流出，淋过的醋坯，再加水淋一次，作为下次淋醋时用。

5．装瓶、消毒

生醋装瓶后进行灭菌，冷却后即为成品。

五、柿子醋的生产

（一）柿子醋生产工艺流程（图 10-16）

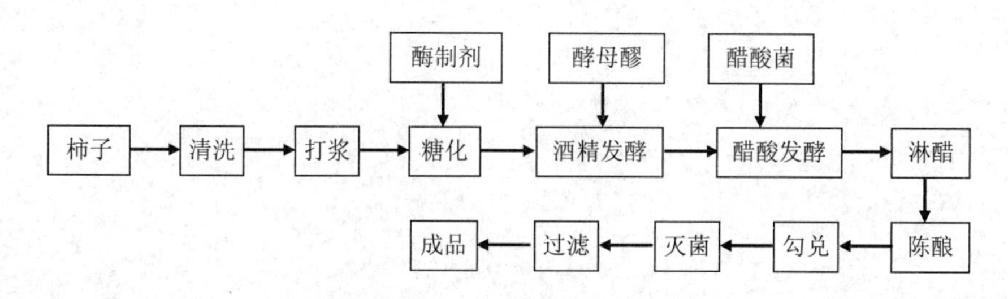

图 10-16 柿子醋生产工艺流程

（二）操作要点

挑选无霉烂的柿子，洗净后加 50%水打浆，制成柿汁，调 pH 至 6.2～6.4，再加入酶制剂进行糖化操作，时间约为 4 h。再加入果浆量 10%的酵母液进行酒精发酵，温度为 15～40℃。当酒精体积分数达 6%～8%时，加入果浆量 30%的辅料、10%的糖化酶麸曲、10%的醋酸菌和 15%～20%的填充料，进行堆积发酵。发酵过程中控制温度不超过 41℃，并注意及时翻醅，待醋醅酸度达到 6%～8%时，加入果浆量 2%的食盐，再发酵 2 d 后淋醋、陈酿。然后取上清液进行勾兑，除菌过滤后即得柿子醋。

思考题

1．食醋酿造的原料有哪些？

2．食醋生产常用的糖化剂有哪些？

3．酒母及醋母的制备方法？

4. 酿造食醋的工艺有哪些？简述固态发酵法及液态深层发酵法酿醋的工艺操作要点。

5．简述山西老陈醋的生产工艺。